电子电路设计与调试

王进君　丁镇生　编著

电子工业出版社
Publishing House of Electronics Industry
北京·BEIJING

内 容 简 介

本书介绍了线性电路和非线性电路的具体应用。线性电路将电路线性化后经 A/D 转换成数字量以数字方式显示被测量。本书线性电路部分主要有温度、压力、流量、长度、转速、重量、转矩等的数字测量以及可编程增益放大器；非线性电路部分主要包括各种门电路、触发器、计数器及运放等组成的各种应用电路，如各种波形产生器、LED 灯、无触点/触摸开关、充电器、定时器、MOS 管应用及稳压电源等。电路介绍包括理论分析、设计和调试方法。

本书适合大学生、研究生、电子工程师和电子爱好者阅读。

未经许可，不得以任何方式复制或抄袭本书之部分或全部内容。
版权所有，侵权必究。

图书在版编目（CIP）数据

电子电路设计与调试/王进君，丁镇生编著 . —北京：电子工业出版社，2018.2
ISBN 978-7-121-32703-2

Ⅰ. ①电… Ⅱ. ①王… ②丁… Ⅲ. ①电子电路 - 电路设计　②电子电路 - 调试方法　Ⅳ. ①TN7

中国版本图书馆 CIP 数据核字（2017）第 227054 号

策划编辑：曲　昕
责任编辑：苏颖杰
印　　刷：北京京科印刷有限公司
装　　订：北京京科印刷有限公司
出版发行：电子工业出版社
　　　　　北京市海淀区万寿路 173 信箱　邮编 100036
开　　本：787×1 092　1/16　印张：20　字数：512 千字
版　　次：2018 年 2 月第 1 版
印　　次：2018 年 2 月第 1 次印刷
定　　价：69.00 元

凡所购买电子工业出版社图书有缺损问题，请向购买书店调换。若书店售缺，请与本社发行部联系，联系及邮购电话：(010)88254888，(010)88258888。
质量投诉请发邮件至 zlts@phei.com.cn，盗版侵权举报请发邮件至 dbqq@phei.com.cn。
本书咨询联系方式：(010)88254468。

前　　言

　　本书主要为需要应用电路的大学生、研究生、电子工程师和电子爱好者提供一些电子电路设计、调试和应用的实践经验。本书所提供的电子电路，主要考虑使用普通的、易购的电子元器件，不易购的元器件一般不予采用，力争选用简洁、优良而不太复杂的电路，以利于设计、调试和制作。

　　本书内容包括线性电路及其应用和非线性电路及其应用两篇，包括模拟电路、数字电路和复合电路（如555），具体有A/D转换器、放大器、信号发生电路、脉宽调制电路（PWM）、LED灯、无触点开关、触摸开关电路、MOSFET应用电路、驱动电路、日常生活电路（如厨房定时器）等。各种电路均需要直流稳压电源，因此，书中提供了各种稳压电源电路，包括高压电源电路。这些电路仅是电子沧海中的一粟，只能起到抛砖引玉的作用。

　　在本书编写过程中，王富毅、宋桂华、王淼、张世凯等同志为提供仪器、资料及购置元器件和稿件整理等做了大量工作，在此表示谢意。

　　由于作者水平有限，书中的错误在所难免，恳请读者批评指正。

编著者

目 录

上 篇 线性电路及其应用

第一章 温度的测量 ······ 3
第一节 有线性校正的铂电阻温度仪 ······ 3
一、传感器 ······ 3
二、测量电路 ······ 3
三、调试方法 ······ 6
第二节 高精度 K 型热电偶数字温度仪 ······ 6
一、传感器 ······ 6
二、测量电路 ······ 7
三、调试方法 ······ 8
四、A/D 转换 ······ 10
第三节 高精度 J 型热电偶温度仪 ······ 10
第四节 高精度物体表面温度数显仪 ······ 12
一、传感器 ······ 12
二、测量电路 ······ 12
三、设计方法 ······ 13
四、调试方法 ······ 13
第五节 电桥式数字温度仪 ······ 15
一、传感器 ······ 15
二、测量电路 ······ 15
第六节 数字式固态温度仪 ······ 20
一、传感器 ······ 20
二、测量电路 ······ 21
三、调试方法 ······ 22
第七节 温度测量数显/控制仪 ······ 22
一、传感器 ······ 22
二、测量电路 ······ 23
三、调试方法 ······ 24
第八节 集成传感器数字温度仪接口 ······ 26
一、传感器 ······ 26
二、测温电路的设计 ······ 26
三、数字显示 ······ 27

四、调试方法 ··· 27
　第九节　80点粮库巡回检测仪 ·· 27
　　　一、传感器 ··· 28
　　　二、测量电路 ··· 28
　　　三、热力学温标－摄氏温标的转换 ··· 30
　　　四、调试方法 ··· 30
　第十节　宽温域数字温度仪 ·· 31
　　　一、理论分析 ··· 31
　　　二、测量电路 ··· 33
　　　三、调试方法 ··· 34
　第十一节　新颖的三点定标数字温度仪 ·· 35
　　　一、传感器 ··· 35
　　　二、测量电路 ··· 35
　　　三、调试方法 ··· 37

第二章　压力的测量 ·· 38
　第一节　电子气压表 ··· 41
　　　一、传感器 ··· 41
　　　二、测量电路 ··· 42
　　　三、调试方法 ··· 44
　第二节　压力测量仪 ··· 44
　　　一、传感器 ··· 45
　　　二、测量电路 ··· 47
　　　三、调试方法 ··· 49
　第三节　数字压力测量仪 ··· 49
　　　一、传感器 ··· 49
　　　二、测量电路 ··· 50
　　　三、调试方法 ··· 53
　第四节　巴图（Bar Graph）压力表 ·· 53
　　　一、传感器 ··· 54
　　　二、测量电路 ··· 55
　　　三、调试方法 ··· 58
　第五节　高压数字式压力表 ·· 59
　　　一、传感器 ··· 59
　　　二、测量电路 ··· 60
　　　三、调试方法 ··· 63

第三章　流量、液位的测量 ·· 64
　第一节　导电液体液位测量的转换电路 ·· 64
　　　一、传感器 ··· 64
　　　二、转换电路 ··· 64

第二节　光纤涡轮流量计·· 65
　　　　一、工作原理··· 65
　　　　二、传感器··· 65
　　　　三、测量电路··· 65
　　第三节　使用 A/D 转换器的液位测量/控制器······································· 69
　　　　一、传感器··· 69
　　　　二、测量/控制电路··· 70
　　　　三、调试方法··· 72

第四章　转速的测量·· 74
　　　　一、传感器··· 74
　　　　二、测量电路··· 75

第五章　长度、高度、深度的测量··· 78
　　第一节　电阻式位移测量仪·· 78
　　　　一、传感器··· 78
　　　　二、工作原理··· 78
　　　　三、测量电路··· 79
　　　　四、调试方法··· 82
　　第二节　数字高度仪·· 82
　　　　一、传感器··· 83
　　　　二、测量电路··· 83
　　　　三、调试原理与方法·· 85
　　第三节　简易水深测量仪·· 85
　　　　一、传感器··· 86
　　　　二、测量电路··· 86
　　　　三、调试方法··· 86
　　第四节　植物生长测试仪·· 88
　　　　一、差动变压器··· 88
　　　　二、稳幅文氏振荡器·· 89
　　　　三、精密整流电路·· 89
　　　　四、A/D 转换··· 91
　　　　五、调试方法··· 91

第六章　重量、载荷、转矩的测量··· 92
　　第一节　起重机吊钩电子秤·· 92
　　　　一、传感器··· 92
　　　　二、工作原理··· 92
　　　　三、测量电路··· 92
　　　　四、调试方法··· 94
　　第二节　数字载荷仪·· 95
　　　　一、传感器··· 95

二、测量电路 ··· 95
　　　三、调试方法 ··· 97
　第三节　磁电式数字扭矩测量仪 ··· 97
　　　一、工作原理 ··· 97
　　　二、传感器 ·· 98
　　　三、测量电路 ··· 98
　　　四、调试方法 ·· 101

第七章　可编程增益放大器 ·· 102
　第一节　PGA103 可编程增益放大器 ·· 102
　　　一、基本电路 ··· 102
　　　二、可选增益电路 ·· 103
　　　三、PGA103 失调电压校准电路 ··· 103
　　　四、高输入电压放大器 ·· 104
　　　五、可编程仪用放大器 ·· 104
　第二节　增益可数字编程的仪用放大器 PGA202/203 的应用电路 ····· 105
　　　一、简介 ··· 105
　　　二、应用电路 ··· 106
　第三节　PGA204/205 可编程增益仪用放大器 ···························· 109
　　　一、简介 ··· 109
　　　二、应用电路 ··· 110
　第四节　数控增益放大器 ·· 116
　　　一、3 位二进制数控增益放大器 ··· 117
　　　二、4 位二进制数控增益放大器 ··· 117
　第五节　数字电位器 MAX5431 应用电路——可编程放大器 ············ 118
　　　一、简介 ··· 118
　　　二、MAX5431 的应用电路 ··· 119

下　篇　非线性电路及其应用

第八章　正弦波振荡器 ·· 123
　第一节　文氏电桥振荡器 ·· 123
　第二节　文氏电桥振荡器应用电路 ··· 124
　第三节　频率可调的正弦振荡器 ·· 124
　第四节　正弦波发生器 ··· 125
　第五节　正交信号发生器 ·· 126
　第六节　稳定的正弦波发生器 ··· 126
　第七节　经典的正弦波发生器 ··· 127
　第八节　输出频率可调的文氏电桥振荡器 ·································· 128
　第九节　稳幅低频信号发生器 ··· 128
　第十节　由 CMOS 4007 组成的文氏电桥振荡器 ·························· 129

第十一节　400Hz 正弦波电源 130
　　第十二节　哈特莱振荡器 131
　　第十三节　正弦波输出缓冲放大器 132

第九章　函数发生器 133
　　第一节　方波/三角波发生器 133
　　第二节　三角波/方波发生器 134
　　第三节　正弦波/方波振器 135
　　第四节　正弦波/方波/三角波发生器 136
　　第五节　实用三角波/方波发生器 136
　　第六节　多种输出波形信号发生器 138
　　第七节　输出频率 0.07Hz～230kHz 的函数发生器 140

第十章　晶体振荡器 143
　　第一节　场效应管晶体振荡器 143
　　第二节　微型石英振荡器 144
　　第三节　五组晶体振荡器电路 144
　　第四节　1Hz 时钟信号发生器 146
　　第五节　晶振 1Hz 信号发生器 146
　　第六节　60Hz 频率源电路 147
　　第七节　低噪声晶体振荡器 147
　　第八节　低压晶体振荡器 148
　　第九节　晶振时基电路 149
　　第十节　高稳定度的晶体振荡器 149
　　第十一节　高频晶体振荡器 150
　　第十二节　精确的晶体振荡器 151

第十一章　脉宽调制（PWM）电路 153
　　第一节　占空比可调的多谐振荡器 153
　　第二节　压控占空比发生器电路 154
　　第三节　占空比可变的振荡器 156
　　第四节　由 40106 组成的 PWM 电路 156
　　第五节　555/7555 压控振荡器 157
　　第六节　可选择占空比的脉冲发生器 157
　　第七节　占空比为 0～100% 的脉宽调制器 159
　　第八节　直流电动机脉宽调制调速器 160
　　第九节　直流电动机的 PWM 调速电路 160

第十二章　多谐振荡器 163
　　第一节　最简单的多谐振荡器 163
　　第二节　自启动多谐振荡器 163
　　第三节　555/7555 无稳态多谐振荡器 164
　　第四节　由反相器组成的多谐振荡器 165

第五节　由 R、C 构成的多谐振荡器 …………… 166

第六节　压控多谐振荡器 …………… 166

第七节　由多谐振荡器组成的通路测试仪 …………… 167

第八节　振荡频率为 400Hz 的振荡器 …………… 168

第九节　400Hz 电源 …………… 168

第十节　双无稳态多谐振荡器 …………… 169

第十一节　由 4013 组成的多谐振荡器 …………… 170

第十二节　由 4047 组成的多谐振荡器 …………… 170

第十三节　大功率多谐振荡器 …………… 171

第十三章　LED 灯 …………… 173

第一节　简易 LED 灯 …………… 173

第二节　LED 闪光灯/照明灯 …………… 173

第三节　一节电池 LED 手电筒电路（1） …………… 174

第四节　一节电池 LED 手电筒电路（2） …………… 175

第五节　一节电池 LED 手电筒电路（3） …………… 176

第六节　大功率 LED 驱动电路 …………… 176

第七节　电容降压式 LED 灯电路 …………… 177

第八节　LED 节能电路 …………… 177

第九节　LED 灯调光器 …………… 178

第十节　闪光灯控制电路 …………… 179

　　一、振荡器电路 …………… 179

　　二、闪光电路 …………… 179

第十一节　压控 LED 变色灯 …………… 180

第十二节　超级电容储能太阳能灯电路 …………… 180

第十三节　极省电的 LED 闪光灯 …………… 182

第十四章　无触点开关 …………… 184

第一节　用于交流电的光敏开关 …………… 184

　　一、电容降压稳压电源 …………… 184

　　二、交流电光敏开关电路 …………… 185

　　三、负载 R_L …………… 186

　　四、设计方法与元器件选择 …………… 186

　　五、数据测试 …………… 186

第二节　固态继电器的应用电路 …………… 186

第三节　固体继电器无触点开关电路 …………… 188

第四节　光控闪光灯电路 …………… 188

第五节　MOSFET 负载开关 …………… 190

第六节　由晶闸管组成的无触点开关 …………… 190

第七节　无触点交流插座 …………………………………………………………… 191

第十五章　定时器 ……………………………………………………………………… 193
　　第一节　定时器电路 ……………………………………………………………… 193
　　第二节　简易九挡定时器 ………………………………………………………… 194
　　第三节　秒时间累计器 …………………………………………………………… 194
　　第四节　通用定时器（1） ………………………………………………………… 196
　　第五节　通用定时器（2） ………………………………………………………… 198
　　第六节　由 CD4060 和 CD4013 组成的长周期定时器 ………………………… 200
　　第七节　电容倍增器式长时定时器 ……………………………………………… 201
　　第八节　长间隔定时器 …………………………………………………………… 202
　　第九节　宽量程定时器 …………………………………………………………… 204
　　　　一、定时原理与计算 ………………………………………………………… 204
　　　　二、4017 和 4020 的分频原理 ……………………………………………… 205
　　　　三、执行电路 ………………………………………………………………… 205
　　第十节　烹饪定时器 ……………………………………………………………… 205
　　第十一节　LED 延时电路 ………………………………………………………… 207

第十六章　充电器电路 ………………………………………………………………… 209
　　第一节　自动充电器（1） ………………………………………………………… 209
　　第二节　自动充电器（2） ………………………………………………………… 210
　　第三节　电池自动充电器（1） …………………………………………………… 211
　　第四节　电池自动充电器（2） …………………………………………………… 211
　　第五节　具有极性保护的恒流充电电路 ………………………………………… 213
　　第六节　恒流电池充电电路（1） ………………………………………………… 214
　　第七节　恒流电池充电电路（2） ………………………………………………… 215
　　第八节　PWM 电池充电器 ……………………………………………………… 215
　　第九节　纽扣电池充电器 ………………………………………………………… 217
　　第十节　太阳能充电器 …………………………………………………………… 218
　　第十一节　镍氢电池充电器（1） ………………………………………………… 220
　　　　一、基准电压 U_{REF} 产生电路 …………………………………………… 220
　　　　二、大电流充电 ……………………………………………………………… 220
　　　　三、小电流充电 ……………………………………………………………… 220
　　第十二节　镍氢电池充电器（2） ………………………………………………… 222
　　第十三节　可选充电时间小型恒流自动充电器 ………………………………… 225
　　第十四节　太阳电池恒流充电器 ………………………………………………… 228
　　第十五节　场效应管恒流源充电电路 …………………………………………… 229

第十七章　驱动器 ……………………………………………………………………… 230
　　第一节　继电器驱动器 …………………………………………………………… 230

第二节　螺线管驱动器 ………………………………………………………… 230
　　第三节　MOSFET 电感驱动器 ………………………………………………… 231
　　第四节　双向晶闸管驱动器 …………………………………………………… 231
　　第五节　激光二极管驱动器 …………………………………………………… 232
　　第六节　激光二极管脉冲驱动电路 …………………………………………… 232
　　第七节　蜂鸣器驱动器 ………………………………………………………… 233
　　第八节　扬声器驱动电路 ……………………………………………………… 234

第十八章　触摸开关 …………………………………………………………………… 235
　　第一节　简易触摸开关 ………………………………………………………… 235
　　第二节　触摸式随机亮灯电路 ………………………………………………… 235
　　第三节　由同相缓冲器组成的触摸开关 ……………………………………… 236
　　第四节　由反相缓冲器组成的触摸开关 ……………………………………… 236
　　第五节　由 CMOS 与非门 4011 组成的触摸开关 …………………………… 237
　　第六节　双稳态触摸开关 ……………………………………………………… 237
　　第七节　双稳触摸开关 ………………………………………………………… 238
　　第八节　由 J－K 触发器组成的触摸开关 …………………………………… 239
　　第九节　四路触摸开关 ………………………………………………………… 240
　　第十节　电子触摸开关 ………………………………………………………… 241
　　第十一节　施密特触摸开关 …………………………………………………… 242

第十九章　万能 CMOS 集成电路 4007 的工作原理与应用 ………………………… 243
　　第一节　万能 CMOS 集成电路 4007 的工作原理 …………………………… 243
　　第二节　各种门电路 …………………………………………………………… 244
　　第三节　线性放大器/恒流源/可变电阻电路 ………………………………… 248
　　第四节　电流驱动器 …………………………………………………………… 251
　　第五节　传输门与模拟开关 …………………………………………………… 252
　　第六节　振荡器与波形发生器 ………………………………………………… 253
　　第七节　CMOS 反相器的各种电路 …………………………………………… 257
　　第八节　4007 的应用电路 ……………………………………………………… 258

第二十章　MOSFET 应用电路 ………………………………………………………… 264
　　第一节　增强型功率 MOSFET 的应用 ………………………………………… 264
　　第二节　快速大功率"稳压二极管"电路 …………………………………… 270
　　第三节　VMOS 开关稳压电源 ………………………………………………… 271
　　第四节　场效应管作为变阻器的电路 ………………………………………… 272

第二十一章　稳压电源电路 …………………………………………………………… 273
　　第一节　由 TL431 组成的小电流高精度稳压电源 …………………………… 273
　　第二节　无变压器直流电源 …………………………………………………… 274
　　第三节　高压稳压电源 ………………………………………………………… 275

第四节	稳压电源短路保护电路	276
第五节	输出电流为 5A 的稳压器电路	277
	一、LM138K 参数性能简介	277
	二、5A 稳压器电路	278
	三、设计方法	278
第六节	12V/5A 稳压电源的设计	279
第七节	跟踪式大电流可调稳压器电源	280
第八节	调整管并联增大输出电流的电路	281
第九节	单片 5A 稳压电源	281
第十节	双向电源电路	282
	一、电路组成与工作原理	282
	二、储能元件 L 的工作原理与过程	283
	三、实测电压及对晶体管的要求	283
	四、电感的选择	283
第十一节	电压稳定性能良好的运放稳压器	284
	一、电路原理	284
	二、设计方法	284
	三、试验结果	284
	四、电路的用途	285
	五、增大负载电流的方法	285
第十二节	0~±15V 对称稳压器	285
第十三节	由通用运放 μA741 和达林顿管组成的稳压电路	286
	一、电路	286
	二、元器件的选择	286
	三、电源电压 U^+ 与 U_o 的对应关系	287

第二十二章 其他电子电路 288

第一节	驱鸟器	288
第二节	带有音响的数字分频器	289
第三节	熔丝检测器	290
第四节	简洁优良的音频放大器	290
第五节	连续方波/脉冲串发生器	292
第六节	3 位计数器 CD4553 的应用电路	292
	一、巧用 4553 组成 3½ 位计数器	292
	二、6 位计数器电路	294
第七节	电子警笛	296
第八节	表面安装元器件的小型焊接机电路	297
第九节	宽量程数字电容表	299

一、电路原理 ·· 299
二、由 555 及外围电路组成的多谐振荡器 ·································· 299
三、由 555 及外围电路组成的单稳态触发器 ······························· 299
四、基准脉冲发生器 ·· 300
五、闸门控制器 ·· 301
六、计数译码驱动显示电路 ·· 301
七、量程转换计算及误差分析 ··· 301
八、整体电路 ··· 303

参考文献 ·· 304

上 篇
线性电路及其应用

现代仪器仪表和显示屏多用数字显示测量输出值,有些仪器仪表需要将被测量线性化,然后输入至 A/D 转换器,将模拟量转换成数字量,之后由 LCD 或 LED 数码管显示出被测量。

温度、压力和流量是化工生产的三大参数,本篇介绍了一些简单的数字仪表电路。旋转机械的转速是旋转机械设计、运行监测的重要参数,本篇介绍了测量转速的基本方法和电路。长度、高度、深度、重量和载荷的测量,也是生产、科研和生活需要的,本篇做了简单介绍。

线性电路的重要分支之一是线性放大器,本篇介绍了可编程增益放大器,这些放大器精度高、失真小,调试简单,使用方便。

第一章 温度的测量

温度是表征物体冷热程度的物理量,在工农业生产、科研、生活领域是一个重要的测量参数,它对产品的设计、产品的质量、生产效率、节约能源、生产安全、人体健康起着非常重要的作用。温度测量与控制应用范围十分广泛,温度传感器的数量在各种传感器中占据首位,约占50%。

温度的测量都是根据传感器或敏感元件进行的,常用的测温方法有以下几种。

(1) 利用铜电阻（-50～+150℃）、铂电阻（200～+600℃）、热敏电阻（低温: -200～0℃;一般温度: -50～30℃;中温: 0～700℃）的电阻值变化,特别是利用铂电阻阻值随温度的变化测量温度,在工业、科研领域的应用十分广泛。本章第一节、第四节、第五节、第七节、第十一节等节中介绍的测温仪表或电路均是利用铂电阻作为传感器的。

(2) 利用镍铬-考铜（-200～800℃）、镍铬-镍硅（铝）（-200～1250℃）、铂铑$_{30}$-铂铑（100～1900℃）等热电偶的热电效应。本章第二、三节均介绍了使用热电偶作为测温传感元件。

(3) 利用半导体PN结电压随温度的变化。本章第六节介绍。

(4) 利用晶体管特性变化制成的集成温度传感器,如AN6701、AD590、LM134等。本章的第九、十节均采用AD590作为测温元件。

第一节 有线性校正的铂电阻温度仪

利用铂电阻测温的电路很多。本节介绍的测温电路具有线性校正环节,电路简单,有足够的测量精度。本节利用两种电路进行比较、分析,对初学者具有较高的参考价值。

一、传感器

传感器采用铂电阻TRRA102B型的R1000的感温元件（本节电路图中表示为R_t）,传感器在0℃时的阻值为1000Ω,当然也可使用R100、R_{46}铂电阻,但线性校正电位器应适当选择。

二、测量电路

这里给出两种测温电路,即无线性校正的测温电路和有线性校正的测温电路,以便读者进行对比。

1. 无线性校正的测温电路

无线性校正的测温电路如图1.1.1所示。令U_{REF}是A/D转换器的基准电压,U_{IN}是A/D

转换器的输入电压,则有

$$U_{REF} = U^+ R_1 / (R_1 + R_2 + R_t)$$

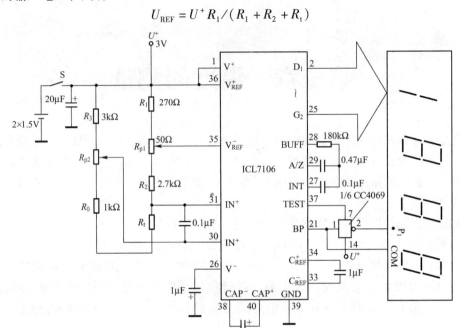

图 1.1.1　无线性校正的测温电路

取

$$R_1 + R_2 \approx R_3$$

$$U_{REF} = U^+ R_1 / (R_3 + R_t) \tag{1.1.1}$$

则

$$U_{IN} = U^+ [R_t/(R_1 + R_2 + R_t) - R_0/(R_1 + R_2 + R_0)]$$
$$= U^+ R_3 (R_t - R_0) / [(R_3 + R_t)(R_3 + R_0)] \tag{1.1.2}$$

A/D 转换器输出的显示值为

$$N = \frac{U_{IN}}{U_{REF}} \times 1000 \tag{1.1.3}$$

将式(1.1.1)和式(1.1.2)代入式(1.1.3),得

$$N = \frac{R_3(R_t - R_0)}{R_1(R_3 + R_0)} \times 1000 \tag{1.1.4}$$

由式(1.1.4)可以看出:

(1) 当 R_1、R_3、R_0 固定后,显示值 $N \propto (R_t - R_0)$。

(2) 显示精度与电源电压无关(但必须有足够的电压,以保证 A/D 正常工作),只由电阻决定,这可称为按比例工作。

该电路温度显示的分辨能力可达 0.1℃,但测量误差较大,在 100℃的范围内约有 0.3～0.4℃的非线性误差,在 200℃范围内约有 2℃的非线性误差。

2. 有线性校正的测温电路

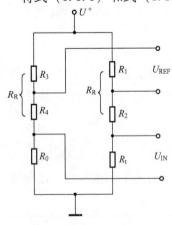

图 1.1.2　铂电阻的线性校正电路

如图 1.1.2 所示是铂电阻的线性校正电路。由图可知

$$U_{REF} = \frac{R_1}{R_1+R_2+R_t}U^+ - \frac{R_3}{R_3+R_4+R_0}U^+ \tag{1.1.5}$$

$$U_{IN} = \frac{R_t}{R_1+R_2+R_t}U^+ - \frac{R_0}{R_3+R_4+R_0}U^+ \tag{1.1.6}$$

令 $R_1+R_2=R_3+R_4=R_R$，则

$$U_{REF} = \frac{R_1(R_R+R_0)-R_3(R_R+R_t)}{(R_R+R_t)(R_R+R_0)}U^+ \tag{1.1.7}$$

$$U_{IN} = \frac{R_R(R_t-R_0)}{(R_R+R_t)(R_R+R_0)}U^+ \tag{1.1.8}$$

将式（1.1.7）、式（1.1.8）代入式（1.1.3）得

$$N = \frac{R_R(R_t-R_0)}{R_1(R_R+R_0)-R_3(R_R+R_t)} \times 1000 \tag{1.1.9}$$

式（1.1.9）分母中的第二项 $R_3(R_R+R_4)$ 即为非线性校正项，这使测温的非线性误差大大降低。

该电路的测量精度在 0～200℃ 温度范围内可达 0.1℃，在 -100～0℃ 温度范围内可达 0.2℃。

完整的有线性校正的铂电阻测温电路如图 1.1.3 所示。

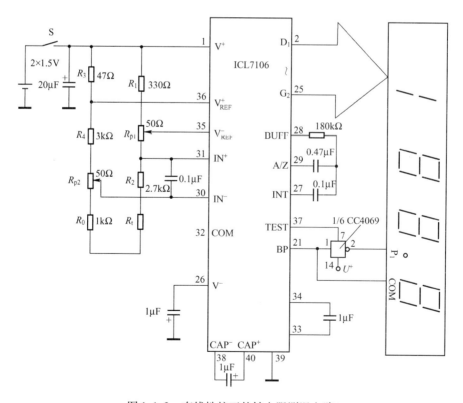

图 1.1.3　有线性校正的铂电阻测温电路

两种电路的温度特性如图 1.1.4 所示。

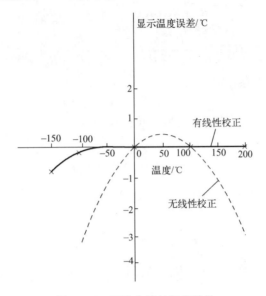

图 1.1.4　两种电路的温度特性

三、调试方法

图 1.1.3 所示电路中，电位器 R_{p1}、R_{p2} 应选多圈电位器。电路按以下顺序调试。

（1）接上替代传感器的 1kΩ（传感器 0℃ 的电阻）电阻，调节 R_{p2}，使数字显示为"0.0"。

（2）接上 1.385kΩ（传感器对应 100℃ 的电阻）电阻，调节 R_{p1}，使数字显示为"100.0"。

（3）最后连接传感器。

第二节　高精度 K 型热电偶数字温度仪

本节阐述的数字温度仪是采用 K 型热电偶作为传感器的。该电路采用近几年生产的先进元器件，所用的元器件少，性能优良、精度高，具有先进水平，测温范围为 0~1200℃。

一、传感器

传感器采用 K 型热电偶，它的精度分为以下三级。
（1）0.4 级：在 0~1000℃，其误差为 ±1.5℃，为测量温度的 0.4%。
（2）0.75 级：在 0~1200℃，其误差为 ±2.5℃，为测量温度的 0.75%。
（3）1.5 级：在 -200~0℃，其误差为 ±2.5℃，为测量温度的 1.5%。
本电路采用 0.75 级 K 型热电偶。

二、测量电路

热电偶的输出电压很小，每摄氏变化度只有数十微伏的输出，这就需要运算放大器的漂移必须很小。

另外，热电偶都有非线性误差，这就要求有非线性校正电路。

1. 基准接点补偿和放大电路

实验室测温可将热电偶的高温端置于被测温度处，低温端置于0℃，这给许多应用带来不便。因此，需要将低温端进行基准接点补偿，再将微小的热电动势进行放大。

用于K型热电偶零点补偿和放大的电路已研制成集成电路，如AD595。AD595又分为几种类型，其中有校准误差为±1℃（max）的高精度IC，如AD595C。

AD595是美国AD公司的产品。它的两个输入端子IN⁺、IN⁻通过插座CN接入K型热电偶，对热电动势进行零点温度补偿和放大。AD595还具有热电偶断线报警的功能，当热电偶断线时，晶体管VT导通，发光二极管点燃。

2. 非线性校正电路

热电偶的热电动势和温度不呈线性关系，一般可用下式表示：

$$E = a_0 + a_1T + a_2T^2 + \cdots + a_nT^N \tag{1.2.1}$$

式中，T为温度；E为热电动势；$a_0, a_1, \cdots, a_n$为系数。

根据热电偶的热电动势分度表，可由最小二乘法或计算机程序计算出$a_0, a_1, \cdots, a_n$。

K型热电偶热电动势经AD595放大后的输出电压为

$0 \sim 600℃$时，$U_{OUT} = -11.4\text{mV} + 1.009534U_a - 5.506 \times 10^{-6}U_a^2 \tag{1.2.2}$

$600 \sim 1200℃$时，$U_{OUT} = 745.2\text{mV} + 0.772808U_a + 13.134656 \times 10^{-6}U_a^2 \tag{1.2.3}$

$$U_a = 249.952U_{IN} \tag{1.2.4}$$

式中，U_{IN}为AD595的输入电压，即热电偶的输出电动势。

由于线性化电路只取U_a的最高幂次为2，故式（1.2.2）和式（1.2.3）还是比较近似的。尽管这样，在$0 \sim 1000℃$范围内，仍可以将原来的较大误差校正为$1 \sim 2℃$，相当于$(0.1 \sim 0.2)\%$的相对精度。

由式（1.2.2）和式（1.2.3）可知，还需要一个平方电路和一个加法电路。

3. 平方电路

平方电路使用专用集成电路AD538，该集成电路有3个输入端子U_X、U_Y、U_Z，而且有下面的函数关系：

$$U_{OUT} = U_Y(U_Z/U_X)^m, \quad m = 0.2 \sim 5 \tag{1.2.5}$$

平方电路不需要再加任何元器件，最适合用于线性校正电路。AD538内部有基准电压电路，它能提供+10V（4脚）和+2V（5脚）的基准电压，可以为自身或外电路提供电压源。

在图1.2.1所示电路中，U_Z、U_Y短接后接AD595的输出端U_{OUT}（8脚），即

$$U_Z = U_Y = U_a$$

U_X 端（15 脚）与 10V 端（4 脚）相接，即

$$U_X = 10V$$

由于 B（3 脚）与 C（12 脚）相连，故 $m=1$，因此有 $U_{OUT} = U_a^2/10000\text{mV}$。

4. 反相加法器

现在介绍满足以下公式的电路设计方法：

$$U_{OUT} = -11.4\text{mV} + 1.009534U_a - 5.506\times10^{-6}U_a^2 \tag{1.2.6}$$

前述已经得到了 U_a 和 U_a^2，显然满足式（1.2.6）的电路为一个加法电路。这个加法器是 A_2 组成的运放电路。

U_a 的一次因数 1.009534 是由运放电路 A_1 提供的，即 A_1 的输出电压为

$$U_{O1} = -\frac{R_2}{R_1+W_1}U_a$$

调整十圈电位器 R_{p1} 可使 $U_{O1} \approx -1.0095U_a$。因此 A_1 是一个一次因数放大器，A_2 是一个反相加法放大电路，R_6 与 R_3 组成一个因数为（-1）

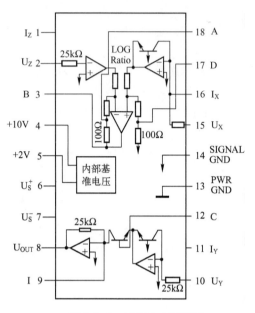

图 1.2.1 AD538 内部框图

的支路，即 $R_6/R_3 = 1$。

它将 $U_{O1} = -1.0095U_a$ 转换成 $U'_{O2} = 1.0095U_a$。

R_6 与 R_4 组成 U_a 二次因数放大支路，即 $R_6/R_4 = 0.0555$，所以 $U''_{O2} = -555\times10^{-6}U_a^2$

R_6 与 R_5 组成常因数为 -11.4 的偏置电路，该支路的放大分量为

$$U'''_{O2} = -10\text{V}\cdot R_6/R_5 = -11\text{mV}$$

由叠加原理得

$$U_{OUT} = -11\text{mV} + 1.0095U_a - 5.55\times10^{-6}U_a^2 \tag{1.2.7}$$

这和式（1.2.6）大体相当。

当然，可以设计电路参数使 U_{OUT} 完全满足式（1.2.6）。

同理，满足式（1.2.7）的电路由运放 A_3 和 A_4 完成，常数项由 $10\cdot R_{10}/R_1 = 744.6$ 完成，一次项由 $R_{10}/R_7 + R_{p2} = 0.7728$ 完成，二次项由 $R_{10}/R_8 = 0.1312$ 完成。

无论是 0~600℃，还是 600~1200℃，该测温电路都具有约 10mV/℃ 的灵敏度，其输出电压和温度具有良好的线性关系。

三、调试方法

由电路图 1.2.2 可知，AD595A 和 AD538AD 除热电偶断线报警电路中的 VT（图中左上角）外，都未外接元器件，因此 IC_1 和 IC_2 无须调整，这是因为大量的调试工作已由集成电路本身完成。

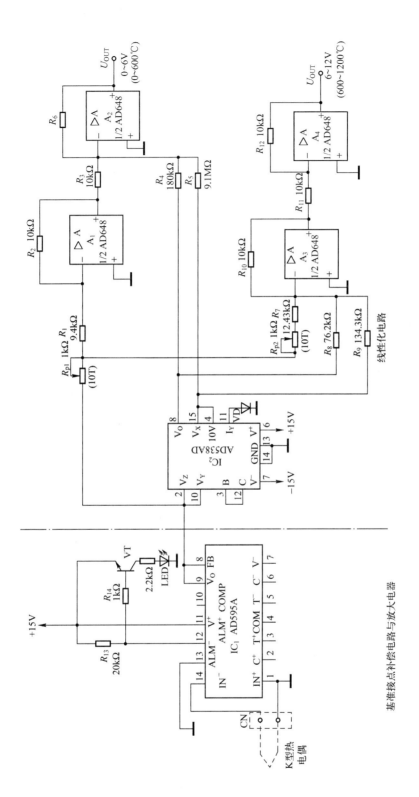

图1.2.2 K型热电偶零点补偿—放大与线性校正电路

需做调试的是 $A_1 \sim A_4$，主要是闭环放大倍数的调整。图 1.2.2 中的 R_1、R_7、R_8、R_9 均为非标称电阻，它们可由两个标称电阻串联组成。

R_{p1} 的调整要满足 $R_2/(R_1+R_{p1})=1.0095$；R_{p2} 的调整要满足 $R_{10}/(R_7+R_{p2})=0.7728$。整个调试工作均要满足式（1.2.6）和式（1.2.7）。

四、A/D 转换

将 0~6V 和 6~12V 输出电压通过转换开关输入到 A/D 转换器进行数字显示。

比较简化的方法是将模拟电路（见图 1.2.2）组装完后，将输出电压输入到数字电压表，由数字电压表读取温度值。

第三节　高精度 J 型热电偶温度仪

本节介绍的温度仪使用 J 型热电偶测温，这里把量程分为两挡：0~300℃ 和 300~600℃。J 型热电偶 3 次以上的温度系数还很大，用二次线性校正不能精确覆盖 0~600℃，分两挡量程即可满足精度要求。

AD594 是 J 型热电偶专用集成电路，可完成温差电势的放大和基准接点温度的补偿，而且还装有热电偶断线检测电路。AD594 没有线性校正电路，使用时应增加这部分电路。

AD594 的输出电压可表示为

$$U_o = (\text{J 型热电偶的温差电势} + 16\mu V) \times 193.4 \qquad (1.3.1)$$

从式（1.3.1）可知，电路在 J 型热电偶的温差电势上加了一个 $16\mu V$，这是为了使 AD594 在 +25℃ 时误差为最小。

热电偶的非线性带来相当大的误差，其非线性校正由以下两部分电路完成。

1. 0~300℃ 非线性校正

在 0~300℃ 时，AD594 的输出电压为

$$U_o = 3.724\text{mV} + 0.98195 U_a - 11.203725 \times 10^{-6} U_a^2 \qquad (1.3.2)$$

由 A_1 和 A_2 两个运算放大器组成的非线性校正电路完成该校正任务。

2. 300~600℃ 非线性校正

在 300°~600℃ 时，AD594 的输出电压为

$$U_o = -76.36\text{mV} + 0.995 U_a - 7.12 \times 10^{-6} U_a^2 \qquad (1.3.3)$$

由 A_3 和 A_4 两个运算放大器组成的非线性校正电路完成该校正任务。

热电偶断线检测电路在 AD594 内部，可将 12 脚直接与发光二极管相接显示，但发光二极管的电流会使集成电路发热，产生测量误差，故使用晶体管 VT 进行电流放大作为缓冲。

J 型热电偶和 K 型热电偶有相似之处，因此它们的测温电路非常相似。第二节中已详细讨论了 K 型热电偶的测温技术，这里对 J 型热电偶测温只做简单介绍。

J 型热电偶测温电路如图 1.3.1 所示，它和 K 型热电偶测温电路稍有不同。

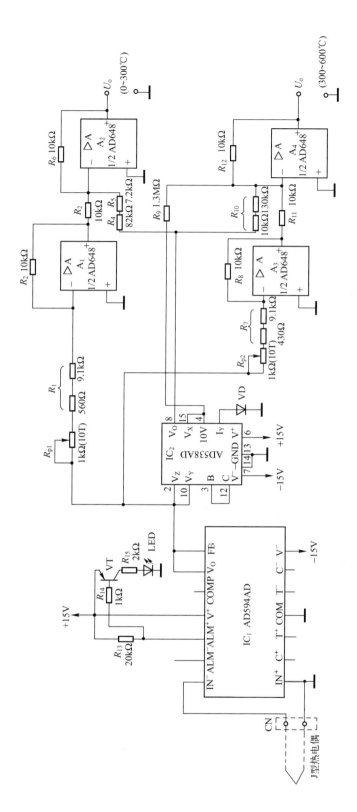

图1.3.1 J型热电偶测温电路

第四节　高精度物体表面温度数显仪

在工业生产和科学实验中，常常需要测量物体表面的温度。例如，各种发动机油管的表面，各种机械零件表面，化工管道表面，纺织、化工、印染、造纸等行业用的卷筒表面，各种电机的表面等，都需要测量温度。

一、传感器

测量物体表面温度需要传感器和表面完全贴合，这就需要敏感元件柔软一些，国产Pt100软衬底薄膜热敏电阻是表面测温的一种良好器件。其主要技术指标如下：

0℃电阻：$R_0 = 100\Omega$；

允许最大电流：$I_{max} \leqslant 1\text{mA}$；

时间常数：$\tau_s \leqslant 1\text{s}$；

互换精度：0.2%；

年漂移量：0.3‰；

测温范围：$-100 \sim 300℃$。

该热敏元件的特点是体积小、质量轻，薄而柔软，可完全和曲面相贴合，适用于平面、狭缝的温度测量。

二、测量电路

如图1.4.1所示为测温电路原理图，IC_1为能隙基准电源，可选用MC1403，其输入电压范围为$4.5 \sim 15\text{V}$，输出电压为$(2.5 \pm 0.1)\text{V}$，温度系数小，为$10^{-5}/℃$；IC_2可选ICL7650，其输入失调电压为$\pm 1\mu\text{V}$，温漂为$0.01\mu\text{V}/℃$，$A_v \geqslant 120\text{dB}$，共模抑制比$\geqslant 120\text{dB}$；$IC_3$可选用低漂移运放，如国产5G7650。

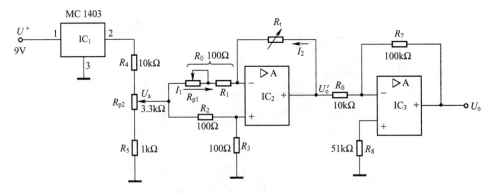

图1.4.1　测温电路原理图

图1.4.1中，取$R_2 = R_3$，对于IC_1的求和点，根据基尔霍夫电流定律

$$I_1 + I_2 = 0$$

即
$$(U_a - U_t)/R_0 + (U_o' - U^-)/R_t = 0 \tag{1.4.1}$$

$$U^+ = U^- = R_3 U_a/(R_2 + R_3) = 1/2 U_a \tag{1.4.2}$$

并令
$$R_t = R_0 + \Delta R \tag{1.4.3}$$

将式（1.4.2）和式（1.4.3）代入式（1.4.1），得
$$U'_o = -U_a/2R_0 \cdot \Delta R \tag{1.4.4}$$
IC_3 和 R_6、R_7、R_8 组成反相放大器，使 $R_7 = 10R_6$，则 $U_o = -10U'_o$，所以式（1.4.4）成为
$$U_o = 5U_a/R_0 \cdot \Delta R \tag{1.4.5}$$
0℃时，$R_t = 100.00\Omega$；300℃时，$R = 213.79\Omega$。

以 $t = 0$℃作为参考点，温度变化0℃以上时，$\Delta R > 0$；温度变化为0℃以下时，$\Delta R < 0$。测温上限为300℃时，$\Delta R = 213.79\Omega - 100.00\Omega = 113.79\Omega$，将数字电压表的量程定为2.000V。当温度上升到300℃时，其输出电压为最大，因此有
$$U_{omax} = 5U_a/R_0 \cdot \Delta R_{max} = 2000\text{mV}$$
所以 $U_a = 2000\text{mv}R_0/(5\Delta R_{max}) = 2000\text{mV} \times 100.00/(5 \times 113.79) = 351.5\text{mV}$

将MC1403输出端串联分压器电阻 $R_4 - R_{p2} - R_5$ 的电位器，R_{p2} 中间抽头处的输出电压应调整在350mV左右，因此取 $R_4 = 10\text{k}\Omega$，$R_5 = 1\text{k}\Omega$，$R_{p2} = 3.3\text{k}\Omega$。$R_{p2}$ 为多圈电位器，可旋转角度为1800°，可以均匀地改变其电阻。

$R_0 = 100.0\Omega$，它是由 R_1 和 R_{p1} 串联而成的（被确定在0℃时Pt100的电阻），现取 $R_1 = 91\Omega$，$R_{p1} = 15\Omega$（为多圈电位器）。

上述已确定数字电压表的量程为2.000V。将测量电路的输出电压 U_o 直接输入到图1.4.2中的输入端。

从式（1.4.5）可以看出，U_o 不是近似而是精确地与 ΔR 呈线性关系，即 $U_o \propto \Delta R$。这就把传感器温度的变化（ΔR 由温度变化引起）转换成了电压的变化。因此，严格线性的温度计是高精度的。

三、设计方法

测量电路的设计参数应根据 $U_o = 5U_a/R_0 \cdot \Delta R$ 来考虑，Pt100的温度系数为正，即随着温度的上升，其阻值变大。

Pt100的测温范围为 $-100 \sim 300$℃，也就是说，U_i 应小于2.000V。

在数字电路部分采用ICL7106 A/D转换器，当量程为2.000V时，U_{REF} 应为1.000V。在测温过程中，应使 $U_o < 2.000\text{V}$，因此 U_{REF} 可根据实际情况调至小于1V。

数字电路部分，主要是基准电压 U_{REF} 的取得。它通过外电路取得较稳定的基准电压的 U^-_{REF}（35脚），并连接电阻（10kΩ串联15kΩ）和稳压管VS，通过调节15kΩ电位器，将VS的2.2V的电压分压，取得 U_{REF}。

四、调试方法

将传感器 R_t 置于0℃的冰水混合物中，调节电位器 R_{p1}，使电压表的显示值为"0.00"；再将 R_t 置于上限温度的恒温油浴中，调节 R_{p2}，使显示值接近上限温度，再细调数字电路部分中的15kΩ电位器，使显示值准确等于上限温度，反复调整几次即可。注意上限温度应用精度为0.1℃以上的温度计监视。

完整的测温电路如图1.4.2所示。

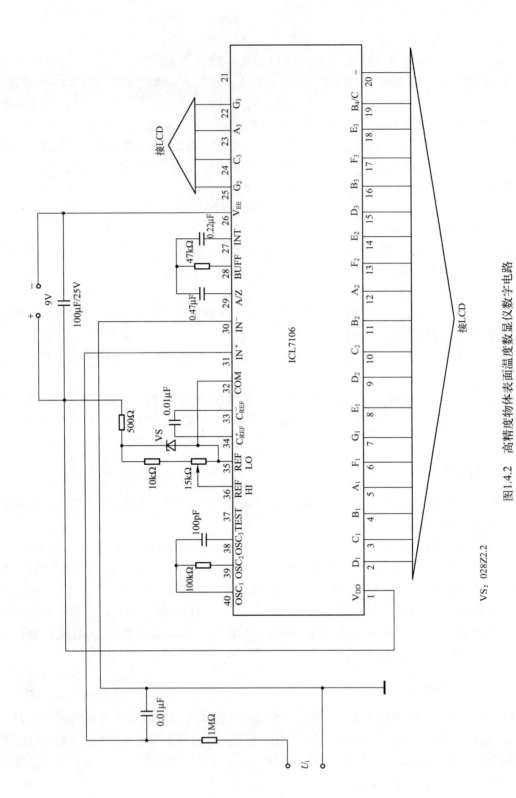

图1.4.2 高精度物体表面温度数显仪数字电路

第五节 电桥式数字温度仪

该数字温度仪由测量电桥输出信号供数字电压表进行 A/D 转换。本节将详细地介绍电桥数字测温的基本方法。

一、传感器

传感器为铂热电阻,分度号为 BA_1,$R_0 = 46\Omega$,$R_{100}/R_0 = 1.391 \pm 0.001$。这是一种用于测温常被选择的温度传感器。其电阻值随温度的变化而变化,在精度要求不高的场合(如工业在线测温等)可按具有线性关系来运用。

二、测量电路

电路分为三部分:测量电桥、A/D 转换电路、电源电路。

1. 测量电桥

从图 1.5.1 中的 A、B 两端向左看进去,运用戴维南定理和叠加原理,可将该电桥放大电路转化为等效的差动放大电路,如图 1.5.2 所示。

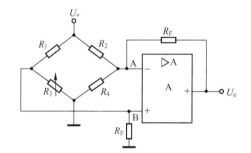
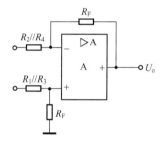

图 1.5.1 测量电桥原理图　　图 1.5.2 电桥放大电路的等效差动放大电路

由运放的基本电路知识可得

$$U_o = \frac{R_2 /\!/ R_4 + R_F}{R_2 /\!/ R_4} \frac{R_F}{R_1 /\!/ R_3 + R_F} \frac{R_3}{R_1 + R_3} U^+ - \frac{R_F}{R_2 /\!/ R_4} \frac{R_4}{R_2 + R_4} U^+ \quad (1.5.1)$$

式中,U^+ 为电桥电压;R_3 为铂热电阻。

电桥的输出为

$$\Delta U = \frac{R_3}{R_1 + R_3} U^+ - \frac{R_4}{R_2 + R_4} U^+ \quad (1.5.2)$$

若取 $R_1 = R_2 \gg R_3 = R_4$,则有 $R_2 /\!/ R_4 + R_F \approx R_F$,$R_2 /\!/ R_1 + R_F \approx R_F$,所以 $U_0 \approx R_F/R_4 \Delta U$,即 $U_o \propto \Delta U$。

电桥放大电路的增益为

$$A_F = U_o/\Delta U = R_F/R_4 \quad (1.5.3)$$

测温时,要求 $t = 0°C$ 时,$U_o = 0V$;$t = 200°C$ 时,$U_o = 2V$。

取 $R_1 = R_2 = 10k\Omega$,$R_4 = 46\Omega$,当 $t = 0°C$ 时,$R_3 = 46\Omega$,故电桥平衡,$\Delta U_o = 0V$,$U_o = 0V$。

当 $t=200℃$ 时，$R_3=82\Omega$，（查铂热电阻 BA_1 的分度表）取 $U^+=5V$，由式（1.5.2）得 $\Delta U_o=17.77mV$。

要求输出电压 $U_o=2V$ 时，由式（1.5.3）可知，电压放大倍数应为 $A_F=U_o/\Delta U_o=2000mV/17.77mV=112.5$。

故应选择 R_F 的阻值为 $R_F=A_F R_4=112.5\times 46\Omega=5177\Omega$，可取标称电阻为 $R_F=5.1k\Omega$。

由此可得到设计的实际电路如图1.5.3所示。其中，运算放大器选用第四代斩波稳零运算放大器7650，这里为14脚双列直插形式。7650的输入电阻很高（$10^{12}\Omega$），输入失调电压很小（$\pm 1\mu V$），很适宜作为测量放大器。

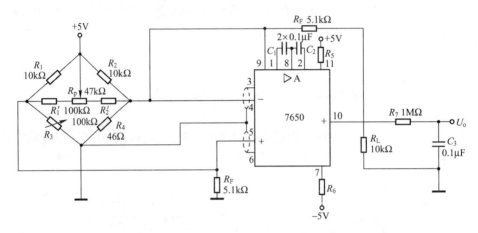

图1.5.3 测量电桥放大器实际电路

图1.5.3中，输入端的虚线为输入端的保护环；3脚、6脚为两个保护端；$2\times 0.1\mu F$ 两个电容的作用是防止电路自激；运放输出端接低通滤波器 R_7-C_3，把产生的输出尖峰消除掉。

测量电桥的输出端串接两个电阻和一个电位器是为了调零。因为电桥各臂的电阻并不一定完全满足 $R_1R_4=R_2R_3$，即在0℃时，电桥有一定的输出，调节电位器 R_p 即可调零。

这种电路的设计方法也可用于其他物理量，例如应力等的测量。

2. A/D 转换电路

如上所述，当测量电桥的输出电压为0V时，其对应的温度为0℃；当测量电桥的输出电压为2.000V时，其对应的温度为200℃。也就是说，在线性范围内传感器每变化1℃，电压变化为10mV，测量电压即可测量温度。因此，必须对输出电压进行A/D转换才能以数字形式显示温度值。

实际上，A/D转换电路就是数字电压表电路，如图1.5.4所示，下面分析该电路。

电路由A/D转换器MC14433、译码/锁存/驱动电路MC14511、数码显示电路及参考电压电路MC1403等组成。

（1）A/D转换器MC14433

A/D转换器是数字电压表的核心。芯片的电压量程为2.000V或200.0mV。当芯片的电源电压为 $\pm 5V$ 时，其量程的大小由积分电阻和积分电容确定。本电路的芯片的量程为2.000V，积分电阻（接4脚、5脚）和积分电容（接5脚、6脚）分别为470kΩ 和0.1μF。

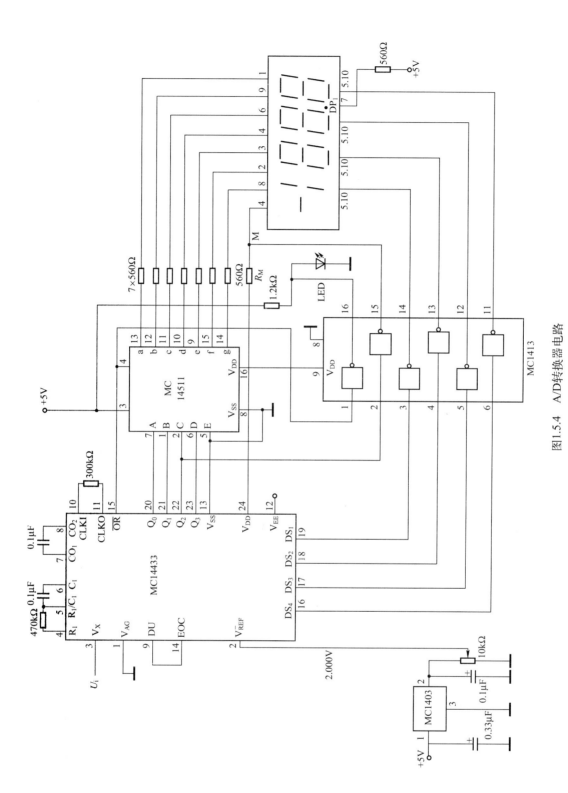

图1.5.4　A/D转换器电路

和2脚、3脚相连的内部电路为自动复零电路，外接0.1μF电容即可达到目的。

与10脚、11脚相连的内部电路为 RC 自激多谐振荡器，它产生一定频率的对称方波，以统一芯片内部各电路的动作，其振荡频率由外接电阻确定。本电路的振荡频率为66kHz，因此，10脚、11脚接一个300kΩ电阻即可。

3脚 V_X 为模拟电压输入端，1脚 V_{AG} 为模拟地，被测量的输入电压加至这两端。

对一般的非智能仪表，将9脚与14脚短接。

MC14433内部没有参考电压，参考电压由2脚引入。需要准确的2.000V（当量程为2.000V时）。

MC14433为动态扫描电路，其位选端 $DS_1 \sim DS_4$（19～16脚）产生如图1.5.5所示的方波，这些方波的特点是在任一时刻只允许一个为高电平。

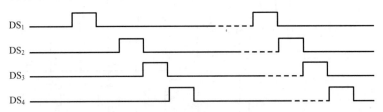

图1.5.5　位选端输出动态扫描信号

当 $DS_1 = 1$ 时，数据输出端 $Q_3 \sim Q_0$（23～20脚）输出对应于千位的BCD码；当 $DS_2 = 1$ 时，输出端 $Q_3 \sim Q_0$ 输出对应于百位的BCD码，依次类推。

这种动态扫描的特点是，对于多位的十进制输出，只需要一个计数器和一个译码/锁存/驱动器，它是依靠 $DS_1 \sim DS_4$ 中的高电平输出对应的BCD码的。

$\overline{OR}$（15脚）为溢出标志输出端，当输入电压 $|U_i| > U_R$ 时，$\overline{OR} = 0$；平时 $\overline{OR} = 1$。本电路用发光二极管LED指示超量程，平时LED不亮，当 $|U_i| > U_R$ 时，LED发光。

V_{DD}（24脚）为芯片的正电源端；V_{EE}（12脚）为芯片的负电源端。本电路用+5V和-5V电源供电。V_{SS}（13脚）在这里接地。

由于MC14433输出BCD码，因此它可以和微机联网组成智能仪表。

（2）译码/锁存/驱动电路 MC14511

MC14511是集译码、锁存、驱动功能于一体的集成电路，它的输入为BCD码，输出为七段译码。本电路经 $7 \times 560\Omega$ 的限流电阻和显示器的各段阳极相连。

MC14511性能好、价格便宜，是用途广泛的译码驱动电路，很多数字仪表都选用它。

（3）数码显示电路

这里的数码管由发光二极管组成，其字形和电路如图1.5.6所示。图1.5.6（c）所示为"－"号显示，有专门产品，也可以只用"日"字形的b、c、g段显示。上述数码管均为共阴极，在图1.5.4所示电路中，各个位数码管的a、b、c、d、e、f、g段均并联，即每个数码管的a段均并联后再和14511的"a"（13脚）通过电阻相连，其他各段类似。图1.5.4中数码管的连接为简化画法。

数码显示由达林顿阵列MC1413驱动，图1.5.4中的画法为等效画法，各列只用一个反相器等效表示，数码管显示受 $DS_1 \sim DS_4$ 控制。举例说明：当 $DS_3 = 1$ 时，十分位的数码应显

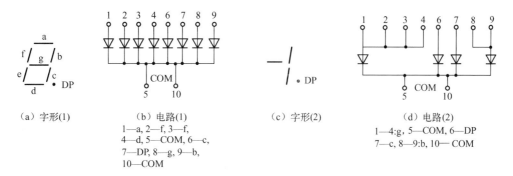

图 1.5.6 发光二极管显示电路

示,这时十分位数码管的共阴极(5脚、10脚)为0电平,当译码结果为"7"时,十分位的数码管的 a、b、c 段为"1",因此导通发光,显示出"7"字。

值得注意的是"-"号位的显示。

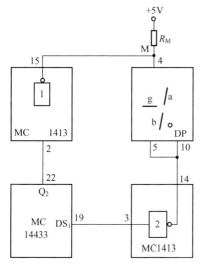

图 1.5.7 极性显示原理

在位选信号 $DS_1 = 1$ 时,Q_2 表示极性,$Q_2 = 1$ 时,显示为正,即输入 $U_i > 0$;$Q_2 = 0$ 时,显示为"-",即 $U_i < 0$。其显示原理如图 1.5.7 所示。DS_1 选通时,即 $DS_1 = 1$,达林顿反相器 2 输出为 0,将千分位的 3 段二极管的阴极置 0。

当 $Q_2 = 0$ 时,反相器 1 不导通,+5V 电源通过电阻 R_M 使"-"号点亮;$Q_2 = 1$ 时,反相器 1 导通,使 M 点接地,"-"号被旁路不亮,表示为正。

这里只用十分位后面的一个小数点 DP_1,因为测温的精度为 0.1℃,故通过 560Ω 的限流电阻与 +5V 电源相连。

数码管可选用 TLR312("8"字)和 TLR315("-"号和"1"),也可选用国产 LDD580R(8字)和 LDD540R("-"和"1")。

(4)参考电压电路 MC1403

MC14433 需要外接参考电压,本电路取 2.000V,它用能隙电源 MC1403 提供,其电路图如图 1.5.4 所示。它的输入电压为 5V,输出电压为 2.5V,用 10kΩ 多圈电位器取出 2.000V 送至 V_R(2脚)端。

3. 电源电路

本温度仪做成袖珍式,使用 9V 电池,但电路中的各部分和元器件都需要 +5V 或 -5V 电源,因此需要把 9V 电源转换成 ±5V 电源。在图 1.5.8 中提供了两种正负电源转换电路。图 1.5.8(a)所示电路中使用 7805 稳压器和 7660 正负电源转换器各一块,7805 将 +9V 转换成 +5V,7660 再将 +5V 转换成 -5V,得到 ±5V 电源。图 1.5.8(b)所示为另一种转换电路,7660 将 +9V 转换成 -9V,在 5 脚输出,再将 -9V 输入到 7905,由 7905 的 3 脚输出 -5V。7805 的输入电压为 +9V,它的 3 脚输出 +5V,这样也得到 ±5V 电源。

该温度仪用于测量 200℃ 以下的温度,因为数字部分的量程为 2.000V,对应于 200℃。

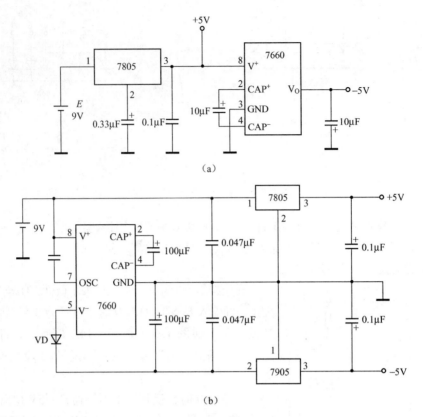

(a)

(b)

图1.5.8 正负电源转换电路

若需要扩大量程,则需重新设计测量电桥中的 R_F 值,注意 R_F 的值不仅和量程有关,而且和电桥电压 U^+ 有关。

第六节 数字式固态温度仪

这里的温度仪是 $3\frac{1}{2}$ 位液晶显示的数字便携式温度仪。它便于制作,成本低,是运用A/D转换器的基本电路之一。

一、传感器

选用测温 PN 结或硅晶体管作为本温度仪的传感器,PN 结压降与结温的关系曲线如图1.6.1 所示。这是一条实验曲线,由曲线可知,在 -100 ~ +200℃ 范围内曲线的线性较好。因此,设计这种仪表的测温范围为 -100 ~ +200℃ 为好。

一般将硅晶体管的基极与集电极连接组成的 PN 结的线性比硅 PN 结的线性要好,因此常用硅晶体管作为测温元件。

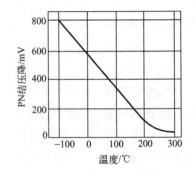

图1.6.1 PN 结压降与结温的关系曲线

二、测量电路

该数字温度仪由测量电桥、A/D 转换器和液晶显示器等组成，如图 1.6.2 所示。

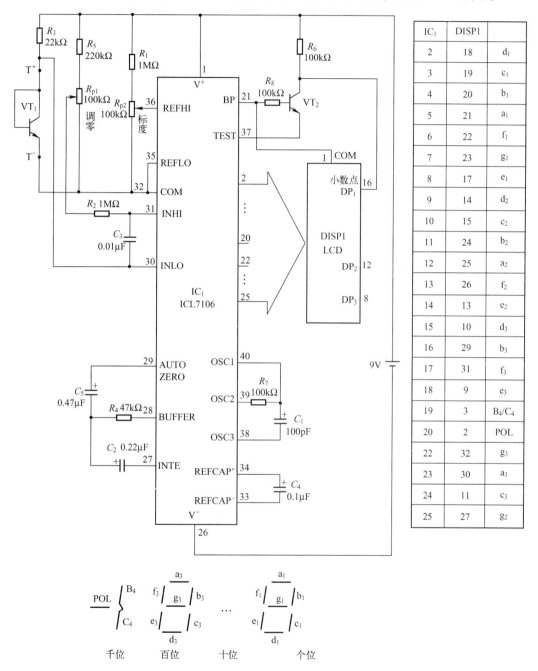

图 1.6.2 数字式固态温度仪电路图

由 R_3、VT_1、R_5、R_{p1} 组成的惠斯通电桥为测量电桥，桥压由 V^+（1 脚）和 COM（32 脚）之间的电压供给。电桥的输出送至 A/D 转换器 ICL7106 的两输入端 INHI（31 脚）和 INLO（30 脚）。

A/D 转换器为美国 Harris 公司生产的 ICL7106，它是 3½ 位 A/D 转换器。不同公司生产的 7106 产品可互相替代。7106 内含 3½ 位 A/D 转换器、BCD7 段译码器、时钟电路和参考电压以及 LCD 显示驱动器，因此可以直接和液晶显示器相连。

IC_1 的量程可为 2.000V 或 200mV，根据需要选择。本电路设定为 200mV（实为 199.9mV）。这种用法本质上是压电表用法。

显示器应选用和 7106 相配套的液晶显示器，也是 40 个引脚，最好选择数码尺寸大一些的。IC_1 的 20 脚和 $DISP_1$ 的 2 脚相接，当被测温度为零下时，液晶显示器将显示负号"−"，温度为零上时不显示。

图 1.6.2 右侧的表格表示了 IC_1 和 $DISP_1$ 相应引脚的连接，它包括了 3⅓ 位的各个数字和负号、7 段笔画的"8"字。$a_1 \sim g_1$ 表示个位，…，B_4/C_4 则表示千位，如图 1.6.2 下方所示。

7106 内含液晶显示驱动电路。液晶显示器的各段号（笔画）显示时需要下列条件：在被驱动的笔画电极和背电极（公共电极）之间加上相位相反的对称方波交流电压。

但是小数点显示（有 3 个小数点）需要外加电源。7106 的公共电极（21 脚）输出方波到液晶，晶体管 VT_2 为一个反相器，它将方波反相后加到小数点 DP_1 上，此时十分位小数点便被点亮。

三、调试方法

传感器 PN 结的温度系数为负，温度每上升 1℃，其结电压下降 2.2mV。在 −100～200℃ 的温度范围内，其结压降与温度的关系近似为一条直线，因此会产生约 0.1℃ 的误差。

当测量电桥平衡时，电桥的输出应为 0，电桥的输出被送至 7106 的输入端 INHI（31 脚）和 INLO（30 脚）。

将传感器放到冰水混合物（0℃）中，调整电位器 R_{p1}，使数码管显示为"0.00"，这就是 0℃；再将传感器放到沸水里，调节电位器 R_{p2}，使数码管显示为"100.0"，这便是 100℃。调节电位器 R_9 和 R_{10} 可能会互相影响 0℃ 和 100℃，需要反复调节几次，这样便调试完毕。

测温晶极管 VT_1 可选择 BC547、2N2222 或 3DK3D，若有测温二极管则更好。晶体管作为测温传感器，其集射极间应绝缘，还要采取一些保护措施。R_9 和 R_{10} 选择多圈电位器为好。

第七节 温度测量数显/控制仪

该仪器测量温度的范围为 −50～200℃，能够进行数字显示，测量误差为 ±1℃，可用于制冷设备、冷库和其他低温场合的温度测量与控制。

一、传感器

传感器采用热敏电阻铂 Rt100，它广泛用于化工、冶金、热电等测温领域。当其铂丝（箔）温度上升时，其电阻也随之上升，反之亦然。其温度与阻值的关系见表 1.7.1，可见其关系是非线性的，需进行非线性补偿和电阻/电压转换。

表 1.7.1　Rt100 铂电阻温度与阻值的关系

温度/℃	−50	−25	0	25	50	75	100	125	150	175	200
阻值/Ω	80.31	90.19	100	109.73	119.40	128.98	138.50	147.94	157.31	166.61	175.94

二、测量电路

测量电路分为电阻/电压转换器、A/D 转换器和控制电路。

1. 电阻/电压转换电路

当温度变化时,引起 Rt100 的阻值变化,若用数字显示则必须把电阻的变化转换成电压的变化。转换电路如图 1.7.1 所示。

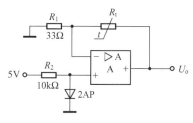

在运算放大器的同相端加上一个 0.3V 的稳定电压,方法很多,本电路是利用 +5V 电源和限流电阻 R_2 及锗二极管来实现的。锗二极管的正向压降约为 0.3V,其温度稳定性较差,但对要求精度不高的情况还是可以满足需要的。

图 1.7.1　电阻/电压转换电路

热敏电阻 Rt100 作为运放的反馈元件接入电路。

当 $t = -50℃$ 时,运放的输出电压为
$$U'_o = (1 + 80.31/33) \times 0.3V = 1.03V$$

当 $t = 200℃$ 时,运放的输出电压为
$$U''_o = (1 + 175.84/33) \times 0.3V = 1.90V$$

在 −50~200℃ 范围内,输出电压为 1.0~1.9V。

电阻/电压转换电路输出电压与温度的关系见表 1.7.2 和图 1.7.2。

表 1.7.2　转换电路输出电压与温度的关系

U_o/V	1.03	1.12	1.21	1.30	1.39	1.47	1.56	1.64	1.73	1.81	1.90
t/℃	−50	−25	0	25	50	75	100	125	150	175	200

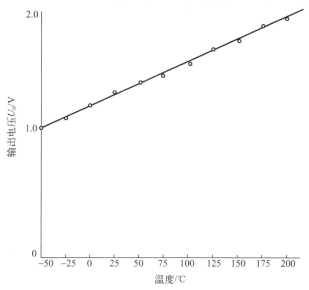

图 1.7.2　电阻/电压转换电路输出电压 U_o 与温度 t 的关系曲线

由图 1.7.2 可见，其线性度较好，具有非线性校正作用。

电阻/电压转换器之后，接一电压跟随器，它是缓冲级，提高了带负载的能力。

2. A/D 转换器

电阻/电压转换之后，将电压送入 A/D 转换器，把模拟量转换成数字量。A/D 转换器用 3½位的 7107，它和 7106 基本相同。不同之处如下：

（1）7106 一般用单电压（+9V），7107 一般用双电源（多为±5V）。

（2）7106 输出级为异或门结构，适合驱动液晶显示器；7107 输出级则为大电流反相器，适合驱动发光二极管显示器。

A/D 转换器电路如图 1.7.3 所示。其中，C_1 为外接积分电容；R_1 为外接积分电阻；C_2 为自动调零电容；C_4 为基准电容；C_5、R_6 分别为内部时钟振荡器的外接电容、电阻。振荡频率由下式确定：

$$f = \frac{0.45}{R_6 C_5} \tag{1.7.1}$$

在本电路中，$R_6 = 100\text{k}\Omega$，$C_5 = 100\text{pF}$，则主振荡率为 45kHz，采样频率为 3Hz。

IN^+（31 脚）为外加信号输入端；IN^-（30 脚）为输入基准信号零点，V_{REF}（36 脚）为基准信号端子。

当基准信号调到 0~2V 时，外加信号的输入也在 0~2V，LED 对应显示 0~1999，相当于 1mV 对应于 1 个字。

和 7106 一样，当输入信号超过量程上限时，千位数码管显示"1"，而其他三位数码管全无显示；当输入信号超过量程下限时，千位显示"-1"，其他三位全不显示。

7107 采用 LED 显示器。正电源通过限流电阻 R_7 向共阳极数码管供电。改变 R_7 的大小，可改变数码管的亮度。

3. 电压比较器电路

电压比较器用于控制加热设备或制冷设备的通断。电压比较器由 IC_{2C} 组成。切换开关 S 置于 1 挡时，仪表显示测量值；置于 2 挡时，显示设定温度。当测量值低于设定值时，比较器正饱和，其输出约为 4V 左右（略低于电源电压）的高电平，通过 R_{11} 使继电器 K 吸合，反之释放。VD 用来保护运放，消除线圈断电时产生的反电动势。

三、调试方法

（1）用标准电阻箱将阻值调成 80.31Ω（无电阻箱可用多圈电位器代替，用 4½位万用表测量出 80.31Ω 的电阻）接入运放的 1、2 脚，调节 R_{p1}，使数码管显示为"-50"。

（2）再将电阻箱调成 175.84Ω，调节 R_{p2} 使数字显示为"200"。

这样反复调节几次，到使误差最小为止。

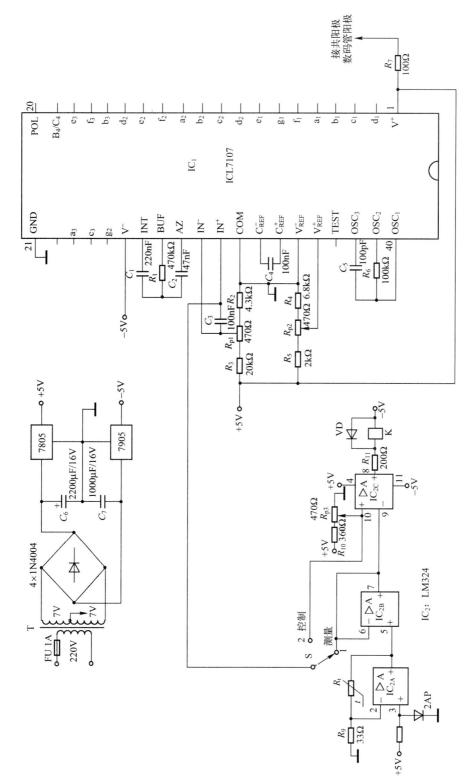

图1.7.3 温度测量数显/控制仪电路图

第八节 集成传感器数字温度仪接口

集成传感器数字温度仪接口电路如图1.8.1所示。
这是一个利用温度接口电路和数字电压表测量温度的测量装置。

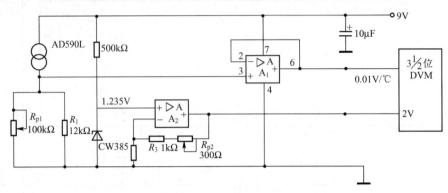

图1.8.1　AD590L数字温度仪接口电路

一、传感器

本仪表使用集成温度传感器AD590L作为测温的敏感元件。它是一个电流器件，为热力学温标，标称值为$1\mu A/K$。

二、测温电路的设计

电路的设计要考虑：
（1）将电流转换成电压。
（2）将热力学温标转换成摄氏温标。

AD590L为电流元件，温度每升高1K，电流增加$1\mu A$。将AD590L的电流通过一个$10k\Omega$的电阻，这个电阻的压降便为10mV，即转换成10mV/K。要求这个$10k\Omega$的电阻很精确，因此用一个$12k\Omega$（R_1）的电阻与一个电位器（R_{p1}）并联，以准确调节到$10k\Omega$。

运算放大器A_1接成电压跟随器，增加信号的输入阻抗。A_1的输出为0.01V/K。这样便将电流信号转换成电压信号。

A_2的作用是把热力学温标转换成摄氏温标。给A_2的同相端输入一个恒定的电压，如1.235V，然后将这个电压放大到2.73V。因此，A_2的闭环增益为

$$A_{F2} = \frac{2.73}{1.235} = 2.21$$

即

$$A_{F2} = \left(1 + \frac{R_3 + R_{p2}}{R_2}\right) = 2.21$$

令$R_2 = 1k\Omega$，则

$$R_3 + R_{p2} = 1.21k\Omega$$

取 $R_3=1\mathrm{k}\Omega$；R_{p2} 为 300Ω 多圈电位器，调节 R_{p2} 即可得到这个值。

取 A_1 与 A_2 两个输出端之间的电位，即转换成摄氏温标。

例如，将 AD590 放入 273K（0℃）的冰水混合物中，R_1 两端的压降为 $1\mu\mathrm{A}/\mathrm{K}\times 10\mathrm{k}\Omega\times 273\mathrm{K}=2.73\mathrm{V}$，这是一个对地的电压。

A_2 的对地输出电压也为 2.73V。

因此，A_1 与 A_2 两输出端子间的电压为 2.73V − 2.73V = 0V，对应于 0℃。A_1 与 A_2 两输出端子之间的电压是浮地的。

A_2 的输入电压 1.235V 是由集成基准电压源 CW385（国外同类产品 LM385 − 1.2）提供的。CW385 是一种微功耗带隙基准二极管，工作电流范围为 10μA ~ 20mA，温度稳定性好，温漂一般为 $20\times 10^{-5}/℃$。CW385 输出的基准电压为 1.205 ~ 1.260V，典型值为 1.235V。

A_2 的输入电压不一定要求 1.235V，只要在 1.2V 左右即可，但要求其电压恒定，CW385 完全满足这一要求。

有些运算放大器有内部参考电压输出端子，如 LM10 即有 0.2V 的参考电压输出，它的值也是稳定的，可利用 0.2V 的参考电压作为 A_2 同相端的输入信号。如果 R_2 仍为 1kΩ，则 R_3 可取 12kΩ，R_{p2} 可取 2kΩ 的电位器。这样，只用一只运放即可实现温度的接口电路设计。

三、数字显示

测温接口电路的输出为 0.01V/℃，AD590 的测温上限为 150℃，因此它的测温上限电压为 1.5V。若用 3½ 位数字电压表的 2V 挡显示，其分辨率可达 0.1℃。

数字显示部分可直接利用 3½ 位 DVM，也可以利用 A/D 转换器转换，可参考本章第五节中的 A/D 转换部分，也可使用 7106（或 7126、7136）A/D 转换器及其液晶显示。

四、调试方法

电路中的所有电阻均应使用金属膜电阻，因此温度系数较小，温度变化对测温的影响不大。

（1）R_1 和多圈电位器 R_{p1} 并联，调节 R_{p1} 使其并联阻值为 10.00kΩ，这样能保证 AD590 的电流在其两端产生 10mV/K 的压降。

（2）调节 A_2 的闭环增益。将 A_2 电路接好后，在 A_2 的输出端和"地"之间接一数字电压表，调节多圈电位器 R_{p2}，使数字显示为"2.73"V。

这样便使 A_1 与 A_2 两输出端子间的电压转换成为 0.01V/℃。

第九节　80 点粮库巡回检测仪

大型或中小型粮库贮存大量的粮食或谷物，粮食的贮存温度和湿度与保管质量有着密切的关系。本巡回检测仪可以对 80 处粮食温度进行测量和监控。

一、传感器

粮库的温度属于常温,选用 AD590L 集成温度传感器比较适宜,它本身为电流器件,显示热力学温度。若要显示摄氏温标则需进行温标变换。

二、测量电路

测量电路由矩阵测量网络、二进制码发生器、热力学温标－摄氏温标转换电路等组成。

1. 矩阵测量网络

该网络由 BCD－十进制码译码器 CC4028 和多路模拟转换开关 CC4051、温度传感器 AD590L 等组成,如图 1.9.1 所示。

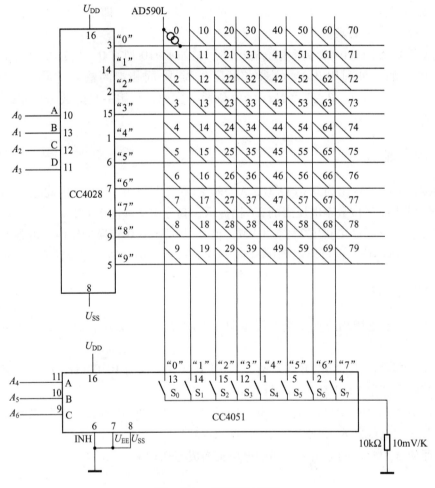

图 1.9.1 矩阵测量网络

由 CC4028 和 CC4051、AD590L 组成的矩阵网络,其 7 位地址码由 CC4028 的 4 输入线和 CC4051 的 3 输入线组成。测温矩阵由 CC4028 的 10 个输出端子、CC4051 的 8 个模拟开关和80个AD590组成。

由地址码控制各个测温元件的通断。A_4、A_5、A_6控制矩阵网络竖线的通断，见表1.9.1。

表 1.9.1　开关 S 的接通

A_6	A_5	A_4	开关 S_i（$i=0\sim7$）接通
0	0	0	S_0 通
0	0	1	S_1 通
0	1	0	S_2 通
⋮	⋮	⋮	⋮
1	1	1	S_7 通

A_3、A_2、A_1、A_0控制矩阵网络的横线通断，见表1.9.2。

表 1.9.2　CC4028 的输入码控制输出端

A_3	A_2	A_1	A_0	输出高电平"1"的输出端
0	0	0	0	Y_0
0	0	0	1	Y_1
0	0	1	0	Y_2
⋮	⋮	⋮	⋮	⋮
1	0	0	1	Y_9

$A_3A_2A_1A_0$从1010到1111各个输出端 Y_i（$i=0\sim9$）均为低电平"0"。

AD590L被接通时才有电流输出，方能测出相应的温度。例如，当 $A_6A_5A_4A_3A_2A_1A_0$ 为0110111时，模拟开关 S_3 被接通，CC4028 的 $Y_7=1$（4脚输出为1），因此第37号AD590L被接通，显示出第37号位粮仓的温度。

通过进一步分析可以看出，CC4051的地址码0000~1001均有效，而1010~1111均无效，因此，这个矩阵的测量点不是128个，而是80个。

2. 二进制码发生器

矩阵网络的地址码 $A_6A_5A_4A_3A_2A_1A_0$ 为二进制码，这些二进制码是由二进制计数器CC4024产生的。CC4024有7个输出端子，当CP脉冲的频率为 f_{cp} 时，其 Q_2 端的输出频率为 $f_{Q2}=1/2^2 f_{cp}$，Q_3 的输出频率为 $f_{Q3}=1/2^3 f_{cp}$，…，Q_7 的输出频率为 $f_{Q7}=1/2^7 f_{cp}$。

CP脉冲由运放RC方波发生器产生，如果方波的频率为0.5Hz，即周期为2s，那么显示值将保持2s左右，这对于观测或记录是足够的。

二进制码发生器如图1.9.2所示，其振荡频率为

$$f=\frac{1}{2\pi R_F C_F}\approx 0.5\text{Hz}$$

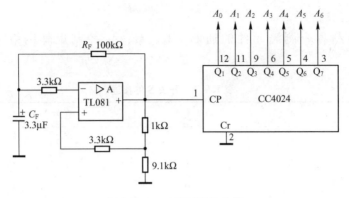

图1.9.2 二进制码发生器

三、热力学温标－摄氏温标的转换

我国通常采用摄氏温标。AD590是电流器件，输出为热力学温标，标称值为$1\mu A/K$，即每升高1K电流增加$1\mu A$。图1.9.1或图1.9.3中的$10k\Omega$电阻，温度每变化1K都会在其上产生$10\mu V$的压降，要求这个阻值很准确，否则会带来较大的误差。较好的方法是采用两个并联电阻（其中一个可调）代替它，以取得准确的$10k\Omega$。

如图1.9.3所示是热力学温标－摄氏温标转换电路。其中，A_1为电压跟随器，它的输出为$0.01V/K$，这是一个对地的电压；A_2是一个同相放大器，它将带隙基准二极管CW385的稳压值1.235V放大到2.21倍。采用多圈电位器R_p（300Ω）进行微调，使其对地输出电压为2.73V。

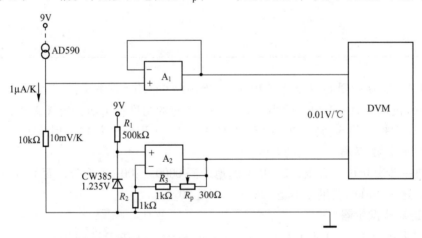

图1.9.3 热力学温标－摄氏温标转换电路

这样，A_1与A_2两个输出端子间的电压即为$0.01V/℃$，实现了热力学温标到摄氏温标的转换。

四、调试方法

将图1.9.1～图1.9.3级联便组成了完整的温度巡回检测仪。
（1）检测的速度
由二进制码的速率，即由RC方波发生器的频率确定，可用电位器串联一个电阻代替R_F

调节电位器的滑动触头,也可改变频率。

(2) 温度的校准

将 AD590L 按图 1.9.3 中的虚线连接,将其放入冰水混合物中,将 A_1、A_2 的输出端子接到数字电压表 2000mV 挡,调节多圈电位器 R_p,使显示数字为"0.00"。这样便将 A_2 的输出电压调成 2.73V,以后除非重新校准外,R_p 不应再动。

图 1.9.3 中的 DVM 为数字电压表,也可用 A/D 转换器,注意这时 A/D 转换的两个输入端应为浮地。

第十节　宽温域数字温度仪

本节给出了一种线性好、温域宽的测温电路,其电路简单,在 0~500℃ 区间的线性很好,为测温电路设计提供了一种优化、经济的方法。

一、理论分析

温度传感器使用铂电阻 Rt100。

铂电阻化学性质稳定,广泛用于测温领域。Rt100 为 0℃ 时阻值等于 100Ω 的铂电阻,作为测温元件,其电阻与温度 t 的关系可用下式表示:

$$R_t = R_0(1 + a_1 t + a_2 t^2 + \cdots + a_n t^n) \quad (1.10.1)$$

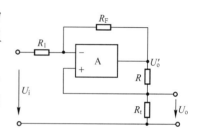

图 1.10.1　测温线性化电路

如图 1.10.1 所示为测温线性化电路,令 $R_1 = R_F$,由 $(U_i - U_o)/R_1 = (U_o - U'_o)/R_F$ 和 $U_o = R_t U'_o/(R + R_t)$ 得

$$U_o = R_t U_i/(R_t - R) \quad (1.10.2)$$

R_t 为温度的函数,故 U_o 也是温度的函数,若使输出电压与温度呈线性关系,则必须使

$$d^2 U_o/dt^2 = 0$$

$$d^2 U_o/dt^2 = -RU_i/(R_t - R)^2 \cdot d^2 R_t/dt^2 + 2RU_i/(R_t - R)^3 \cdot (dR_t/dt)^2 \quad (1.10.3)$$

式 (1.10.3) 等于零,由于 $R_t - R \neq 0$,所以

$$-(R_t - R) d^2 R_t/dt^2 + 2(dR_t/dt)^2 = 0$$

$$R = -2(dR_t/dt)^2/(d^2 R_t/dt^2) + R_t \quad (1.10.4)$$

当 $n = 2$ 时,式 (1.10.1) 变成

$$R_t = R_0(1 + a_1 t + a_2 t^2) \quad (1.10.5)$$

将式 (1.10.5) 的一、二次导数代入式 (1.10.4),得

$$R = -3R_0 a_2 t^2 - 3R_0 a_1 t - (R_0 - R_0 a_1^2/a_2)$$

可见,温度补偿电阻 R 也是温度的函数,在温度 $t_1 \sim t_n$ 的范围内对 R 求平均值,故

$$R = 1/(t_n - t_1) \int_{t_1}^{t_n} (-3R_0 a_2 t^2 - 3R_0 a_1 t + R_0 - R_0 a_1^2/a_2) dt$$

$$= -R_0 a_2 (t_n^2 + t_n t_1 + t_1^2) - \frac{3}{2} R_0 a_1 (t_n + t_1) + R_0 - R_0 a_1^2/a_2 \quad (1.10.6)$$

R 值的最佳选择应在测温范围内,按 a_1、a_2 的最佳参数取值,即由

$$\left.\begin{array}{l}a_1 \sum_{i=1}^{n} t_i^2 + a_2 \sum_{i=1}^{n} t_i^2 = \sum_{i=1}^{n} \frac{R_{t_i} - R_0}{R_0} \\ a_1 \sum_{i=1}^{n} t_i^3 + a_2 \sum_{i=1}^{n} t_i^4 = \sum_{i=1}^{n} \frac{R_{t_i} - R_0}{R_0} t_i^2 \end{array}\right\} \quad (1.10.7)$$

确定 a_1、a_2。

将铂电阻的各个 t_i 对应的 R_{t_i} 值代入式（1.10.7），求出

$$a_1 = 3.9684 \times 10^{-3}/\text{℃}, \quad a_2 = -5.8458 \times 10^{-7}/(\text{℃})^2$$

将 $t_1 = 0\text{℃}$，$t_n = 500\text{℃}$ 和 a_1、a_2 代入式（1.10.6），得

$$R = 2488.2\Omega$$

这个 R 值是唯一的。

当 U_i 为常数和 $R = 2488.2\Omega$ 时，式（1.10.2）应为一条直线，其表达式可用下式表示：

$$U_o = \alpha + \beta t \quad (1.10.8)$$

将 $t = 0\text{℃}$ 时的 $R_t = 100\Omega$，$t = 500\text{℃}$ 时的 $R_t = 283.80\Omega$ 分别代入式（1.10.8），可得

$$\alpha = -4.188 \times 10^{-2} U_i$$
$$\beta = -17.364 \times 10^{-5} U_i$$

故 $U_o = (-4.188 \times 10^{-2} - 17.364 \times 10^{-5} t) U_i$。其中，$U_i$ 为齐纳基准电源 LM199 的输出电压；$U_i = -6855\text{mV}$，即

$$U_o = (287.1 + 1.190t)\text{mV} \quad (1.10.9)$$

表 1.10.1 列出了温度与输出电压的关系。

表 1.10.1 温度与输出电压的关系

温度/℃	输出电压 U_o（理论值）/mV	输出电压 $U_{o测}$（实测值）/mV	误差（$U_o - U_{o测}$）/mV
0	287.1	287.0	0.1
50.0	346.6	346.4	0.2
100.0	406.1	405.9	0.2
150.0	465.6	465.4	0.2
200.0	525.1	525.0	0.1
250.0	584.6	584.6	0
300.0	644.1	644.3	-0.2
350.0	703.6	703.9	-0.3
400.0	763.1	763.5	-0.4
450.0	822.6	823.0	-0.4
500.0	882.1	882.4	-0.3

输出电压与温度的关系曲线如图 1.10.2 所示。

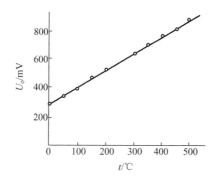

图 1.10.2　输出电压与温度的关系曲线

二、测量电路

测量电路由集成基准源 LM199、测温线性化电路、基准电压电路和 A/D 转换器组成，如图 1.10.3 所示。

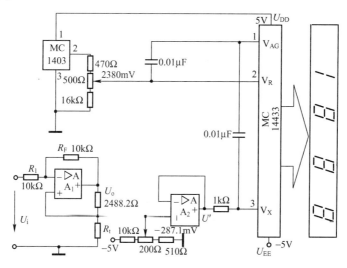

图 1.10.3　宽温域数字温度仪电路图

1. 集成基准源电路

在测温线性化电路中，要求输入信号 U_i 稳定不变，它的大小和线性化电路的输出也有关系。因此，利用集成基准源 LM199 提供输入信号 U_i，在如图 1.10.4 所示电路中，LM199 的输出典型值为 6.9V，实测值为 6855mV。

LM199 是一个带有恒温器的齐纳基准源，由于它采用了恒温结构，因此温度系数达到 $10^{-6}/℃$，稳定输出电压典型值为 6.9V，1000h 漂移量为 $2×10^{-5}$ V，工作温度范围为 $-55 \sim +125℃$。LM199 为四端元件。3、4 脚为恒温器集成电路的电源端，1、2 脚为齐纳基准源的输出端。

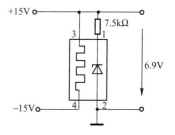

图 1.10.4　集成基准源 LM199 电路简图

2. 测温线性化电路

测温线性化电路是测温电路的核心，它的输出为

$$U_o = (287.1 + 1.190t)\,\text{mV}$$

当温度 $t=0$ 时，$U_o = 287.1\,\text{mV}$。

为了使 $t=0℃$ 时显示值为 0，在测温线性化电路之后加了一个电压跟随器。实质上，它也是一个加法器，在同相端处加了一个 $-287.1\,\text{mV}$ 的电压，使跟随器的输出电压为 $1.190t\,\text{mV}$。

3. 基准电压电路

A/D 转换器的基准电压 U_R，需要一个稳定不变的电压。这个电压的大小和数字电压表不同，它是由 A/D 转换器的读数值 $N = \dfrac{2000 U_i}{U_R}$ 决定的。

4. A/D 转换器

这里的 A/D 转换器为 3½ 位 MC14433，其他引脚基本同数字电压表，但其 V_{AG}（1 脚）、V_R（2 脚）、V_X（3 脚）的接线和数字电压表不同。

输入到 A/D 转换器 V_X 端的电压为

$$U'_o = 1.190t\,\text{mV}$$

即

$$N = \frac{2000 \times 1.190t\,\text{mV}}{U_R}$$

可见，当 $t=0℃$ 时，A/D 的示值为 "0"；当 $t=500℃$ 时，A/D 的示值应为 "500"。这就要求 U_R 满足

$$U_R = \frac{2000 \times 1.190t}{N} = \frac{2000 \times 1.190 \times 500}{500}\,\text{mV} = 2380\,\text{mV}$$

即必须给 U_R 端输入一个稳定的 2380mV 的电压。

事实证明，这样设计的电路具有良好的线性和精度。

例如，当 $t=250℃$ 时，线性化电路的输出电压为 $U_o = 584.6\,\text{mV}$，A/D 转换器的示值为

$$N = 2000 \times (584.6 - 287.1)/2380 = 250$$

用表 1.10.1 的其他点检验，也都是这样。

根据 D. J. Finney 的概率分析理论公式

$$\left(\beta^2 - \frac{NR'^2}{D}\right)v^2 - [2\beta(y-\bar{y})]v + \left[(y-\bar{y})^2 - \frac{N+1}{N}K^2\right] = 0$$

分析数据表明，当输出电压 $U_o = 525.0\,\text{mV}$ 时，被测温度为

$$t = (200.3 \pm 0.6)℃$$

即当线性化电路的输出电压为 525.0mV 时，其实际温度在 199.7~200.9℃ 是可信赖的，和实测值是相吻合的。

三、调试方法

本电路的调试比较简单，如前所述，本电路的线性很好，选定合格的铂电阻，只要确定两点即可采用下面的方法调试。

1. 0℃的校准

用标准电阻箱的 100.00Ω 电阻代替 R_t 接入电路，调节 200Ω 多圈电位器，使示值为 "0"，即将电压跟随器的同相端加入（-287.1）mV 的电压。

2. 500℃的校准

用标准电阻箱的 283.80Ω 电阻代替 R_t，调节 500Ω 多圈电位器，使示值为 "500"。

第十一节　新颖的三点定标数字温度仪

这种温度仪与其他数字温度仪的不同之处是，校准温度时有三个校准点，即 0℃、36.6℃ 和 100℃。该温度计的温度惰性小，响应快，可用于测量体温、室温和家庭中快速测量各种温度，也可用于工农业生产和科研领域。其技术性能如下：

(1) 测温范围：-50°～+100℃；

(2) 温度分辨能力：0.1℃；

(3) 测量误差：工作范围的中间温度为 ±(0.1～0.2)℃，工作范围的极限温度为 ±0.5℃。

一、传感器

传感器用 MF53-1 型热敏电阻，这种热敏电阻的阻值随温度的变化而改变，热电阻与温度的关系用下式表示：

$$R_t = A\exp(B/T) \tag{1.11.1}$$

式中，A 为与热敏电阻尺寸、形状及其半导体物理性能有关的常数；B 为与半导体物理性能有关的常数；T 为热敏电阻的热力学温度。

显然，这是一种负温度系数热敏电阻。

MF53-1 热敏电阻的标称值为 (0.35～1)kΩ，温度系数为 -(3.5～4.3)，B 为 2800～2970。

二、测量电路

测量电路如图 1.11.1 所示。

热敏电阻 R_t 是非线性测温元件，常采用电阻的串并联方法进行粗略的非线性校正，图 1.11.1 中，$R_{p2} + R_3$ 与 R_t 串联，R_6 与 R_t 并联。

IC_2 组成一个同相放大器，其放大倍数为

$$A_2 = 1 + R_9/R_8 = 2$$

$R_{p2} + R_3$ 的补偿校正作用是这样实现的：设 0℃ 时，R_t 的电阻为 R_{t0}，这个值等于 1kΩ 多。当 0℃ 时，调节 R_{p2} 使 $R_{p2} + R_3 = R_{t0}$，即使 $U_k = U_t$（见图 1.11.1）。这时，加在 V_i^-（30 脚）上的电压为 $U_t + U_k = 2U_k$，U_k 又是 A_2 同相端的输入电压，因此 A_2 的输出电压等于 $2U_k$；A_2 的输出接 A/D 的 V_i^+（31 脚），即 V_i^+ 上的电压也为 $2U_k$。因此，V_i^+ 与 V_i^- 之间的电压为 0，其数码显示应为 "0.00"。

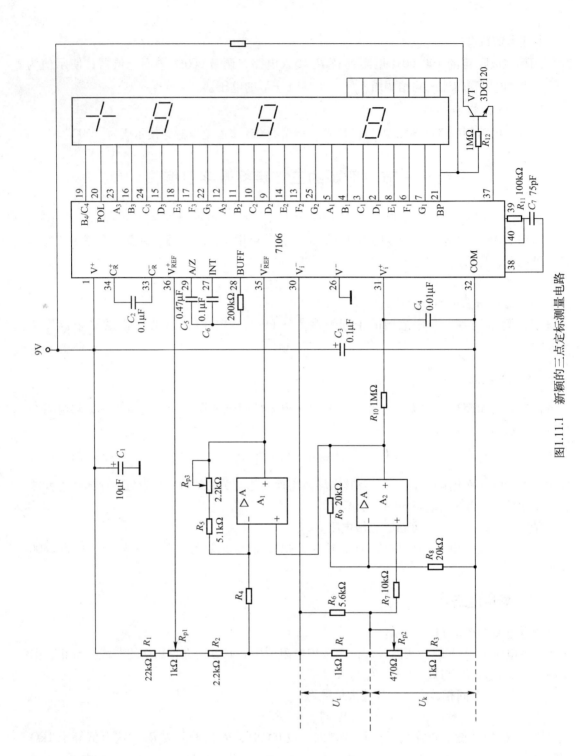

图1.11.1 新颖的三点定标测量电路

A/D 转换器的基准电压 U_R 的取值也与一般的数字测温电路不同。U_{REF}^+ 取 $R_{p1} + R_2 + R_t + R_{p2} + R_3$ 的压降，显然，U_{REF}^+ 与温度的变化有关；U_{REF}^- 为 A_1 的输出电压，A_1 同相端的输入电压为 A_2 输出电压 $2U_k$，由于温度的变化使 R_t 变化，从而引起 U_k 的变化。U_{REF}^- 也随温度变化，因此 $U_R = U_{REF}^+ - U_{REF}^-$ 也是随温度的改变而变化的。

三、调试方法

（1）将热敏电阻 R_t 放入冰水混合物中，调节 R_{p2}，使 $U_t = U_k$，可实现0℃的校准。

（2）将 R_t 放入36.6℃（精确值）体温处（其他准确体温也可），调节 R_{p1}，使数码显示为"36.6"。此时，应用精密温度计校准体温是否为36.6℃。

（3）再将 R_t 放入100℃处，调节 R_{p3}，使数码显示为"100.0"。

按上述步骤重调一两次，至满意为止。

第二章 压力的测量

压力测量也属于非电量测量，一般使用压力传感器，广泛用于汽车、航空航天、舰船、工业（特别是化工）、农业、气象、生物医疗及消费等领域。在压力传感器的生产与应用领域，摩托罗拉（Motorola）公司占据极为重要的地位。目前 Motorola 公司传感器在国内具有较大使用量，质量、应用前景较好。

压力传感器是一种将压力转换成电流/电压的器件，可用于测量压力、位移等物理量。压力传感器的种类很多，其中半导体传感器因其体积小、质量轻、成本低、性能好、易集成等优点得到越来越广泛的应用。

硅压阻式传感器是在硅片上用扩散或离子注入法形成 4 个阻值相等的电阻条，并将它们接成一个惠斯通电桥。当没有外加压力作用在硅片上时，电桥处于平衡状态，电桥输出为零；当有外加压力时，电桥失去平衡而产生输出电压，该电压大小与压力有关，通过检测电压，即可得到相应的压力值。这种传感器常由于 4 个桥臂电阻不完全匹配而引起测量误差，零点偏移较大，不易调整。

摩托罗拉 X 型硅压力传感器可克服上述缺点。

1. 摩托罗拉 X 型硅压力传感器简介

与惠斯通电桥不同，Motorola 公司专利技术采用单个 X 型压敏电阻元件，而不是电桥结构，其压敏电阻元件呈 X 形，因而称为 X 形硅压力传感器。其结构及外部连接如图 2.0.1 所示，引脚见表 2.0.1。该 X 型电阻利用离子注入工艺光刻在硅膜片上，并采用计算机控制的激光修正技术、温度补偿技术。Motorola 硅 MPX 系列压力传感器的精度很高，其模拟输出电压正比于输入的压力值和电源偏置电压，具有极好的线性度，且灵敏高、长期重复性好。

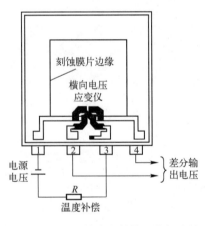

图 2.0.1 X 型传感器结构及外部连接

表 2.0.1 压力传感器引脚

外壳型号	封装形式	标记脚	引脚1	引脚2	引脚3	引脚4	引脚5	引脚6
344	4 脚	1	地	$+U_{out}$	U_S	$-U_{out}$	—	—
344	4 脚	2	U_S	$-U_{out}$	$+U_{out}$	地	—	—
350-03	4 脚	1	地	$+U_{out}$	U_S	$-U_{out}$	—	—
352	4 脚	1	地	$+U_{out}$	U_S	$-U_{out}$	—	—
371-05	4 脚	1	地	$+U_{out}$	U_S	$-U_{out}$	—	—
371C	4 脚	1	地	$+U_{out}$	U_S	$-U_{ou}$	—	—

续表

外壳型号	封装形式	标记脚	引脚1	引脚2	引脚3	引脚4	引脚5	引脚6
371D	4脚	1	地	$+U_{out}$	U_S	$-U_{out}$	—	—
867	6脚	1	U_{out}	地	U_S	N/C	N/C	N/C
867A	6脚	1	U_{out}	地	U_S	N/C	N/C	N/C
867B	6脚	1	U_{out}	地	U_S	N/C	N/C	N/C
867C	6脚	1	U_{out}	地	U_S	N/C	N/C	N/C
867D	6脚	1	U_{out}	地	U_S	N/C	N/C	N/C
867E	6脚	1	U_{out}	地	U_S	N/C	N/C	N/C
867F	6脚	1	U_{out}	地	U_S	N/C	N/C	N/C
867G	6脚	1	U_{out}	地	U_S	N/C	N/C	N/C

注：引脚4、5、6标"N/C"的是内部连接脚，不要与外部电路或地连接。

计算机控制的激光修正技术和补偿电阻网络使摩托罗拉传感器可在非常宽的温度范围内提供高精度压力测量，在0～85℃温度范围内，温度漂移为满量程的±0.5%，而这个漂移在小的温度范围内引起的电压偏差仅为±1mV。

2. 摩托罗拉X型硅压力传感器的分类

压力传感器按工作方式分，可分为绝对压力传感器、差压传感器和表压传感器。

（1）绝对压力传感器（absolute pressure sensors）

绝对压力（如大气压力）是相对于密封在绝对压力传感器内部的基准真空（相当于零压力参考）而测量的。当其硅膜受到的压力为100kPa（相当于一个标准大气压）时，产生满量程输出，如MPX100A传感器即属于这种情况；但对于MPX200A（满量程为200kPa）传感器，则产生半量程输出。测量外部压力时，应对传感器的"压力面"施加一个相应的负压力，如图2.0.2所示。

（2）差压传感器（differential pressure sensors）

测量差压［如气体管道中气流调节器（阀）或过滤器上的压力降］时，利用差压传感器，即测量同时加到硅膜两侧的压力之差。如图2.0.3所示，一个正压力加到"压力面"所产生的正向输出电压，相当于一个相等的负向压力加到"真空面"一样。MPX10型传感器就属于差压传感器。

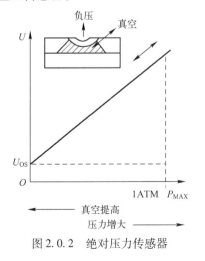

图2.0.2 绝对压力传感器

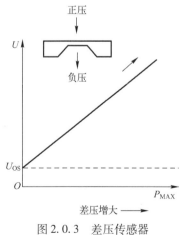

图2.0.3 差压传感器

(3) 表压传感器（gauge pressure sensors）

表压测量是差压测量的特殊情况，测量时以环境大气压力为参考基准（如血压测量）。大气压通过差压传感器元件上的通气孔加到传感器的膜片上。本书第八章第三节介绍的数字压力测量仪和第五章第二节介绍的数字高度仪等均属于这种测量。

3. 摩托罗拉 X 型硅压力传感器的封装形式

为了让用户安装使用方便，摩托罗拉产品设计了以下三种类型的封装形式。

(1) 基本芯片载体单元

这种基本单元的形式如图 2.0.4（a）所示，4 个引出端子 1、2、3、4 分别对应于地、正输出、电源和负输出，标记脚为 1 脚（有一缺口）。也有一种是 6 个引脚的，其中 1、2、3 脚分别是输出 U_{out}、地、电源 U_S，另外 3 个引脚为空脚，即 N/C。这些压力传感器的引脚如图 2.0.5 所示。

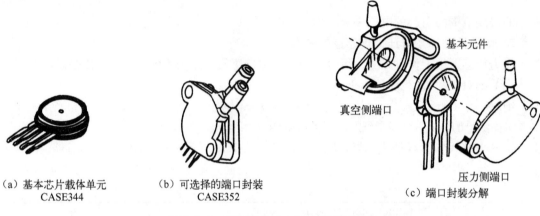

图 2.0.4　摩托罗拉压力传感器封装形式

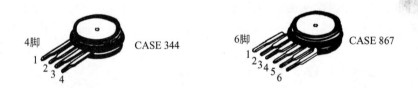

图 2.0.5　压力传感器引脚图

(2) 基本单元另加外壳和端口的封装

这种封装是在基本单元的基础上另加外壳和端口，如图 2.0.4（b）所示的 CASE352，其标记脚也为 1 脚（有一缺口），1、2、3、4 脚分别为地、$+U_{out}$、电源 U_S、$-U_{out}$。这种封装有两个端口，即"压力侧"端口和"真空侧"端口（或轴向端口）。与 1 脚在同一侧的为真空口（端口 2），与 4 脚在同一侧的是正压力口（端口 1）。

(3) 新型封装

这种封装于 1995 年推出，为环氧树脂封装，体积小、价格低、使用方便，如图 2.0.6 所示。

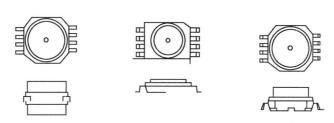

图 2.0.6　新型封装

装配电路和或安装 MPX 压力传感器时，必须搞清所选用的压力传感器引脚的端口功能。

第一节　电子气压表

天气变化与大气压力有密切关系，一般气压升高时预示天气变晴，气压下降时则天气变阴或有雨。因此，用气压表监测大气压力对预报天气变化具有重要意义。传统的玻璃管式气压表在使用前需要调好刻度盘指针位置，再经过较长时间的比较才能测出气压是在升高、稳定还是下降，而且由于存在机械摩擦，会导致很大的误差。

本节介绍的电子气压表克服了上述的缺点，它用 10 只发光二极管自动显示周围环境的大气压力，用另外 3 只发光二极管随时指示大气压力的变化趋势。该仪表使用方便、显示直观、成本低。

一、传感器

该气压表采用 Bosch 公司生产的 HS20 型压电式压力传感器，其内部结构如图 2.1.1 所示。给该传感器的 1 脚和 2 脚加上合适的电压（如 5V），当内部的压电片受到大气压力作用

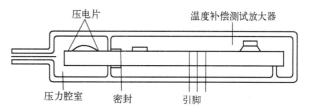

图 2.1.1　HS20 型压力传感器内部结构

时，其两端就会产生一个与大气压力成正比的直流电压，该电压经传感器内部的温度补偿测试放大器后，从传感器的输出端（2 脚）输出。因此，环境温度的变化对测量结果的影响很小。

传感器的满量程为 200kPa。

传感器的输出电压与大气压力的关系如表 2.1.1 和图 2.1.2 所示，由图可见，其线性较好。

表 2.1.1　传感器输出电压与大气压力的关系

U_{sensor}/V	2.125	2.163	2.177	2.218	2.262
P/kPa	96	97	98	99	100
U_{sensor}/V	2.290	2.320	2.353	2.390	2.400
P/kPa	101	102	103	104	105

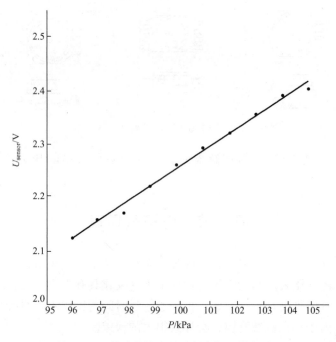

图 2.1.2　传感器输出电压与大气压力的关系

二、测量电路

本气压表由压力传感器（IC_5）、放大器、LED 闪光器、窗口鉴别器和 13 只 LED 组成。当电路接入直流电源后，压力传感器将周围环境的大气压力转换成与之成正比的直流电压，此电压经直流放大器放大后，由 LED 闪光器 LM3914 按其电平的高低驱动 10 只 LED 中的某只发光，即可从它旁边的气压刻度盘上读出相应的气压值。每只 LED 代表的分度值均为 0.1kP，整个刻度范围为 96~105kPa。放大器输出的直流电压送到窗口鉴别器，后者按该直流电压的变化方向分别驱动 3 只 LED 中的某只发光，指示气压的变化趋向是升高、稳定还是下降。

测量电路如图 2.1.3 所示。

1. 放大器

IC_1 为高输入阻抗放大器 CA3130，它组成一个同相放大器，该放大器的失调电压由电位器 R_{p1} 调整，放大倍数由电位器 R_{p2} 调整。IC_1 的输出电压输入到 IC_3 的输入端 SIG（5 脚）和 IC_3 的输入端。

2. 闪光驱动器

IC_3 由 LED 闪光驱动器 LM3914 组成 LED 驱动电路，其输出端 L1~L10 分别接有指示气压值的 10 只发光二极管 VD_1~VD_{10}。它按照 LM3914 的 5 脚输入电平的高低驱动其中一只 LED，使其发光，从 VD_1~VD_{10} 旁边的气压刻度盘上即可读出相应的气压值。为了保证测量的准确性，LM3914 内部具有稳定的电压基准，用来与 5 脚输入的直流电压进行比较。此基准电压还通过 R_2 加到 IC_1 的反相输入端为后者提供稳定的电压基准。

当气压从最低值（96kPa）连续升高到最高值（105kPa）时，VD_1~VD_{10} 依次点亮。调节 R_{p3} 可以校准气压刻度盘的读数。由于 IC_3 是通过内部的恒流源来驱动接在各输出端的发光二极管，故 VD_1~VD_{10} 无须串联限流电阻。

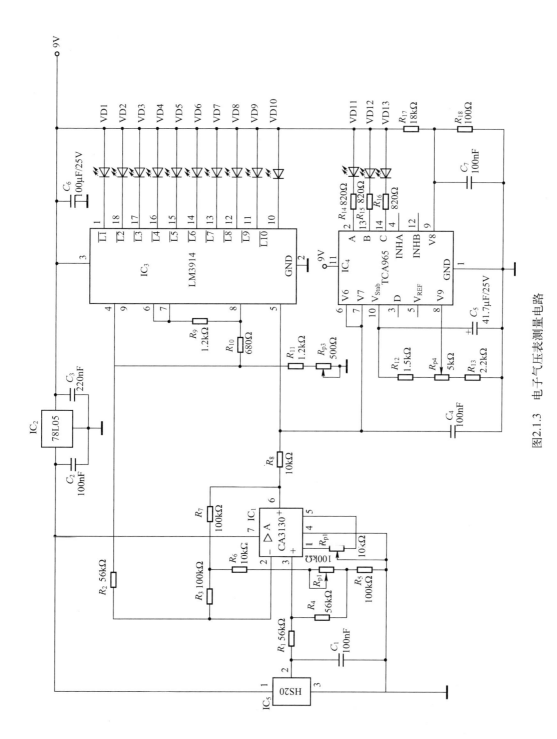

图2.1.3 电子气压表测量电路

3. 窗口鉴别器

IC_4 为集成窗口鉴别器 TCA965，它与发光二极管 $VD_{11} \sim VD_{13}$ 等组成气压变化趋向指示电路。R_{p4} 用来调定窗口的中心电平。气压稳定不变时，调节 R_{p4} 使指示气压稳定的 VD_{12} 刚好点亮，则气压升高时指示气压上升的 VD_{11} 点亮，气压降低时指示气压下降的 VD_{13} 点亮。

4. 稳压器

气压传感器 HS20 的输出电压不仅与气压的大小有关，而且还和电源电压的大小有关，因此要求其供电电压稳定，否则会带来测量误差。用 78L05 集成稳压器为 HS20 提供稳定的 5V 电源电压。

三、调试方法

1. IC_1 失调电压的调整

将电位器 R_{p1} 的中间抽头置于行程的中间位置，再将 IC_1 的 2 脚、3 脚暂时短接，接通电源，调节 R_{p1} 使 IC_1 的输出电压为 0V 或尽量接近 0V，然后去掉 IC_1 的 2 脚、3 脚短接线，此时已使 IC_1 的失调电压调至最小。

2. 气压表的校准

气压表的校准可选择下列两种方法之一。

（1）标准气压表标准

将一只标准气压表和本气压表一同装入透明的较厚的塑料袋内，将袋内充气并把袋口扎紧，用手给充气的塑料袋施加压力，观察二者示值的差别，然后松开袋口，调节 R_{p2}，再进行上述试验，观察并再调节 R_{p2} 和 R_{p3}，直到使本气压表和标准气压表的示值一致为止，必要时多次重复上述步骤的调整。

（2）按表 2.1.1 和图 2.1.2 所示曲线校准

暂时切割 IC_5（HS20）的输出端 2 脚的铜箔线，按表 2.1.1 和图 2.1.2 所示数据给 IC_1 的 3 脚加上 2.125V 直流电压（可使用 3V 或 5V 直流稳定电源由多圈电位器提供），调节 R_{p2}、R_{p3}，使指示为 96kPa 时 VD_1 刚好点亮。按同样的方法对其他点（注意对距离直线较远的两个点 2.163V 和 2.400V 不用）进行检验，看不同的 HS200 的输出电压对应的发光管是否点亮。最后将切断的铜箔焊通。

3. 气压趋向的校准

在气压不变的情况下，调节 R_{p4} 使 VD_{12} 刚好点亮，即可完成对气压趋向的校准。

气压表的表面可用图 2.1.4 所示的布置方法，既能方便地读取数据，又能看到天气变化的趋势。

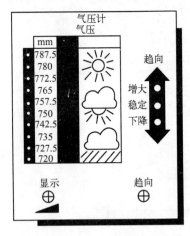

图 2.1.4 电子气压表面板装饰图

第二节 压力测量仪

在工业生产与科学实验中，经常要测量压力的大小，一般要使用各种压力传感器。目前应用最多的是压阻式压力传感器。因为它直接输出电压信号或电流信号,而电压信号更适合于数字式压力表及压力控制系统。

一、传感器

本压力测量仪选用压阻式压力传感器,它是利用单晶硅的压阻效应,即元件受到作用力后,其阻值发生变化这一物理现象制成的器件。

在硅片上利用集成电路工艺制成的 4 个等值薄膜电阻,组成惠斯通电桥(见图 2.2.1),当不受作用力时,电压处于平衡状态,无电压输出;当受到压力作用时,一对桥臂电阻变大,另一对桥臂电阻变小,电桥失去平衡,有电压输出,电桥输出电压与压力成正比(见图 2.2.2)。

压阻式压力传感器由恒压源或恒流源供电,图 2.2.1 和图 2.2.2 所示电路采用的是恒压源供电。

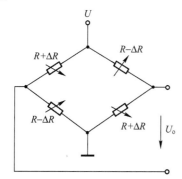 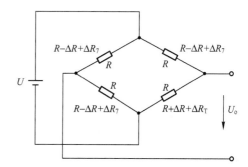

图 2.2.1 由薄膜电阻组成的惠斯通电桥　　图 2.2.2 温度变化引起各桥臂的阻值变化

当温度变化,同时又受到作用力时,各桥臂均产生由温度影响而产生的电阻增量 ΔR_T,因此电桥的输出电压为

$$U_\circ = \frac{\Delta R}{R + \Delta R_T} U \tag{2.2.1}$$

可见输出电压与 ΔR_T 有关,它有温度误差,而且是非线的。如果 $\Delta R_T = 0$,则

$$U_\circ = \frac{\Delta R}{R} U \tag{2.2.2}$$

即电桥的输出与 $\Delta R/R$ 成正比。

由恒流源供电的传感器电路如图 2.2.3 所示。受到作用力后,电桥的输出为

$$U_\circ = I \Delta R \tag{2.2.3}$$

式中,I 为恒流源电流;ΔR 为各个等值桥臂电阻的变化量。由式(2.2.1)可知,电桥的输出与温度无关。所以应尽量用恒流源给传感器供电。

当温度变化时,压阻式压力传感器会产生零位温度漂移和灵敏度温度漂移。电桥的 4 个臂电阻值不等时,有零位输出,温度变化时,电桥的零位就产生温度漂移。压阻式压力传感器的灵敏度与压阻系数有关,而压阻系数又随温度变化而变化,因此传感器的灵敏度也随

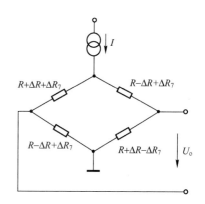

图 2.2.3 由恒流源供电的惠斯通电桥

温度变化而变化。

传感器的零位温漂可采用在电桥中串联或并联电阻的方法来补偿。

传感器的灵敏度温漂一般采用改变电源电压的方法来补偿。例如，在电桥供电电路中，串接一个热敏电阻。

本仪表测量电路选用美国摩托罗拉公司生产的 MPX2100 或 MPX2050 压力传感器，它是一种高精度硅压阻式压力传感器，它具有以下特点。

（1）采用激光微调技术，电桥零漂输出很小，一般小于 ±1mV。

（2）传感器灵敏度一致，具有互换性，满量程输出为（40±1.5）mV，从而使电路设计与调整较为方便。

（3）传感器由热敏电阻组成温度补偿网络，在 -40 ～ +125℃ 范围内有较好的温度补偿效果，从而提高了传感器的精度。

（4）有较好的线性度（±0.25%FS）。

（5）有较宽的工作温度范围（-40 ～ ±125℃）。

（6）允许过载大（400%）。

选用 MPX2100/2050 传感器时可参考表 2.2.1、表 2.2.3 所列的参数。根据表 2.2.1 和表 2.2.2 可正确地选择工作电压及压力与温度极限。

表 2.2.1　MPX2010/2050 工作参数

名　称	符　号	MPX2100	MPX2050	单　位
差动压力范围	P_{OP}	0～100	0～50	kPa
工作电压	U_S	10(max)	10(max)	V(DC)
输出满量程电压	U_{FSS}	40±1.5	40±1.5	mV
零位输出	U_{off}	±0.05～±1	±0.05～±1	mV
灵敏度	$\Delta U/\Delta P$	0.4	0.8	mV/kPa
线性度	—	±0.1～±0.25	±0.1～±0.25	%FSS
压力滞后（0～100kPa）	—	-0.05～+0.1	-0.05～0.1	%FSS
全量程的温度影响（0～85℃）	TCV_{FSS}	0.5～±1	0.5～±1	%FSS
零位的温度影响（0～85℃）	TCV_{off}	±0.5～±1	±0.5～±1	mV
输入阻抗	Z_{in}	1800	1800	Ω
输出阻抗	Z_{out}	1400～3000	1400～3000	Ω
响应时间（10%～90%）	t_R	1	1	ms
温度误差带		0～85	0～85	℃

表 2.2.2　MPX2100/2050 极限参数

名　称	符　号	MPX2100	MPX2050	单　位
超压	P_{max}	400	200	kPa
工作电压	U_{smax}	16	16	V(DC)
贮藏温度	T_{stg}	-50～+150	-50～+150	℃
工作温度	T_A	-40～+125	-40～+125	℃

二、测量电路

本压力测量仪选用压力表式 MPX2100 传感器,在其型号后加"GVP",即 MPX2100GVP;若为差压测量仪则为 MPX2100ΔP。

测量电路框图如图 2.2.4 所示,完整的压力测量仪电路如图 2.2.5 所示,该电路既可以测量压力,又可预置压力值,并在所测量压力超过预置压力值时进行声光报警。其量程为 0~100kPa。下面对电路进行分析并介绍设计方法。

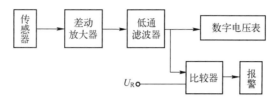

图 2.2.4 测量电路框图

(1) A_1 为差动放大器,由高输入阻抗集成运算放大器 CA3140 组成。令 $R_1 = R_2 = R_f$, $R_3 = R_4 = R_5 = R_6 = R_F$, $R_7 + R_{p2} = aR_F$,则 A_1 的闭环增益为

$$A_F = 2\left(1 + \frac{1}{a}\right)\frac{R_F}{R_f} \tag{2.2.4}$$

调整多圈电位器 R_{p2},使 $A_F = 25$。

(2) A_2 为一个典型的赛伦-凯(Saran-Key)二阶低通滤波器,其 -3dB 的截止频率为 5Hz,闭环增益为 1。因为它在测量仪表中是常用的滤波器,现简介其设计与调试方法。

在由 A_2 组成的滤波器电路中,其主要性能由截止角频率 ω_0 和选择性因子(品质因数)Q 决定。在实用中,一般取 $Q = 1/\sqrt{2} = 0.707$(Q 值过大,滤波器的特性曲线会出现凸峰),Q 值标志着低通滤波器的通频带宽度。在 A_2 电路中

$$\omega_0 = 1/\sqrt{R_8 R_9 C_1 C_2} \tag{2.2.5}$$

$$1/Q = \sqrt{C_1 R_9/(C_2 R_8)} + \sqrt{C_2 R_1/(C_1 R_2)} \tag{2.2.6}$$

常使 $R_8 = R_9 = R$,则

$$\omega_0 = 1/(R\sqrt{C_1 C_2}) \tag{2.2.7}$$

$$1/Q = 2\sqrt{C_1/C_2} \tag{2.2.8}$$

由式(2.2.7)和式(2.2.8)可以确定电阻 R 和电容 C_1、C_2。

由于标称电容器比标称电阻器少得多,故应先选择电容,后再确定电阻。选取 $C_1 = 4.7\mu F$,由式(2.2.8)得

$$C_2 = C_1/(4Q^2) = 4.7\mu F/[4(1/\sqrt{2})^2] = 2.35\mu F$$

取标称电容 $C_2 = 2.2\mu F$,由式(2.2.8)得

$$R = 1/(\omega_0 \sqrt{C_1 C_2}) = 1\Omega/(2\pi \times 5 \sqrt{4.7 \times 10^{-6} \times 2.35 \times 10^{-6}}) = 9578\Omega$$

取标称电阻为 $R_8 = R_9 = 10k\Omega$,将标称值代入式(2.2.7),验证 $f_0 = 1/(2\pi R \sqrt{C_1 C_2}) \approx 5Hz$。

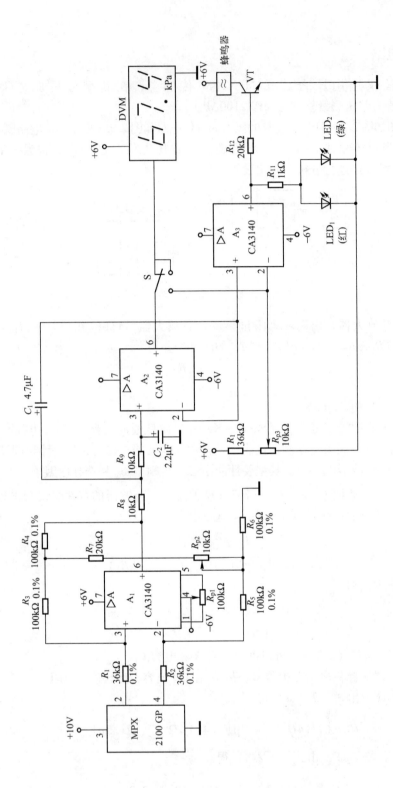

图2.2.5 压力测量仪电路

CA3140 运算放大器满足增益和带宽之积的要求,选择它是适宜的。

滤波器调试方法如下。

(1) 连好电路,接通电源,用超低频信号发生器在滤波器输入端加幅度固定的正弦信号 ($U_i = 1V$) 在 5~50Hz 的频率范围内粗略观察 U_o 的变化,看它是否具备低通特性,如不具备,则电路有故障,应予以排除;如果具备低通特性,则可进行下一步的调整。

(2) 在 5Hz 附近调节信号频率,使输出 $U_o = 0.707U_i$,若此点频率低于 5Hz,应酌情减小 R_8 和 R_9;反之,则可在 C_1、C_2 上并联小容量电容或在 R_8、R_9 上串联低电阻,直到 $f_0 =$ 5Hz 为止。

(3) 测绘频率响应曲线。在调试过程中,应用示波器监视输出信号,勿使信号畸变;在改变信号频率时,一般输入信号的幅值也随之变化,应该用毫伏表监视输入信号以及时调节输入信号幅值保持不变。

(4) A_3 为电压比较器,其参考电压由 6V 电源经 $R_{10} - R_{p3}$ 分压取得。R_{p3} 为多圈电位器,它可以预置压力,按下 S 时,调 R_{p3} 可预置压力值。当被测压力小于预置压力时,比较器输出为负饱和值,LED_1(绿灯)亮;当被测压力大于预置压力时,比较器翻转,输出正饱和值,LED_2(红色)亮,蜂鸣器发声。

三、调试方法

压力测量仪电路调试较为简单。检查线路无误后,使输入压力为 0,再调节 R_{p1} 使其输出为 0;接着使输入压力为 100kPa,调节 R_{p2} 使输出指示为 100.0kPa。

若选用 MPX2050GVP 传感器,则 A_1 的放大器倍数也相应地改变,即需将 R_1、R_2 改为 68kΩ,R_7 改为 27kΩ。调试时,先要使输入压力为 50kPa,然后再调节 R_{p2},使输出指示为 50.0kPa。

$R_1 \sim R_6$ 应选用金属膜电阻,精度为 0.1%。

数字电压表 DVM 量程应为 0~2V。也可以用 A/D 转换器进行组装,有关这方面的知识请读者查阅本书有关章节或参考其他有关资料。

第三节 数字压力测量仪

这里介绍的数字压力测量装置是由摩托罗拉 MPX700G 型压力传感器、仪用放大器、A/D 转换器和 LCD 显示器组成的压差和真空压力测量仪器,测量范围为 0~700kPa。

一、传感器

MPX700 系列压力传感器属于压阻传感器,它有良好的线性和精确的输出电压特性。传感器包含了一个在硅片上刻有压阻元件的膜片。该元件对施加于硅膜片上的外加压力敏感,并产生一个与施加在其上的压力成正比的线性输出电压,输出电压和压力的关系与加于传感器上的电源电压成正比。

MPX700为四端集成传感器，其结构及外部连接如图2.3.1所示，1、3引脚为外加电源电压，厂家推荐电源电压为3V，在任何情况下不能超过6V。当压力端口的压力高于真空端口的压力时，在2、4端的压差为正。当采用3V电源电压供电时，标称满量程电压输出为60mV。MPX700系列传感器零点偏差在0~35mV的范围内，这需要采取措施加以解决（本节后面有论述），输出电压随输入压力呈线性变化。如图2.3.2所示为电源电压为3V时输出电压与输入压力的关系。

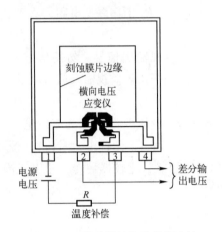

图2.3.1 传感器结构及外部连接

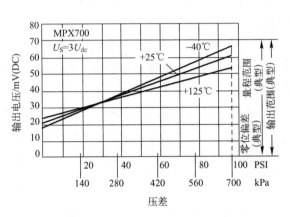

图2.3.2 输入差压与输出电压的关系

二、测量电路

测量电路由传感器、温度补偿电路、传感器放大器和A/D转换器等组成，如图2.3.3所示。

1. 传感器温度补偿电路

如图2.3.2所示，输出电压将受到环境温度的影响，因此应进行适当的温度补偿。温度补偿的方法较多，这里采用最简单的方法，即在传感器与电源之间串联电阻的方法，如图2.3.3所示，将传感器的3脚和1脚接电阻R_6和R_{13}。在0~80℃的温度范围内可获得较满意的温度效果。R_6和R_{13}的另一个重要作用是将15V的电源电压大部分降至其本身，以满足传感器的电桥驱动电压为3V左右的要求。

用串联电阻进行温度补偿时，其中一个电阻的阻值需为传感器电桥输入电阻的3.577倍（25℃时），而传感器电桥的输入电阻为400~550Ω，这样温度补偿电阻将在1431~1967Ω之间。如果需要补偿量大于±0.5%或使用温度低于80℃，那么400~550Ω中的任一个值都可以用于对补偿电阻的换算。例如，R_6的取值为420Ω×3.577≈15kΩ。

需要注意的是，由于传感器的输出电压还与电源电压成比例关系，所以15V的电压务必稳定，提供15V稳定电压的稳压芯片可完成这一任务（图2.3.3中未画出15V稳压电路）。

2. 传感器放大器

传感器放大器常称仪用放大器。

传感器输出的是差动电压，在满量程（700kPa）时其输出为60mV。这里的仪用放大器有以下两个作用。

（1）将传感器输出的差动电压适当进行放大以驱动后续电路。

（2）放大器提供零压力时的传感器零点偏差电压。

放大器使用一块四运放集成电路LM324，本节只用了其中三个运放，即图2.3.3中的IC_{1A}、IC_{1B}、IC_{1C}。LM324具有较高的输入阻抗，因此IC_{1A}、IC_{1B}能保证不会增加传感器的负载。

IC_{1A}和IC_{1B}组成了一个非对称双端输入－双端输出放大器，其输入电压为传感器的差动输出电压，其输出电压传输到IC_{1C}组成的双端输入－单端输出放大器。IC_{1B}的另一个重要作用是提供零压力情况下传感器零点偏移电压的校正。

IC_{1C}的输出送到A/D转换器输入端子。

放大器IC_{1C}的增益可通过电位器R_{p1}进行调节，以满足满量程（700kPa）时应达到的输出。

IC_{1C}增益的最小值为2，放大器可提供100或更高的增益（通过调整R_{p1}、R_7）。本节放大器的增益调至2.78（见后面论述）左右即可，以适应传感器的满量程。

IC_3为稳压电路MC78L05，其输出电压为5V，为A/D转换器提供正电源，A/D转换器所需的$-5V$电源需另行转换。

电阻R_{15}、R_{p2}、R_{17}组成分压器，提供IC_{1B}和反相输入端的可调电压，由于IC_{1B}的增益小于1，故此电压经IC_{1B}后幅度减小，然后再加到A/D转换器上，这样可减小由于传感器误差带来的不良影响，同时也使当压力为零时，显示器相应显示"0.00"。

3. A/D转换器

A/D转换电路采用3½位A/D转换芯片7106，它将被运算放大器放大了的模拟压力信号电压转换成相应的数字量。

A/D转换器7106内含7段数字译码器、显示驱动电路、底板频率发生器、参考电压和时钟电路，芯片可直接驱动LCD显示器。

这里的A/D转换电路也需要做一简单的设计。本电路中，5V的稳定电压经分压网络R_2、R_3、R_4分压，其参考电压为

$$U_{REF} = \frac{R_3}{R_2+R_3+R_4}U^+ = \frac{10}{100+10+100} \times 5V = 238mV$$

传感器MPX700系列的最大输入压力为700kPa，在电桥驱动电压为3V的情况下，其对应的最大输出电压为60mV，这个电压经过放大器放大后再输入到A/D转换器的输入端，显示器应显示"700"（kPa）

设放大器的增益为A_F，则显示器的最大显示数为

$$N = \frac{U_i}{U_{REF}} \times 1000 = \frac{A_F \times 60mV}{238mV} \times 1000 = 700$$

则$A_F \approx 2.78$。

把仪用放大器设计成增益为2.78即可。

由于传感器最大输入压力的制约，显示器的最大显示值为"700"（kPa）。

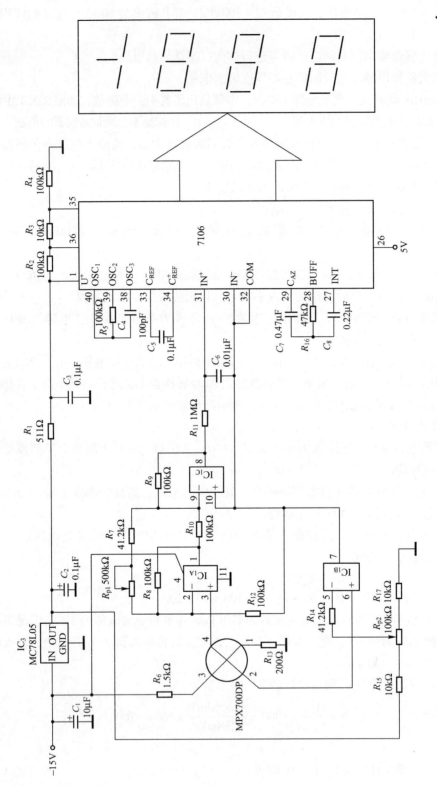

图2.3.3 数字压力测量仪电路

三、调试方法

1. 压力端口连接

用于压力测量时,靠近引脚4的端口即P1口接待测压力,另一个端口P2开放(接入大气压);真空测量时,则使用P2端口,同时P1口开放(接入大气压);用于测量差压时,两个端口都要用到,当端口P1的压力高于端口P2的压力时,压力读数为正,其值为两个端口压力之差。同时A/D转换器的20脚将输出极性显示信号,指示测量值的正负,端口与端口的连接处需用夹子夹紧压力管。

2. 校准

电路的校准包括两个部分:零点校准和满量程校准,校准需按图2.3.4所示连接仪器。

由于传感器的输出电压与电桥桥压的大小有关,所以电路的校准必须使用标准15V电源,任何电源的变化都会引起校准的误差。

校准步骤如下。

(1)接通电源,启动测量装置后,在零压力时,调节 R_{p2},使输出显示值为"0.00"。需注意,当 R_{p2} 调节至过零的任何一边时,读数都会偏离"0.00"。

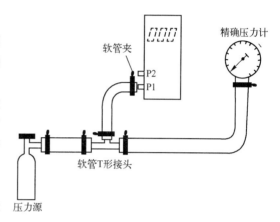

图2.3.4 测量仪器的连接方式

(2)将传感器接入压力源,使用已知精度的压力仪表,调节压力源使精确压力计的指示为"700"(kPa)。传感器可承受2100kPa以内的压力。

(3)去掉压力源,重新调节调零电位器,再次进行零点校正,重新接上压力源,再次检查700kPa时是否显示"700"。

这样便完成了电路的校准。

3. 电路元器件的选择

电容器除 C_1 采用25V电解电容外,其余建议选用陶瓷电容。

所有电阻建议使用1/4W金属膜电阻。

第四节 巴图(Bar Graph)压力表

所谓巴图(Bar Graph)压力表,是用10个LED显示压力大小的压力表,这是一种非常直观的压力表示形式,当1个LED点亮时,被测压力为10kPa;10个LED全部点亮时,被测压力为100kPa,即每个LED发光时都表示量的10%。尽管它的测量不够精确,但用压力传感器及其他元器件构成的巴图压力表仍具有很好的实用价值。

一、传感器

巴图压力表使用半导体集成压力传感器，可选用摩托罗拉公司生产的多种型号，如 MPX2100、MPX5100 等。

MPX2100/2101 和 MPX5100 系列压力传感器的参数分别列于表 2.4.1～表 2.4.3。

表 2.4.1　MPX2100/2101 系列压力传感器的工作特性参数 [$U_S=10V(DC)$，$T_A=25℃$]

特性参数		符号	最小值	典型值	最大值	单位
压力范围		P_{OP}	0	—	100	kPa
电源电压		U_S	—	10	16	V(DC)
电源电流		I_0	—	6.0	—	mA(DC)
满量程输出电压	MPX2100A MPX2100D MPX2101D MPX2101A	U_{FSS}	38.5 37.5	40 40	41.5 42.5	mV
零压力偏差	MPX2100D MPX2101D MPX2100A MPX2101A	U_{off}	－1.0 －2.0 －3.0	— — —	1.0 2.0 3.0	mV
灵敏度		$\Delta U/\Delta P$	—	0.4	—	mV/kPa
线性度	MPX2100A/2100D MPX2101A/2101D	—	－0.25 －0.5	—	0.25 0.5	% FSS
压力迟滞（10～100kPa）			—	－0.1	0.1	% FSS
温度迟滞（－40～125℃）			—	±0.5	—	% FSS
满量程温度漂移（0～85℃）		TCV_{FSS}	－1.0	—	1.0	% FSS
零位偏差温度漂移（0～85℃）		TCV_{off}	－1.0	—	1.0	mV
输入阻抗		Z_{in}	1000	—	2500	Ω
输出阻抗		Z_{out}	1400	—	3000	Ω
响应时间（10%～90%）		t_R	—	1.0	—	ms
稳定度			—	±0.5	—	% FSS

表 2.4.2　MPX5100 系列压力传感器的额定参数（$T_c=25℃$）

额定参数	符号	数值	单位
最大压力	P_{max}	400	kPa
冲击压力	P_{burst}	1000	kPa
最大电源电压	U_{max}	6.0	V(DC)
存贮温度	T_{stg}	－50～＋150	℃
工作温度	T_A	－40～＋125	℃

表 2.4.3 MPX5100 系列压力传感器的工作特性参数（$U_S = 5.0V$，$T_A = 25℃$）

额定参数		符号	最 小 值	典 型 值	最 大 值	单 位
压力范围	MPX5100D	P_{OP}	0	—	100	kPa
	MPX5100A		15		115	
电源电压		U_S	—	5.0	6.0	V(DC)
电源电流		I_0	—	8.0	15	mA(DC)
满量程输出电压		U_{FSS}	4.388	4.5	4.612	V
灵敏度		$\Delta U/\Delta P$	—	45	—	mV/kPa
精度		—	—	±0.2	2.5	%FSS
响应时间（10% ~ 90%）		t_R	—	1.0	—	ms
满量程输出电流		I_o^+	—	0.1	—	mA
稳定度		—	—	±0.5	—	%FSS

根据表中的参数可选用传感器和设计电路。压力传感器有两个端口：压力输入端口和真空输入端口，分别用 P_1 和 P_2 表示，上边的是压力端口，下边的是真空端口，两个端口均有标记，最大安全压力为 700kPa。

二、测量电路

测量电路由稳压器、放大电路和 10 级 LED 点式/条形显示驱动器组成。测量电路如图 2.4.1 所示。

1. 稳压器

测量电路的电源电压在 6.8 ~ 13.2V 都可正常工作。集成压力传感器的输出电压除了和被测压力人小呈线性关系外，还和电源电压有关，某一量程下传感器的输出申压和电源电压也呈线性关系。例如，电源电压为 10V 时，传感器的满量程压力输出电压为 40mV；当电源电压为 8V 时，传感器的满量程输出约为 8/10×40mV = 32mV，这是因为传感器内部的应变片电桥输出和桥压有关。

鉴于以上情况，传感器的工作电压要求稳定，本仪表使用 MC7805ACP 稳压器进行稳压。

2. 放大电路

整个放大电路由一只四运放 MC33274（可用 LM324 代换，它们的引脚一一对应）集成电路担任放大和信号处理工作，对各级放大器的分析如下。

IC_{3A} 为一电压跟随器，用来隔离放大电路与传感器，以避免反馈电流流入传感器中，IC_{3A} 的同相端（3脚）接 MPX2100CP 的 4 脚，传感器的 4 脚输出差动信号 $-U_o$，故 IC_{3A} 的输出为 $-U_o$。

IC_{3B} 为一差动放大器，同相端（12脚）接 MPX2100CP 的 2 脚，这一端子输出为 $+U_o$；IC_{3B} 的反相端（13脚）输入为 $-U_o$。

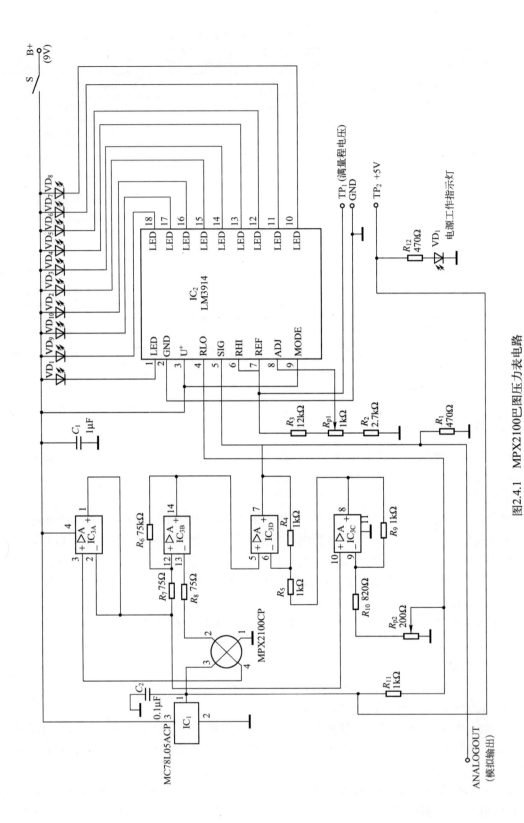

图2.4.1 MPX2100巴图压力表电路

IC_{3B} 的输出为

$$U_{14} = (1 + R_6/R_7)U_o - R_6/R_7(-U_o) = (1 + 2R_6/R_7)U_o$$

IC_{3C} 为一同相放大器，其输入信号为 IC_{3A} 的输出，其输出电压为

$$U_8 = [1 + R_9/(R_{10} + R_{p2})](-U_o)$$

IC_{3D} 为一差动放大器，其同相端（5脚）的输入为 U_{14}；反相端（6脚）的输入为 U_8，故 IC_{3D} 的输出电压为

$$\begin{aligned} U_7 &= (1 + R_4/R_5)U_{14} - R_4/R_5 U_8 \\ &= (1 + R_4/R_5)\{1 + 2R_6/R_7 + R_4/R_5[1 + R_9/(R_{10} + R_{p2})]\}U_o \\ &= 7924 U_o \end{aligned}$$

U_7 为整个接口的输出电压，故电路的单端放大倍数为

$$A_{v单} = U_7/U_o = 7924$$

因为传感器的差模输出电压为 $2U_o$，故接口电路的总增益为

$$A_v = U_7/2U_o = 3962$$

输出电压 U_7 输入到10级LED点式/条形显示驱动器的信号端SIG（5脚）。

放大电路还提供一模拟电压的输出口，其标称值当零压力时为0.5V，100kPa压力时为4.5V。零位偏差和满量程调节均由电位器 R_{p2} 和 R_{p1} 来完成，两项调节彼此独立，互不影响。

3. 10级LED点式/条形显示驱动器

10级LED点式/条形显示驱动器，有时称为闪光器，它是3900系列集成电路。常用的有LM3909、LM3914、LM3915，它们之间有所区别。

本仪表选用LM3914作为测量显示器。LM3914能驱动10个LED，即由10个LED构成巴图显示装置，每个LED代表满量程的10%，即10kPa。10级LED点式/条形显示驱动器内部电路如图2.4.2所示。

LM3914其主体由一个电阻链和一个比较器链组成，电阻链包括10个1kΩ电阻，比较器链包含10个比较器。

输入信号（传感器的输出信号或由放大电路放大了的传感器输出信号）由信号输入端IG（5脚）加入，经缓冲器（电压跟随器）输出加到10个比较器的反相端，比较器的同相端分别加入不同的比较电压，该电压由芯片内的参考电压源经电阻分压而得到。

当被测压力较小（如10kPa）时，传感器输出电压较小，最低位比较器（图2.5.2中最下面一个）输出低电压，第一个LED点亮，而其余的比较器均输出高电平，所以其他9个LED不亮，这时就表示输入压力为10kPa，依次类推，输入电压越大，点亮的LED越多。

该仪器的零点调节信号由LM3914的RLO端（4脚）输入，满量程预置信号由ADJ（8脚）加入，该电压由LM3914本身的参考电压源经图2.4.1中的电阻 R_3、R_{p1}、R_2 分压而得，电位器 R_{p1} 的中心抽头接到ADJ（8）脚。该电压影响内部参考电源的输出电压，以达到满刻度校准的目的。在实际电路中，RLO、ADJ端不能接地。

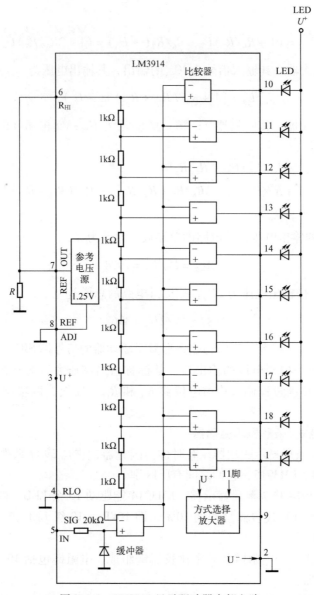

图 2.4.2 LM3914 显示驱动器内部电路

LM3914 的显示方式控制端 MODE（9 脚）接 11 脚时，芯片处于点式显示方式，在任一电压下，只有一个 LED 点亮；若将 9 脚接 LM3914 的电源端 U^+，则芯片工作于条型显示方式，所有低于现输入电压的 LED 都被点亮。

如果用 MPX5100 系列压力传感器代替 MPX2100，则电路可大大简化，其电路图如图 2.4.3 所示。

三、调试方法

MPX2100 或 MPX5100 系列均为精密集成压力传感器，在没有压力源的情况下可采用下面的调试方法。

调节电位器 R_{p2} 使放大器的输出电压（U_7）为 0.5V；再调电位器 R_{p1} 使输出电压为

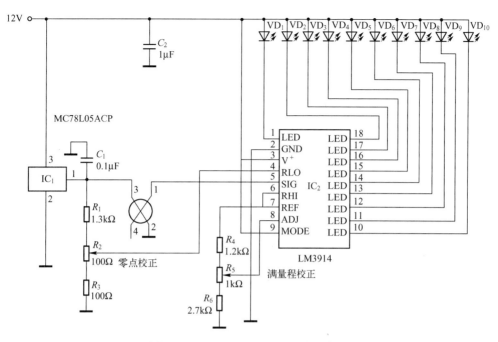

图 2.4.3　MPX5100 巴图压力表电路图

4.5V。这样一来，将（0～100kPa）的压力信号转换成 0.5～4.5V 的电压信号。零点电位器 R_{p2} 和满量程电位器 R_{p1} 的校准彼此独立互不影响。

第五节　高压数字式压力表

高压数字式压力表是用于测量高绝对压力的数字式压力表，测量绝对压力最高可达 10MPa，相当于 100 个大气压。如果换用量程更大的传感器，测量压力可达到 100MPa，这时电路结构基本不变，但校准方法有所不同。

在压力测量中，有绝对压力、表压力、负压力（真空度）及差压的测量。绝对压力是指被测介质作用在容器单位面积上的全部压力，这里用 P_j 表示，用来测量绝对压力的仪表称为绝对压力表。地面上空气柱所产生的平均压力称为大气压力，用 P_q 表示，用来测量大气压力的仪表叫气压表。绝对压力与大气压之差称为表压力，用 P_b 表示。因此，$P_b = P_j - P_q$，$P_j > P_q$ 时表示压力为负值，即为负压力，该负值的绝对值称为真空度，用 P_z 表示，测量真空度的仪表称为真空表。两个压力 P_1 与 P_2 之差称为差压，表示为 $\Delta P = P_1 - P_2$，测量差压的仪表称为差压表。

一、传感器

传感器采用 DLYJ$_2$-100D 绝对压力传感器，这是一种带隔离膜片、不锈钢外壳的高精度、高稳定性、高灵敏度压阻式传感器。端口带有螺钉，有四个端子，输入：蓝（+）、绿（-），输出：红（+）、白（-）。它适用于各种环境下的液体、气体等介质的绝对压力测量。非线性度 ≤ ±0.1%FS，重复性及迟滞 ≤ ±0.05%FS，热零点漂移 ≤ 1×10^{-4}FS/℃，热灵敏度漂移 ≤ 1×10^{-4}FS/℃，长期稳定性 ≤ 0.1FS/20 天。

DLYJ$_2$-100D压力传感器可以使用直流电源供电,也可使用恒流源供电,供电方式不同,其测量误差也不同。

(1) 恒压源供电

DLYJ$_2$-100D是采用惠斯通电桥结构的压力传感器,如图2.5.1所示是恒压源供电电路,设4个桥臂电阻的初始电阻相等且均为R,当有压力作用时,2个桥臂电阻增加,增加量为ΔR,而另外2个桥臂电阻减小,减小量亦为ΔR。另外,在温度变化时,每个电阻随温度的变化量为ΔR_T,因此电桥的输出电压为

$$U_o = E\Delta R/(R + \Delta R_T)$$

一般情况下,$\Delta R_T \neq 0$,说明测量有温度误差,而且是非线性的。

当$\Delta R_T = 0$时,$U_o = E\Delta R/R$,说明电桥的输出与$\Delta R/R$成正比,与电桥的电源电压E也成正比。

(2) 恒流源供电

恒流源供电电路如图2.5.2所示,设4个桥臂的初始电阻均相等,则

$$I_{ABC} = I_{ADC} = \frac{1}{2}I_S$$

在有压力作用时,仍有上式成立,因此,电桥的输出为

$$U_o = U_{BD} = \frac{1}{2}I_S(R + \Delta R + \Delta R_T) - \frac{1}{2}I_S(R - \Delta R + \Delta R_T) = I_S\Delta R$$

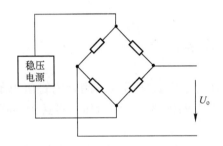 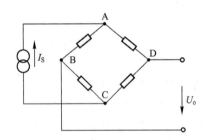

图2.5.1　恒压源供电电路　　　图2.5.2　恒流源供电电路

由上式可以看出,电桥的输出与温度无关,因此,一般采用恒流源供电为好。

但是,由于工艺过程不能使每个桥臂电阻严格相等,因此,在零压力时仍有零电压输出,用恒流源供电仍有一定的温度误差。

本节电路使用恒流源供电。

二、测量电路

测量电路由传感器、恒流源电路、电压放大电路、调零压力电路、A/D转换器等组成。

1. 恒流源电路

为了减小测量误差,传感器采用恒流源供电。这里设计的恒流源电路由运算放大器组成,如图2.5.3所示。其中,A_1为同相加法电路,A_2为电压跟随器。

设A_1的输出为U_o,A_2的同相端电位为U',A_2的输出亦为U'。这样一来,A_1的等效电路如图2.5.4所示。在该电路中,由米尔曼定理可得

$$U^+ = \frac{U_o/R + U'/R}{1/R + 1/R} = \frac{1}{2}(U_D + U')$$

$$U_o = A_{F1}U^+ = (1 + R/R)U^+ = U_D + U'$$

由图 2.5.3，得恒流为

$$I_S = (U_o - U')/R_S = V_D/R_S$$

这是一个可调的恒流电路。

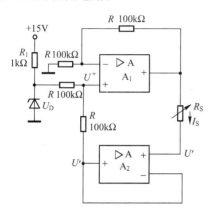 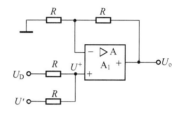

图 2.5.3 恒流源电路　　　　图 2.5.4 恒流源中 A_1 的等效电路

DLYJ$_2$-100D 要求 1mA 供电，即要求 $I_S = 1$mA，调节 R_S 可改变 I_S 的大小。

图 2.5.3 中，U_D 为稳压管的稳压值，R_1 为限流电阻。稳压管为 2CW13，实测稳压值为 6.05V，工作电流为 6.5mA，R_S 为 10kΩ 多圈电位器。适当调节 R_S 可使 $I_S = 1$mA。

2. 电压放大电路

如图 2.5.5 所示为高压数字式压力表的电路图。其中，A_3 与 A_4 组成差动电压放大器，其闭环增益为

$$A_F = 1 + (R_{F1} + R_{F2})/R_{p1}$$

A_F 最小值为 7.6，调节 R_{p1} 可使放大倍数很大。A_5 组成一个减法器，它对放大倍数没有贡献，它的作用是将双端输入的差动信号变成单端输出信号。

3. 调零压力电路

运算放大器 A_6 组成一个调节零压力电路。由于 DLYJ$_2$-100D 的压敏电阻组成惠斯通电桥，其各桥臂电阻不完全对称，另外受温度的影响在零压力时，电桥存在一微小的输出。这里的调零压力电路的调节范围为 -3.57 ~ +3.57V，调节 10kΩ（R_{p2}）多圈电位器，可以得到该范围内的任何电位值。

4. A/D 转换器

A/D 转换器使用 MC14433，这是一个 3½ 位的 A/D 转换器。本 A/D 转换器电路设计成量程为 2000mV 的数字电压表。

压力表读数的最小单位为 10kPa，最大读数为 1000×10kPa，即 10MPa，近似 100 个大气压。本仪表的读数乘以 10kPa 才是被测压力值。

图 2.5.5 中给出了 A/D 转换器主要端子的接线，这种接法是量程为 2000mV 的接法，即 U_R 必须为准确的 2000mV，积分电阻（4 脚、5 脚间的电阻）必须是 470kΩ 左右，这样才能

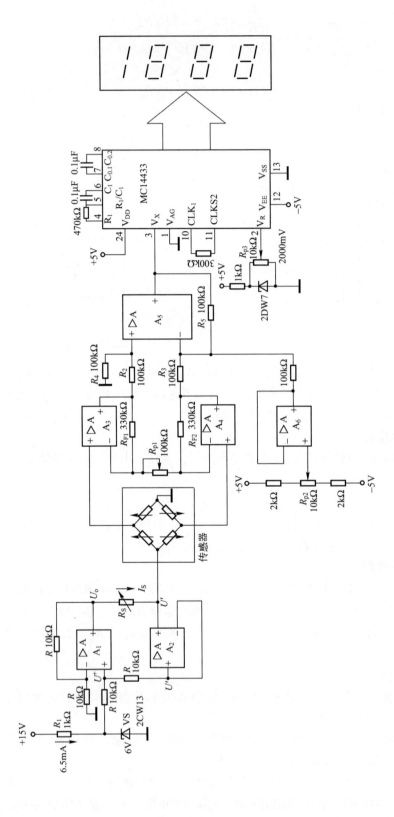

图2.5.5 高压数字式压力表电路

保证 A/D 的量程为 2000mV。

三、调试方法

1. 电流源的调节

压力传感器由电流源供电，恒流 $I_S = U_D/R_S$，$U_D = 6V$，调节 R_S 为 $6k\Omega$ 即可，也可将 R_S 串接毫安表，调节 R_S 使 I_S 为 1mA。

2. 零压力的调节

零压力时，调节 R_{p2}，使数字显示为"0"。

3. 满量程调节

压力传感器的压力与输出电压成正比，当压力为 10MPa 时，输出电压 $\geq 100mV$，究竟是多大还不太清楚。现用量程为 6MPa 的活塞式压力计（型号 YU-60A，精度为 0.05 级）给传感器加 6MPa 的标准压力，用数字电压表测量传感器的输出电压设为 63mV，当压力为 10MPa 时，其输出电压为 x，则有 $6/10 = 63/x$，即 $x = 105mV$。

给 A_3/A_4 差动放大器两输入端加 105mV 的信号，调节 R_{p1} 多圈电位器，使数字显示为"1000"（即使 A_3/A_4 差动放大器的增益为 9.52）。

这样，当传感器的外加压力为 10MPa 时，数字表的显示为"1000"，即被测压力为 $10kPa \times 1000 = 10MPa$。

第三章　流量、液位的测量

流量、液位或物位的测量在化工领域有着广泛的应用。

流量的测量常用涡轮流量计、椭圆齿轮流量计、靶式流量计、转子流量计等传感器。这些都是经典产品，最近设计出一种光纤涡轮传感器，其转换原理、测量方法在本章第二节中有详细的叙述。

液位的测量与控制经常使用电容式液位传感器，这种传感器有现成产品也可以自制，第一节介绍了这种应用。

流量或液位的数字显示一般采用计数器技术，但本章第三节介绍了使用 A/D 转换器的液位数字显示技术。

第一节　导电液体液位测量的转换电路

这种液位测量的转换电路可以对导电液体的液位进行测量。

一、传感器

该转换电路使用电容式传感器，其构造示意图如图 3.1.1 所示。其中，1 为金属圆筒，作为传感器的一个动电极；其外表包有绝缘层 3；2 为装有导电液体的金属容器，把它作为电容器的外电极（定电极）。

当液位变化时，相当于外电极的面积在变化，这是一种变面积型的电容传感器。设金属容器为圆柱体，其直径为 D，则外电极的面积可表示为 $A = \pi Dh$，h 为液面的高度，由于传感器的电容量与 A 成正比，所以传感器的电容量也与液面的高度 h 成正比。

二、转换电路

这里只介绍转换电路，供读者选择、设计电路时参考。

液位的变化引起传感器电容量的线性变化，因此可以用转换电路将电容的变化（液位的变化）转换成电压的变化。转换电路为桥式电路，如图 3.1.2 所示，C_X 为电容传感器，

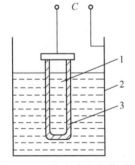

图 3.1.1　电容式液位传感器

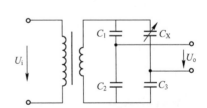

图 3.1.2　电容传感器的转换电路

C_1、C_2、C_3 为固定电容,当 $C_1/C_2 = C_X/C_3$ 时,输出电压 $U_o = 0$,此时电桥平衡。当 C_X 变化时,电桥将有电压输出,二者为线性关系。

再通过放大器、相敏检波器、滤波器、A/D 转换器等电路就可将液位的变化显示出来。

第二节　光纤涡轮流量计

一、工作原理

光纤涡轮流量计的原理是:在涡轮叶片上贴一小块具有高反射率的薄片或镀一层反射膜,探头内的光源通过光纤把光线照射到涡轮叶片上。当反射片通过光纤入射口径时,出射光被反射回来,通过另一路光纤接收反射光信号,传送并照射到光电器件上变成电信号,光电元件把这一光强信号转变成电脉冲,然后接到频率变换器和计数器便可知道叶片的转速并求出其流量,从而知道流体的流速和总流量。

二、传感器

传感器为光纤涡轮传感器,其结构如图 3.2.1 所示。采用 Y 形多模光纤,由于光纤长度很短,传输损耗可忽略不计,为保证接收的光信号为最大,要求发光源的光量经过透镜后最大限度地耦合到光纤,也就是使光纤的一个端面位于透镜的焦点上。另外,要求光线入射到光纤的入射角和光线出射后通过反射片反射回来入射到接收光纤的入射角尽量小于 12°。透镜采用双胶合透镜,直径为 4mm,调整好后胶接在探头上。采用光敏三极管或二极管将光信号转换成电信号,经放大后输入到计数器累计显示流量,其表达式为

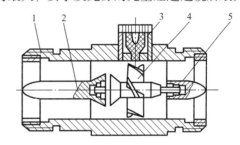

图 3.2.1　光纤涡轮传感器
1—壳体　2—导流器　3—探头　4—涡流　5—轴承

$$U = KN \quad (3.2.1)$$

式中,K 为比例常数;N 为计数器的读数。

比例常数 K 由涡轮叶片与轴线的夹角、涡轮的平均半径、涡轮所处的液流面积等因素决定。

光纤涡轮传感器具有重现性和稳定性好、显示迅速、测量范围较大以及不易受电磁、温度等环境因素的干扰等优点。

该传感器的主要缺点是只能用来测量透明的气体或液体。

三、测量电路

测量电路如图 3.2.2 所示,由光电转换电路、施密特整形电路、比例乘法电路和计数显示电路等组成。

1. 光电转换电路

光电转换电路由 μA725 构成,运放的同相端接入受光光敏二极管,它将光电流的变化转换成电压的变化并具有放大作用,其增益为

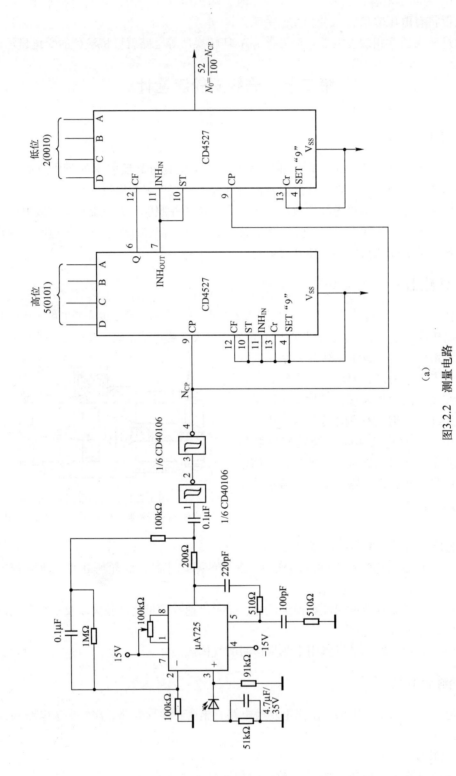

图3.2.2 测量电路 (a)

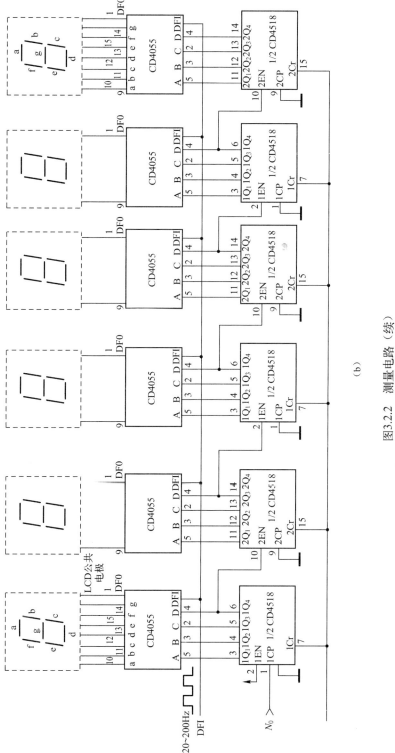

(b)

图3.2.2 测量电路（续）

$$A = 1 + \frac{1.1 \times 10^6}{100 \times 10^3} = 12$$

反馈支路的 0.1μF 电容和 1MΩ 电阻又组成低通滤波器。涡轮每转一周便有一个脉冲输出。

2. 施密特整形电路

由于运放输出的波形存在"毛刺",不光滑,因此用施密特触发器 CD40106 将其整形为方脉冲,供给后级 CD4527 作为输入用,同时 CD40106 又作为逻辑电平转换电路。

3. 比例乘法电路

由式(3.2.1)可知,$U = KN$,N 为计数器的读数,仪表的示值和累计流量显然是不一致的,即按此公式仪表不能直读,需将读数乘以一个比例常数 K,但 K 又不等于 1。K 称为流量仪表因数,在涡轮流量计出厂时已做了标定,是已知的。设 $K = 0.52$,则 $0.52N$ 即为仪表的流量显示值,N 即为输入到计数器的脉冲数。

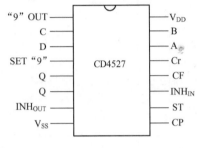

图 3.2.3　CD4527 引脚功能图

如果有一个电路能产生 0.52 的因数,那么问题就解决了,这个电路就是比例乘法电路,它是由 BCD 比例乘法器 CD4527 组成的。

CD4527 BCD 比例乘法器的引脚功能图如图 3.2.3 所示,它有 4 个输入端作为 BCD 数据的输入,以便控制输出脉冲数;有 1 个时钟 CP 输入端和 1 个禁止输入端 INH_{IN};还有一个清零端 Cr 和置 9 端 SET "9"。此外,为了级联方便,CD4527 还设有两个输入端:一个选通端 ST 和一个级联端 CF。CD4527 有 4 个输出端:脉冲的原码 Q 和反码 $\overline{Q}$ 输出端、1 个状态 9 输出端 "9" OUT 和 1 个时钟禁止输出端 INH_{OUT}。状态 9 输出端可作为 10 分频的输出用。

BCD 比例乘法器由 BCD 输入数控制输出脉冲、输出脉冲数 N_0 与时钟脉冲 N_{CP} 具有如下关系:

$$N_0 = \frac{\text{BCD 输入数}}{10} N_{CP} \quad (3.2.2)$$

如果 BCD 输入数为 5,则时钟每输入 10 个脉冲就可以在输出端得到 5 个脉冲输出。

构成比例运算有两种电路:一是比例加法运算电路,二是比例乘法运算电路。

本节只讨论比例加法运算电路,此电路由测量电路中的两块 CD4527 组成,其输出脉冲数为

$$N_0 = \frac{A}{10} N_{CP} + \frac{B}{100} N_{CP}$$

而输出脉冲 N_0 为输入脉冲 N_{CP} 的 0.52 倍,这样,就可以直读仪表的总流量。

K 为其他数值时和上述处理方法相似。

顺便说明一下,若 $K = 0.523$,则

$$\begin{aligned} N_0 &= \frac{A}{10} N_{CP} + \frac{B}{100} N_{CP} + \frac{C}{1000} N_{CP} \\ &= \frac{100A + 10B + C}{1000} \end{aligned} \quad (3.2.3)$$

式中，A 为最高位输入数；B 为次高位输入数；C 为低位输入数。电路的连接也与本例相同。

4. 计数器及 BCD – 7 段译码/液晶驱动器

（1）计数器

计数器采用二 – 十进制计数电路 CD4518，一个集成块内含有两个计数电路。这里用 6 位计数显示。

本节采用多级串联计数，就是指前级的 Q_4 接到后级的 EN，利用 Q_4 输出脉冲的下降沿使后级计数器做增量计数。这里值得注意的是，不能将 Q_4 接到后级的 CP，利用 Q_4 的上升沿来计数得不到"逢十进一"的结果，而只能完成八进制计数。因为由 8421 码可知，Q_4 在第 8 个时钟脉冲的作用下产生正向跃变，因此，当几个 CD4518 级联时，第 1 级可用上升沿，也可用下降沿计数，但在级间连接时，如第 n 级与第 $n+1$ 级级联，就必须用下降沿来驱动，也就是说，要由 EN 端输入时钟脉冲。

（2）BCD – 7 段译码/液晶驱动电路

测量电路用 6 位数码显示，需要较大的驱动电流，功耗较大，故用 6 位液晶数码显示，液晶消耗功率很小，但显示需用交流方波电源。

选用 BCD – 7 段译码/液晶驱动电路 CC4055 作为译码驱动电路。当液晶的公共电极与笔段电极之间加上反相的方波电压时，这些笔段将显示，方波的占空比最好为 50%，其频率在 20～200Hz 为宜。

第三节 使用 A/D 转换器的液位测量/控制器

数字液位计大都采用十进制计数器显示数字。本液位计采用 A/D 转换器和数码管显示液位的高度，并根据设定的最高位和最低位进行报警，控制伺服机构。

一、传感器

这里使用的传感器是自行设计制作的，实际上是由一个线性电阻/电压变换器和磁铁组合成的，如图 3.3.1 所示。电阻/电压变换器将液位高度的变化即电阻的变化转换成电压的变化。

取一段长度和最高液位相同的、电阻率尽可能大一些、线径较粗（太细容易拉断）的电阻丝，拉紧并固定在玻璃管或塑料管内的绝缘板上，较长的电阻丝可采取在同一直线上多端固定的方法，但会带来测量误差。拉紧的电阻丝尽量靠管子的左边（见图 3.3.1），在电阻丝的右边经两个小滑轮悬挂着一块小磁铁 M′，滑轮另一端配一个和 M′ 质量相等的重物 W。

在小磁铁 M′ 的 N 极面上用万能胶粘贴一块带锯齿形的铜箔（见图 3.3.2），铜箔的锯齿作为触点和电阻丝良性接触。铜箔的一端焊上导线和电流源 A 点相接。这样，铜箔便成为一个滑动触点。也就是说，电阻丝和带铜箔的磁铁构成了一个电位器。

当液位变化时，磁铁浮子 M 随液位升降，由于磁力的作用磁铁浮子必然吸引 M′。液位变化使 M′ 位置随其变化。

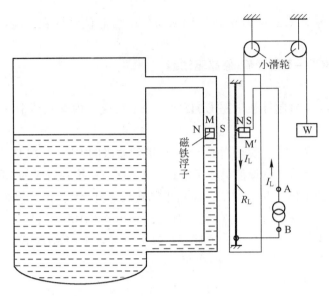

图 3.3.1　液位传感器示意图

二、测量/控制电路

测量/控制电路由电阻/电压转换器，A/D 转换器和控制电路组成。

1. 电阻/电压转换器

当液位变化时，磁铁 M′ 也随其升降，由它构成的电位器可将电阻变化成电压，如**图 3.3.3** 所示。将电阻丝 R_L 通以恒流，中间抽头与地之间的电压 U'_L 与液位的高度 L 的变化**成正比**。将这个电压 U'_L 送入 A/D 转换器即可显示液位的高度。

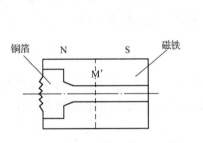

图 3.3.2　粘贴锯齿铜箔的小磁铁

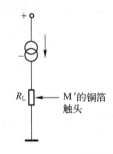

图 3.3.3　电阻/电压转换器原理图

电阻丝即负载的阻值变化很大，因此，采用恒流源进行电阻/电压变换，因为恒流源的**输出**电流不随负载变化，线性度好。实际的恒流源电路如图 3.3.4 所示。

现介绍由集成稳压器设计恒流源的原理和方法。

假定 5m 长的电阻丝 $R_L = 50\Omega$。A/D 转换器的输入电压不能超过 2V，因此，要求电阻**上的**压降最大不超过 2V，那么通过电阻 R^* 的电流 I_o 必须在 40mA 以下。I_L 要求是恒流，即**当负载** R_L 变化时，通过它的电流不变。

令 I_L 为 40mA，则通过 R^* 的电流也为 40mA，要求 $R^* = 5V/40mA = 125\Omega$，这个电阻要**求温度**系数小一些。

图 3.3.4（a）中的电压跟随器起隔离作用，如果不加跟随器，则 $I_L = I_o + I_G$，如图 3.3.4（b）所示，I_G 的变动达到 1mA，在要求 I_L 为 40mA 的情况下，其影响是较大的，加了跟随器后，$I_L = I_o = U_o/R^*$，将不随负载 R_L 而变。R_L 的变动范围为 0～50Ω。

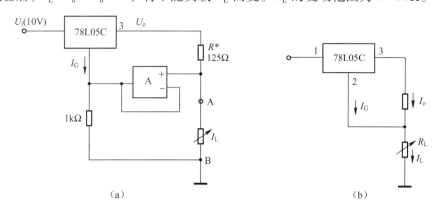

图 3.3.4 恒流源电路

显而易见，不管 R_L 的长度和阻值是多大，只要保证 R_L 上的电压不超过 2V 即可。

由上所述可知，选用不同的测量电阻丝，电阻 R^* 的阻值是不同的，必须根据设计要求来确定恒流源的参数。

2. A/D 转换器

A/D 转换器选用 MC14433，它利用动态扫描技术，具有 BCD 码输出。

由液位高度转换成 R_L 上的电压 U'_L 加在 V_X（3 脚）和 V_{AG}（1 脚）两端子上。当液位高度是 0 时，数码管显示不一定是零，为此在 A/D 的输入端 V_X 上加了一个调零电路。输入到 V_X 的电压一般为正，故调零电路提供的是负电压，范围为 −(4.5～459)mV。

在 MC14433 的基准电压端 U_R 加了一个调满度电路，它由 78L02 组成。

3. 控制电路

液位或物位测量，一般均有液位或物位控制，当液位（物位）低于设定值时，应将电磁阀或泵打开向容器内打入液体（物料）；当液位（物位）高于设定值时，应将电磁阀或泵关闭。控制电路的作用就是使液位（物位）维持在一定的高度范围。液位的控制方法很多，本节采用硬件技术，如下所述。

设定最高位为 4.50m，最低位为 1.50m。以 4.50m 为例说明液位的控制方法。

显示器的千位"1"不显示，百位显示"4"，十位显示"5"，个位显示"0"。

显示 4 时，笔段 b、c、f、g 为"1"，a、d、e 为"0"；

显示 5 时，笔段 a、c、d、f、g 为"1"，b、e 为"0"；

显示 0 时，笔段 a、b、c、d、e、f 为"1"，g 为"0"。

上述关系时可利用与非门电路进行控制，在 4.50m 液位时控制电磁阀或泵关闭，在 1.50m 液位时控制电磁阀或泵开启。

为了绘图方便，将一个"8"字形的各笔段放置在同一直线上，其控制 4.50m 高位的电路如图 3.3.5 所示。

利用 8 输入端与非门/非门集成电路 CC4068，把 a～g 各段中的"0"电平均变成"1"，

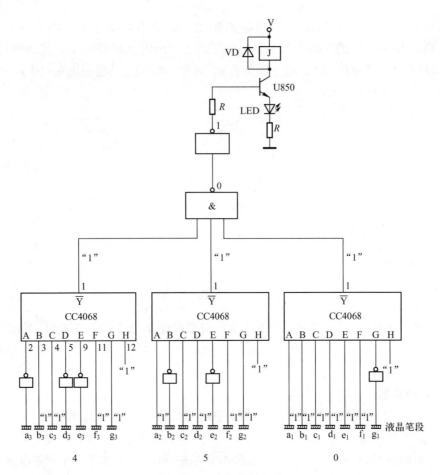

图 3.3.5 液位控制电路

各个"1"电平输入到 7 个输入端子(不用的输入端子 H 要置"1"),然后经集成电路内部的反相器,使 3 个 CC4068 的输出均为"1",再经与非门、非门电路去控制达林顿晶体管的开启。U850 达林顿晶体管,其 $I_{CM}=1A$,$P_{CM}=2W$,$\beta=1000\sim10000$,可直接控制电磁阀或继电器线圈。

1.50m 液位的控制电路与此相似,不再赘述。

三、调试方法

液位测量电路如图 3.3.6 所示。

调试步骤如下:

(1) 电路连接后通电。当液位高度为 0 时,调节电位器 R_{p1},使数码显示为"000"。

(2) 当最高位为 4.50m 时,调节电位器 R_{p2},使数码显示为"4.50"。

重复(1)、(2),直至符合要求。

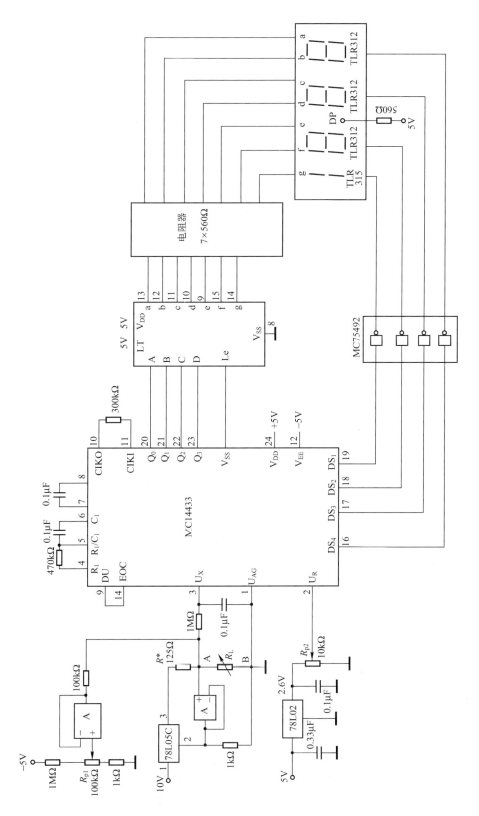

图3.3.6 液位测量电路

第四章 转速的测量

机械转轴转速的测量为转动机械的设计、安全提供了重要数据,如航空发动机、离心压缩机、鼓风机、电动机等转轴的转速,都需要进行精确测量。

测量转速行之有效的方法是用测试转盘或条纹－光电转换方法。前者是将有 60 个齿的铁磁圆盘固定在被测转轴上,磁电式传感器(或涡流传感器、霍尔传感器等)固定在测盘的外缘,如图 4.0.1 所示。传感器的线圈产生的感应电动势的频率为 $f = nz/60$,或写为

$$n = \frac{60f}{z} \tag{4.0.1}$$

式中,n 为转轴转速;z 为测盘的齿数。由于 $z = 60$,故

$$n = f \tag{4.0.2}$$

用数字式频率计可直接读取转速值。

与此相类似的方法是在转轴上画 60 个白条(用纸画完后贴到轴上)或在固定于转轴的测盘上由圆心画出 60 条白色的半径,用光电转换的方法将转速转换成电脉冲数频率进行测量,如图 4.0.2 所示。

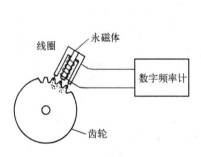

图 4.0.1 磁电传感器测量转速

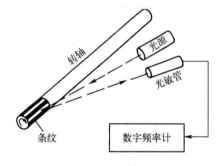

图 4.0.2 条纹－光电转换法测量转速

下面介绍磁电传感器数字转速仪的原理与应用电路。

这是一种只用两种集成电路测量机械转轴转速的数字仪表。电路组装简单,连线少,因此故障率也低。

一、传感器

传感器是一种磁电式的敏感元件。它是由装在机轴上的 60 个齿的齿轮和安放在齿缘的铁芯线圈组成。铁芯为永磁体,铁芯线圈可以用头戴式耳机的机芯代替。

传感器的构造如图 4.0.1 所示。铁芯线圈的永磁体应尽量与齿轮靠近。当齿轮旋转时,靠近永磁体的齿被磁化,使固定的线圈相对切割磁力线而产生感应电动势,感应电动势的大

小与永久磁体的磁感应强度、线圈的匝数、永磁体距齿的距离和转速有关。

由式（4.0.2）可知，$f=n$，因此只要测量频率 f，即可得到被测转速。而只要将线圈尽量靠近齿轮外缘安放，线圈产生的感应电动势就是正弦波形。

二、测量电路

1. 自举交流放大器

测量电路如图 4.0.3 所示。因为传感器输出为正弦电压信号，输出电压幅值较小，因此需用一个前置放大器。这是一个交流放大器，放大器利用 C_3 对 R_3 的交流自举作用，大大提高了输入阻抗，其输入阻抗为

$$Z_i = R_1 + R_3 + X_{C_1} + \frac{R_1 R_3}{X_{C_3}}$$

$$= R_1 + R_3 + \frac{1}{j\omega C_1} + \frac{R_1 R_3}{\frac{1}{j\omega C_3}}$$

$$= (R_1 + R_3) + j\left(\omega C_3 R_1 R_3 + \frac{1}{\omega C_1}\right)$$

频率越高，X_{C_1}、X_{C_2} 越接近于零，Z_i 越大。当频率为 1000Hz 时，$Z_i = 12.7\text{M}\Omega$，可见其输入阻抗是很大的，而输出阻抗小于 100Ω。

该放大器的中频增益为 $A_{1F} = \left(1 + \dfrac{R_2}{R_1}\right) = 100$。

2. 时间控制器集成电路 CH279

CH279 是一种适合数字仪表使用的中规模集成电路。外接晶体元件后，CH279 能自行产生振荡信号、计数闸门信号、锁存控制信号以及其他控制信号。如接入被测信号，则可以对该信号进行整形、分频，然后输出供计数用。

CH279 由晶体振荡器、2^{16} 分频器、整形单元、控制器和指示信号单元组成。

CH279 适合在 3～6V 电源电压范围内工作，其功耗低。

电路具有下列功能。

（1）振荡：外接晶体元件后，产生内部时钟脉冲。

（2）工作指示：启动后，产生定时信号，指示电路已正常工作。

（3）电源跌落指示：当电压跌落到设定值 U_X 时，产生振荡指示信号。

（4）输入信号整形：对输入信号由施密特触发器进行整形，并由单稳态触发器予以适当延迟。

（5）输出脉冲：提供计数脉冲、复零脉冲和作控制用的窄脉冲。

CH279 特别适合用于数字转速表，其测转速范围为 25～25000r/min。可自动连续采样，采样周期为 1s，测量结果可达 5 位有效数字。此外，CH279 还可用于数字时钟、频率计等电路。CH279 引脚功能如图 4.0.4 所示。

下面简介几个端子的功能。

（1）Rext. Cext（1脚）：为内部单稳态触发器的外接电阻端（Rext）和外接电容端（Cext）。

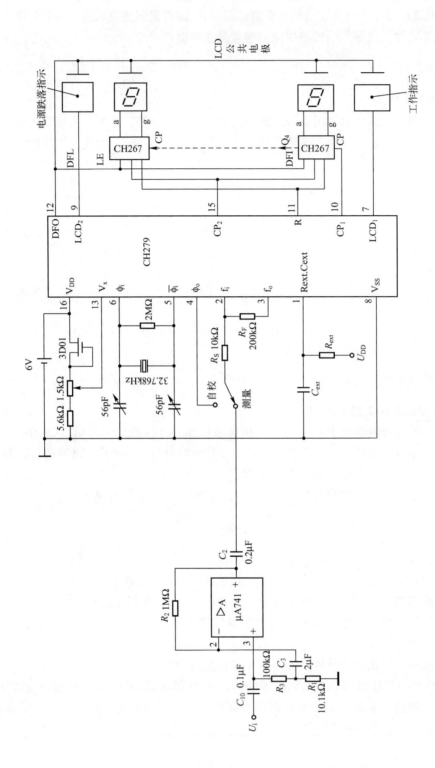

图4.0.3 磁电传感器数字转速仪电路

(2) DFO（12 脚）：为显示交流信号输出端，它为液晶显示器的公共电极提供方波。

(3) ϕ_i（6 脚）、$\overline{\phi_i}$（5 脚）：为时钟振荡器的端子，它们外接晶体振荡器和阻容元件，构成电容三点式晶体振荡器，产生 32.768kHz 的稳定频率。

(4) ϕ_o（4 脚）：为时钟振荡器的输出端，由它输出 32.768kHz 的标准频率作为自校用。

3. 计数/锁存/7 段译码/驱动集成电路 CH267

CH267 为计数/锁存/7 段译码/驱动"四合一"集成电路，它的驱动电流为 100μA，适于驱动 LCD 显示器。其引脚功能如图 4.0.5 所示。

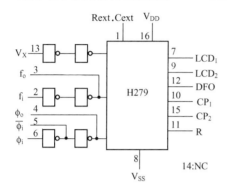

图 4.0.4 CH279 引脚功能图　　　　图 4.0.5 CH267 引脚功能图

其中，DFI 为显示交流信号输入端，它与 LCD 的公共电极相连；Q_1（5 脚）为 BCD 码的"1"输出端；Q_4（3 脚）为 BCD 码的"8"输出端。

4. 转速表电路

系统电源采用 6V 电池，场效应管 3D01（或其他型号的结型场效应晶体管）作恒流源。

调节 1.5kΩ 电位器，可使 U_x 达到规定值（如 4.5V）。当电源电压跌落而使 U_x 小于此值时，LCD_2 的信号使液晶屏指示点（·）闪烁，指示电压跌落到极限。

振荡信号施加于 ϕ_i 和 $\overline{\phi_i}$ 端，f_i 端接"自检"时，显示晶振频率 32.768kHz，说明 CH279 功能正常。

f_i 接"输入"时，被测信号送入 CH279 进行分频，被测信号是通过放大传感信号的前置放大器提供的。这样，转速表在采样时间内便可显示被测信号每分钟的脉冲数，即转轴的转速。

CH279 的输出 CP_1 接 CH267 的计数时钟 CP 端，DFO 接 CH267 的 DFI 而驱动液晶显示器公共电极，LCD_1 驱动液晶显示器的工作指示符号。

CH267 的工作电压也是 3~6V，能直接与 CH279 及 LCD 相配用。

CP_2 接 CH267 的锁存控制端 LE，这样显示的数字不至于随计数器翻转而闪烁。

注意图 4.0.3 所示电路图中的 μA741 使用 ±15V 电源。

第五章　长度、高度、深度的测量

本章主要论述长度、高度和深度的测量方法，就其应用范围来说，所用传感器和电路是多种多样的。

第二节和第三节介绍测量高度和深度的方法，它们所利用的传感器都为压力传感器，但它们的量程差异较大。

测量较小的长度或位移时，很多情况下使用电阻位移传感器、电容传感器、电感传感器和差动传感器等常用器件。

本章的测量电路各具特色，并给出了详细的 A/D 转换方法。

第一节　电阻式位移测量仪

电阻式位移测量仪出现得较早，一般都是模拟式的，随着大规模集成 A/D 转换器的批量生产，电阻式位移数字显示仪也面市了。

一、传感器

传感器为电阻式线性位移传感器，一般又分为滑线式和绕线式两种。如图 5.1.1 所示为绕线电位器式位移传感器结构原理图。电位器的中间抽头为电刷，电刷由细牙螺杆传动，这样传感器的分辨率是由电阻丝的直径和螺杆的螺距决定的，要求电阻丝的电阻率要小，即电阻要小，螺杆的螺距要小，对电阻与线径的要求是矛盾的，因此，这种传感器的分辨率较低，约为 0.01mm。其动态测量范围为 1~300mm，线性度为 0.1%~1%。

二、工作原理

如图 5.1.2 所示为电位器式位移传感器的原理电路图，其输出电压为

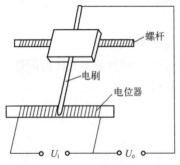

图 5.1.1　绕线电位器式位移传感器结构原理图

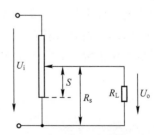

图 5.1.2　电位器式位移传感器的原理电路图

$$U_o = \frac{R_L // R_s}{(R - R_s) + R_L // R_s} U_i = \frac{R_s/R}{1 + \frac{R_s R(1 - R_s/R)}{R_L R}} U_i \tag{5.1.1}$$

式中，R 为绕线电阻值；R_s 为随电刷位移 S 而变化的电阻值；R_L 为负载电阻；U_i 为电位器的工作电压。

令 $R/R_L = m$，对于固定的电路，它是一个常数，令 $R_s/R = x$，表示电刷移动时的电阻变化率。因而式（5.1.1）可写成

$$U_o = \frac{x}{1 + mx(1-x)} U_i \tag{5.1.2}$$

当工作电压 U_i 不变时，输出电压随电阻变化率变化，即随电刷位置的变化而变化，不呈线性关系。只有当 $m \to 0$，即 $R/R_L \to 0$ 时，输出电压才与电阻变化率成正比，即与电刷的位移成正比，亦即只有 $R_L \gg R$ 时，才有

$$U_o \approx \frac{R_s}{R} U_i \tag{5.1.3}$$

因此，要求绕线电阻尽量小，但这又和分辨率相矛盾，负载电阻 R_L 应尽量大。

现在 R_L 可以用高输入阻抗运算放大器的输入电阻代替。

三、测量电路

电路包括测量电桥、差动放大器与 A/D 转换器。

1. 测量电桥与差动放大器

将绕线电位器或滑线电位器接成电桥形式，如图 5.1.3 所示。电桥的桥压为 1403 的输出电压，即电桥的输入电压，电桥的输出接差动放大器。

差动放大器由 X56 组成的，X56 为高输入阻抗运算放大器（也可选用运放 F3140），元件本身的差动输入电阻为 $10^{12}\Omega$。运放接成电压跟随器，其电路本身的输入电阻远大于运放本身的输入电阻。差动放大器的输入电阻就是前述的 R_L，R_L 和测量电桥电阻的变化 ΔR 相比大得多，可认为是开路。

在 $R_L \to \infty$ 时，电桥平衡，则 $R_1/R_2 = R_3/R_4$，电桥输出 $U_o = 0$。

测量时，传感器电刷滑动，电桥的输出为

$$U_o = \frac{\Delta R}{2R} U_i \tag{5.1.4}$$

式中，U_i 为测量电桥的输入电压，应保持不变，即 $U_i/(2R) = \text{const}$，因此 $U_o \propto \Delta R U_i$，亦为稳压电源 1403 的输出，保持 2.5V 不变。

2. A/D 转换器

本测量仪设计成精度为 0.01mm，可测量 40.00mm 以下的位移。因此，选用了 $3\frac{3}{4}$ 位 A/D 转换器 ICL7139，它是美国 INTERSIL 公司研制的 $3\frac{3}{4}$ 位自动转换量程式数字万用表专用集成电路，和其他 A/D 转换器 IC 一样，它也可以用于测量其他物理量。

（1）ICL7139 的主要特点

① ICL7139 显示位数为 $3\frac{3}{4}$ 位，最大显示值为 ±3999，满量程为 4000，比 $3\frac{1}{2}$ 位 A/D 转换器的量程扩大了 2 倍。

② 它的集成度高，外围电路非常简单，芯片内部还有一个平均值响应的 AC/DC 转换器。

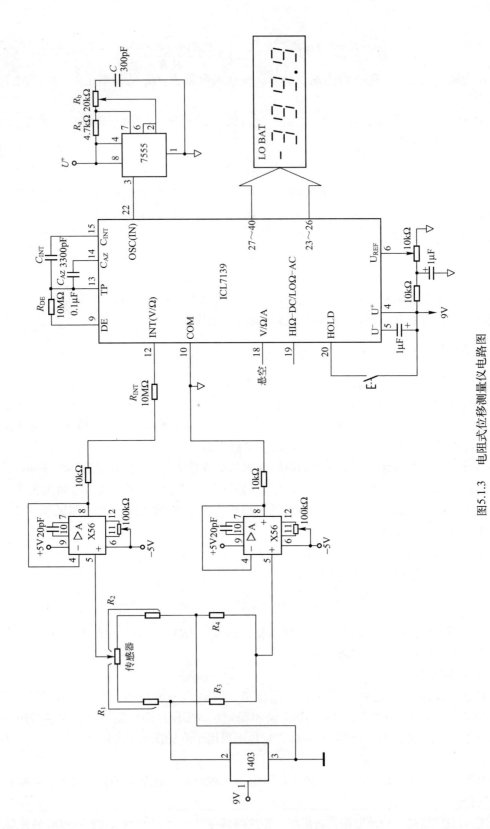

图5.1.3　电阻式位移测量仪电路图

③ 它的直流电压量程为 400mV、4V、40V、400V。

④ 采用单电源供电,电压范围宽(7~11V),可使用 9V 叠层电池,微功耗,功耗低于 20mW。

⑤ 当电源电压低于 7V 时,能输出低电压指示信号 LOWBAT。

⑥ 采用时分割法双重驱动液晶显示器 LCD,ICL7139 有 3 个小数点驱动端(DP$_1$~DP$_3$)、11 个标志符驱动端,也有极性驱动端,它的数码、小数点、极性、低压(其他标志符与本测量无关,本节不介绍)笔段如图 5.1.4 所示。

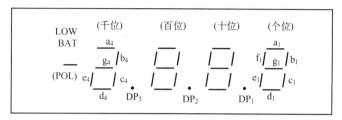

图 5.1.4　3¾位 LCD 显示器

⑦ 具有读数保持(HOLD)功能。

(2) ICL7139 的引脚功能

ICL7139 采用 40 脚双列直插式塑料封装,引脚排列如图 5.1.5 所示。

- POL/AC:极性/交流符号驱动端。
- BP$_1$、BP$_2$:液晶显示器背面的两个公共电极简称背电极。
- U^+、U^-:分别接电源的正、负极。
- U_{REF}:基准电压输入端。
- LOΩ、HIΩ:分别为低电阻挡和高电阻挡。
- DE(DEINT):反相积分端。
- COM(ANALOG COMMON):模拟电路的公共端,简称模拟地。
- INT(I):电流积分器输入端。
- INT(V/Ω):电压/电阻积分器输入端。
- TP(TRIPLE POINT):三态输入端,在测量过程中受内部模拟开关控制,此端可为高电平(U^+)、低电平(COM)或高阻态。
- C$_{AZ}$:自动调零电容端。
- C$_{INT}$:积分电容端。
- B(OUT)(BEEPER OUT):蜂鸣信号输出端。
- mA/μA:电流单位选择端,此端接 U^+ 时选择 mA,开路或接 COM 时选择 μA。
- V/Ω/A:测量项目选择端,由于它在芯片内部经高阻值偏置电阻接 COM,因此属于三态端,开路时测量电压,接 U^+ 时测量电阻,接 U^- 时测量电流。
- HIΩ-DC/LOΩ-AC:高阻(或直流)/低阻(或交流)输入控制端,此端接 U^+ 时测

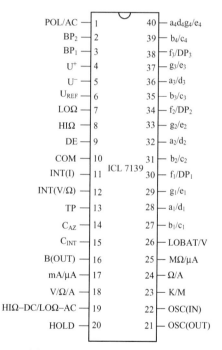

图 5.1.5　ICL7139 的引脚排列

量高阻或直流，开路或接 COM 端时自动测量。
- OSC(IN)、OSC(OUT)：时钟振荡器输入、输出端。
- K/M、Ω/A、MΩ/μA：LCD 的标志符驱动端。
- a_1/d_1、b_1/c_1、g_1/e_1、f_1/DP_1：LCD 中个位笔段及小数点驱动端（十位、百位……依次类推）。
- $a_4d_4g_4/e_4$、b_4/c_4：千位笔段驱动端。其中，a_4、d_4、g_4 短接，故千位只能显示"1"、"2"、"3"，称作 3/4 位。

两点说明：

① LCD 有两个背电极（BP_1/BP_2），以 28 脚为例，a_1/d_1 中的 a_1 段以 BP_1 为背电极，d_1 以 BP_2 为背电极，余者类推。

② ICL7139 的 17～20 脚均为三态输入端，它们在不同接线方式下的逻辑功能见表 5.1.1。

表 5.1.1 三态端接线方式与逻辑功能

引 脚	接 U^+	开路或接 COM	接 U^-
17	mA	μA	测试
18	测量电阻（Ω）	测量电压（V）	测量电流
19	HIΩ/DC	LOΩ/AC	测试
20	保持（HOLD）	自动（AUTO）	测试

3. 外围元器件的选择

（1）ICL7139 的时钟频率选择为 100kHz，这可在 OSC(IN) 与 OSC(OUT) 之间接一个 100kHz 的晶体振荡器。本电路则用外接振荡电路 7555 来提供大约 100kHz 的频率，即

$$f_0 = \frac{1}{T} = \frac{1.443}{(R_s + 2R_b)C} \approx 100\text{kHz}$$

调节 R_b（20kΩ 电位器），使其振荡频率大约为 100kHz，7555 的工作电压为 U^+ 与 COM 之间的 2.5V 电压。

（2）积分电阻 R_{INT} 和反相积分电阻 R_{DE} 应相等，并使其阻值为 100MΩ，积分电容 C_{INT} 理论计算为 4000pF，选择 3300pF 或 4000pF 均可，C_{INT} 应选择介质吸收系数很小的聚丙烯电容器。

（3）调节 U_{REF} 的 10kΩ 电位器，应选择精密多圈电位器。

四、调试方法

测量电桥中的 R_1、R_2，包括固定电阻和传感器电阻的一部分，调试零点时，应使电位器处于"0"点，并适当选择参数使 $R_1R_4 = R_2R_3$，再调节运放的调零电位器（100kΩ），使显示值为"0.00"。

再用"标准"位移计与本位移计进行比较。例如，用标准位移计测量某一位移为 29.99mm，再用本位移计测量同一位移，调节 U_{REF} 的电位器（10kΩ），使其数字显示也为 29.99mm。至此调试基本完成。

第二节 数字高度仪

登山时你能知道自己爬到多高了？如果有一个高度仪就会给出一个准确答案。本节中

的数字高度仪是一种测量绝对高度的简单仪器，它是利用3½位A/D转换器制成的，量程达1999m。如果掌握了它的基本原理和调试方法，就可以利用4½位A/D转换器制成测量绝对高度（相对于海平面）达到19999m的测高仪，它可以测量地球上任一高峰，并可测量飞行高度。

一、传感器

传感器是绝对压力传感器，所谓绝对压力是相对于真空压力而言。用于测量大气压力或高度的传感器，其测量范围为$(0 \sim 1.01) \times 10^5 Pa$，即一个标准大气压。

传感器内部有一个单片硅膜压电电阻，它是在硅薄膜上利用离子注入而成的。这个压力传感器含有两个硅膜片分隔开的气室。其中一个气室通过一个外部小窗暴露在大气压力下；另一个气室则抽成真空，然后密封。传感器膜片所受压力是一边的大气压和另一边基本上"完全"真空的二者压力之差，膜片及压电电阻上所受的机械压力使传感器产生输出电压，它与传感器的开口所受压力成正比。传感器组成的测量电桥，当平衡时（处于真空），其输出为0；当受到气压的作用时，电桥便有输出电压，检测这个电压即可测量高度。

绝对大气压是一个从数字上定义的参数，它的变化和高度成反比，在海平面上它的数值为101320Pa，随着高度的增加其数值减少。高度从海平面上升到1999m，气压从101320Pa下降到约7800Pa。高度变化1/3m时，传感器有足够的反映，也就是说，它的分辨率可达1/3m。本节使用的传感器是由摩托罗拉公司开发生产的。

也可采用国产YJ-1型、GYY-4型绝对压力传感器，只是前者电桥用恒流源供电，后者供桥电压为12V。

二、测量电路

如图5.2.1所示是数字高度仪电路图。仪器由9V干电池供电。因压力传感器要求5V桥压，故用集成稳压器78L05将9V电压转换成5V电压给传感器电桥供电。

电路中用一只四运放集成电路LM324组成两级差动电压放大器和电压跟随器。

IC_{1a}和IC_{1b}组成了差动电压放大器。由传感器组成的测量电桥（图中虚线表示的IC_4）的两对角线输出分别送至差动放大器的同相端。放大器的闭环增益为

$$A_{F1} = 1 + \frac{R_1}{R_2 + R_{p1}}$$

R_{p1}为多圈电位器，改变其阻值可调节A_{F1}的大小，其最小值为$A_{F1min} = 1 + \frac{100}{1+5} \approx 18$，最大值为$A_{F1max} = 1 + \frac{100}{1.0} = 101$。

在标准大气压的作用下，传感器的压电电阻受到机械力的作用，其阻值产生变化，传感器的差动输出电压是一个很小的值，约为20mV。当登山高度至1999m时，传感器的输出电压只改变1~3mV。传感器输出电压较小，因此该差动电压放大器的增益便设计得较高。

IC_{1c}也组成一级差动放大器，它的作用是把IC_{1a}和IC_{1b}差动级的双端输出转换为单端输出，以便把被检测的电压输入到A/D转换器的输入端IN^-（30脚）。

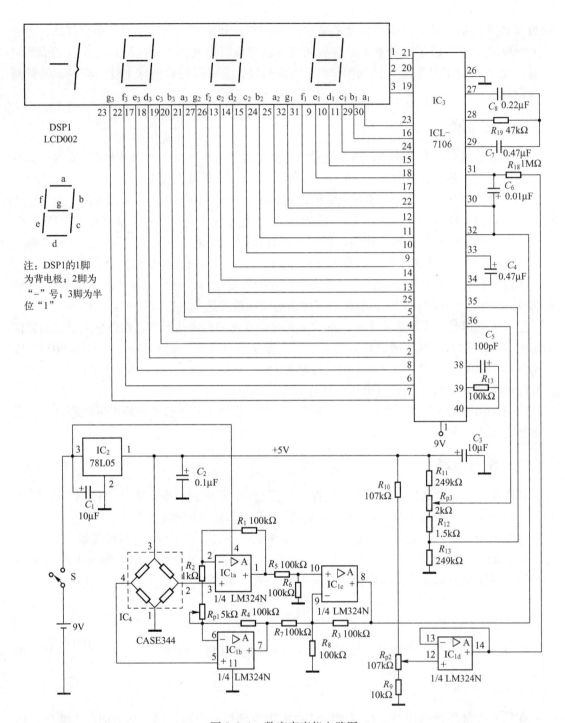

图 5.2.1 数字高度仪电路图

IC_{1d} 为电压跟随器,其输入阻抗很高,它的作用是把由 R_{10}-R_{p2}-R_9 组成的分压器的分压值 2.5V 与 A/D 转换器的 IN^+（31 脚）输入端隔离开来。

由高度变化引起传感器电压的变化,经放大处理后再送入 A/D 转换器 7106,将模拟量转换成数字量,由 $3\frac{1}{2}$ 位液晶显示器显示。

三、调试原理与方法

1. 调试原理

（1）高度变化引起的气压的变化被转化成电压信号后送至 A/D 的负输入端 IN⁻（30 脚），而 A/D 的正输入端（31 脚）由 $R_{10} - R_{p2} - R_9$ 分压网络设定一个电压作为输入，由电位器 R 来调整这个设定电压，相当于跟随气压的变化。U_i^+（31 脚）和 U_i^-（30 脚）之差作为 A/D 转换器的输入。

（2）A/D 转换器的基准电压由 $R_{p3} - R_{12} - R_{13}$ 分压网络来提供。由图 5.2.1 中的阻值计算，U_R^+（36 脚）比 U_R^-（35 脚）高出 15～35mV，调节电位器 R_{p3}，使 $U_R^+ - U_R^-$ 之值为 15～35mV，实际上 R_{p3} 是定标用的。

2. 调试方法

电路组装后，接通电源。

（1）把 R_{p3} 调到中央位置，通过调节 R_{p2} 使显示的数字在 -1000～+1000 变化；

（2）如果液晶显示器完全熄灭，应检查液晶是否插错。如没有插错，可用示波器观察显示器 1 脚（即 A/D 的 21 脚）的波形，正常情况应有 5V 峰值的对称方波，其周期约为 140μs。也可用频率计测量其方波的频率是否为 7143Hz。

（3）若检查 A/D，则应从插座上拔出，把 IC₁ 的引脚 8 和 14 短路，这样馈入 A/D 的差动输入为 0，液晶显示器应显示 "0.00"。

以上步骤完成后，再开始校准工作。

（4）将压力传感器的窗口插上胶管，抽出胶管内的空气，用真空计监测，使其压力为 78000Pa（这相当于 1999m 高度的气压），同时调节 R_{p3}，使液晶显示器的读数为 "1999"。如无真空泵和真空计，则可用一根透明的塑料管弯成 U 形，注入水银，U 形管一端插入传感器的窗口（不能漏气），另一端抽空，使这一端的汞柱比另一端汞柱高出 $7.5006 \times 10^{-3} \times 78000 = 585$mm。这就意味着窗口处的气压为 585mmHg，即 78000Pa，相当于 1999m 高空的气压，同时调节 R_{p3}，使显示值为 "1999"。再使传感器窗口处气压为 101300Pa（准确值为 101320Pa），这相当于 0 高度（海平面）的气压。调节电位器 R_{p1}，使 LM324 的 8 脚输出为 2.5V，再调节 R_{p2}，使 $U_i^+ - U_i^- = 0$，即显示器的示值为 "0.00"。

至此，调试工作基本结束。

显而易见，这种数字高度仪只适于沿海平原地区。在海拔 2000m 以上的高原地区，其量程是不够的，这时需要一台 4½ 位的数字高度仪。

第三节　简易水深测量仪

我国海洋广阔，湖泊水库众多，需要对海洋、湖泊、水库的深度进行探测，本水深测量仪可测量 100m 以内的深度，若更换量程大的探测器（传感器）则可测量 2000m 以内的深度。

一、传感器

传感器采用国产 CYG04 型压阻式传感器,它是一种压力敏感器件,水深不同时压力不同,水压与深度呈线性变化,传感器将压力转换成电压信号。CYG04 型传感器输出的线性信号最大可达 120mV,放大 1.6 倍之后再输入到 A/D 转换器进行模数转换。传感器需加重锤以减少测量误差。

二、测量电路

水深测量仪电路图如图 5.3.1 所示。

测量电压主要由 A/D 转换器 MC14433、放大器 μA741,译码器 MC14511 和正/负电压转换器等组成。MC14433 在本测量电路中的作用不同于一般数字电压表。本电路具有以下特点。

(1) 基准电压 U_R 不是事先固定的,而是根据量程用多圈电位器调节的。

(2) 具有超量程报警功能。

电路设计充分利用 MC14433 的功能,芯片工作时,MC14433 的溢出端 $\overline{OR}=1$,超量程时 $\overline{OR}=0$,当 MC14511 的 LT=1 时,译码器的输出状态由消隐端 $\overline{BI}$ 决定,而 $\overline{BI}=0$ 时七段译码器输出全为 0,显示器消隐;$\overline{BI}=1$ 时译码器正常译码,本文不是简单地将 $\overline{BI}$ 接"1",而是接溢出端 $\overline{OR}$。MC14433 未超量程时,$\overline{OR}=1$,译码器正常译码;一旦超量程 $\overline{OR}=0$,即使显示器消隐,这时显示器上只有十分位后面的小数点 DP 显示,这和电源故障是有区别的(电源故障显示器全部熄灭)。当然也可用蜂鸣器报警,但需要另加振荡电路。

(3) MC14433 和 MC14511 采用正负电源,即 U_{DD} 用 +6V,负电源用六反相器 4069 将 +6V 转换成 −5V。

三、调试方法

芯片 MC14433 的显示值为

$$N = \frac{2000 U_i}{U_R} \tag{5.3.1}$$

最大量程时 $U_i = 200\text{mV}$,$N = 100$,故

$$U_R = 1000 U_i / N = 2000 \times 200\text{mV}/100 = 4000\text{mV}$$

显然,采用量程不同的传感器,U_R 的值是不同的。这里的 U_R 值是用多圈电位器调节的,但要受到式(5.3.1)的制约。

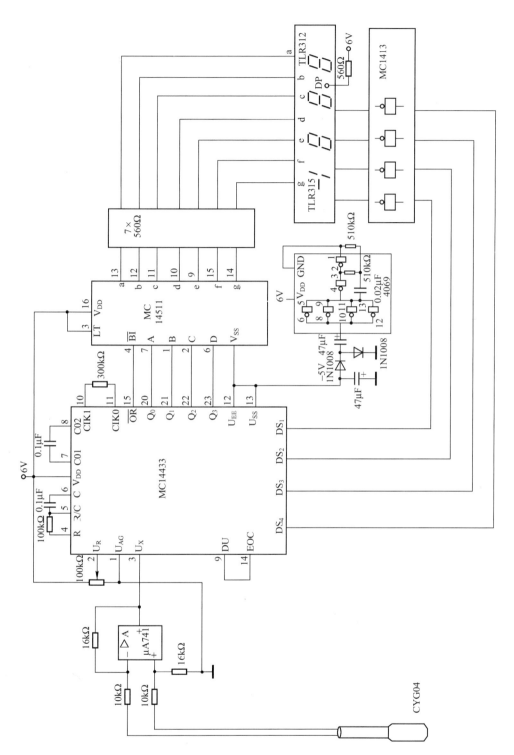

图5.3.1 水深测量仪电路图

第四节 植物生长测试仪

植物在光合作用下生长，研究植物的光合作用及生长状态具有重要意义。测定植物生长的仪器国内较少。这里介绍一种能测量植物生长的装置，即植物生长测试仪。

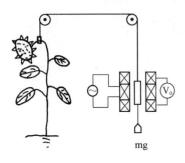

图 5.4.1 用差动变压器式
传感器测定植物的生长

植物生长测试仪的设计思想是采用差动变压器式的传感器将植物的生长位移转换成电压，其测试方法如图 5.4.1 所示，用细线跨接在两个定滑轮上，细线一端夹在被测植物上，另一端系在差动变压器的活动铁芯上，铁芯下挂一重物。当植物生长时，重物使铁芯下移，偏离了平衡位置而产生输出电压，这个电压与位移成正比。测试仪电路图如图 5.4.3 所示。

这里关键的环节是差动变压器的设计。激励变压器的电源需要稳幅的交流电源，这也是设计中重要的一环。

一、差动变压器

差动变压器要设计得体积小一些。骨架材料选用酚醛塑料、聚四氟乙烯或有机玻璃。变压器的一次绕组采用排绕，两个二次绕组分段绕在外层，如图 5.4.2 所示。一次绕组用 $\phi0.1mm$ 漆包线绕满 4 层，长度约为 120mm，约 4100 匝，两个二次绕组要对称绕线。为了改善线性，增大量程，使变压器的总长度不致过大，应采用阶梯绕法，每个绕组共 11 个阶梯，分别以两个端面为基准，各个阶梯的长度分别为 55mm（1层）、50.5mm（1层）、46mm（1层）、41.5mm（1层）、37mm（1层）、32mm（1层）、27mm（1层）、21.5mm（1层）、16mm（1层）、10.5mm（2层）、5mm（2层）。用 $\phi0.1mm$ 漆包线采用脱胎绕法，烘干固化后层层套在原线圈之外，这 11 个线圈再按极性正向串联形成一个二次绕组，约 2900 匝。

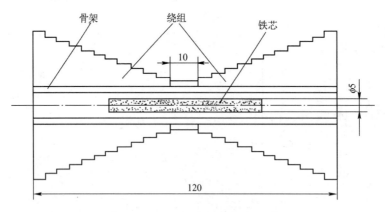

图 5.4.2 差动变压器绕组示意图

变压器的铁芯采用 $\phi5mm$ 铁镍合金，长度为 60mm，质量约为 10g。

二、稳幅文氏振荡器

差动变压器所需的电源为交流电源，令其频率为2000Hz，要求幅度保持不变，因此必须有稳幅措施。这种电源可以设计成文氏振荡器，其振荡频率为

$$f = \frac{1}{2\pi RC} = 1\text{Hz}/(2\pi \times 240 \times 10^3 \times 330 \times 10^{-12}) \approx 2000\text{Hz}$$

其稳幅措施主要由场效应管来承担（见图5.4.3）

当场效应管的漏-源电压 U_{DS} 较小时，场效应管的漏-源电阻 r_{DS} 差不多随栅-源电压 U_{GS} 线性变化，好像一只良好的压控线性电阻，阻值可调范围为 $400\Omega \sim 100\text{M}\Omega$，因此，用场效应管稳幅能得到较小的失真波形。

为了使 U_{DS} 较小，确保稳幅场效应管工作在线性电阻区，电路采取了分压措施，VT 和 R_1 串联，组成反相端的可变接地电阻，为了达到稳幅目的，当幅值增大时，r_{DS} 应自动增大以加强负反馈，这个作用由自动稳幅电路完成。自动稳幅电路由整流二极管、滤波电路 R_5、R_6、C_1 及场效应管组成。由自动稳幅电路所稳定的幅值为

$$U_M = U_{D1} = U_{C1}$$

式中，U_{D1} 和 U_{C1} 分别为二极管 VD_5 的正向压降和电容 C_1 上的电压，当输出幅值超过 U_M 时，经整流滤波后 U_{C1} 加大，使 VT 的负栅-源电压更负，r_{DS} 加大；当输出幅值低于 U_M 时，C_1 上的电压 U_{C1} 逐渐减小，导致 r_{DS} 下降，所以电路将自动在 VT 的某一栅-源电压下稳定下来，输出幅值稳定的正波波电压。

调节 R_6 可改变输出电压的大小，一般将输出电压调节为 $3 \sim 5\text{V}$。

三、精密整流电路

差动变压器副线圈的差动电压为交流电压，为了进行测量需将其变成直流电压，但用一般的整流电路不能正常工作，因为当差动电压小于 0.7V 时，由于硅二极管的死区电压近似为 0.7V，因此，整流电路不能有输出。

由运放组成的精密整流电路完全可以克服上述缺点，以运放 A_1 为例，当运放的输入信号 U' 为负半周时，由于二极管 VD_1 处于反偏，此支路相当于断路，而 VD_2 处于正偏导通，因此 A_1 的输出电压为

$$U_{o1} = -\frac{R_2}{R_1}U' \tag{5.4.1}$$

当输入信号 U' 为正时，运放 A_1 输出端的电压 U_{o1} 为负，VD_1 正偏导通，VD_2 反偏截止，故

$$U^- - U_{o1} = U_{D1} \tag{5.4.2}$$

式中，U^- 为 A_1 的反相端电位；U_{D1} 为 VD_1 的正向压降，又

$$U^- = -\frac{U_{o1}}{A_1} \tag{5.4.3}$$

式中，A_1 为运放的开环放大倍数。由式（5.4.2）和式（5.4.3）有 $U^- + A_1 U^- = U_{D1}$，所以

$$U^- = \frac{U_{D1}}{1 + A_1}$$

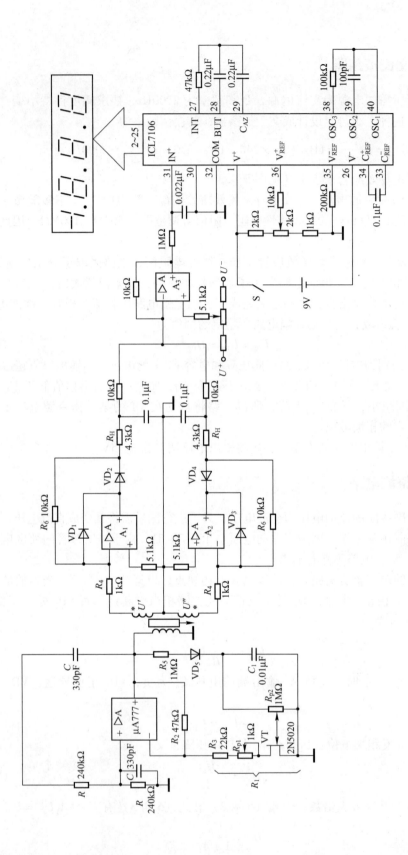

图5.4.3 植物生长测试仪电路图

$$U_{o1} = -\frac{R_H}{R_6+R_H}\frac{U_{D1}}{1+A_1} \tag{5.4.4}$$

只要 A_1 足够大，就有 $U_{o1}=0$，即为截止状态。

可见，此电路顺向导通时其电压降为零，而反向截止时漏电流足够接近零。对于 A_1 来说，它只有负半周的输出，而正半周输出为 0。

与此同时，当 $U'<0$ 时，$U''>0$，对 A_2 来说，其输出电压 $U_{o2}=-\frac{R_6}{R_4}U''$。

当 $U'>0$ 时，$U''<0$，则

$$U_{o2}=-\frac{R_H}{R_6+R_H}\frac{U_{D3}}{1+A_2}\approx 0。$$

因此，A_1、A_2 组成的差动式整流器，其输出电压为

$$U_{o1,2}=U_{o1}-U_{o2}=R_6/R_4 \cdot (U''-U')$$

经 A_3 后，其输出电压为

$$U_{o3}=R_6/R_4 \cdot (U'-U'')$$

四、A/D 转换

A/D 转换器采用 ICL7106，A/D 的读数值为

$$N=\frac{1000U_i}{U_{REF}}$$

这里的 U_i 即为 U_{o3}，U_{o3} 和铁芯的位移，即和植物的生长是成正比的，U_{REF} 为 7106 的基准电压。和数字电压表不同的是，U_{REF} 不是 100mV 或 1.000V，这里的 U_{REF} 可以调节，其最小值为

$$U_{REFmin}=\frac{1k\Omega}{2k\Omega+2k\Omega+1k\Omega}\times 2.8V = 560mV$$

最大值为

$$U_{REFmax}=\frac{2k\Omega+1k\Omega}{2k\Omega+2k\Omega+1k\Omega}\times 2.8V = 1680mV$$

上式中的 2.8V 为 7105 芯片内的基准电压，即 U^+ 和 COM 间的电压约为 2.8V。调节 U_{REF} 可以使 7106 的示值和铁芯的位移相一致。

五、调试方法

运放 A_3 同相端接了一个调零电路，当差动变压器的铁芯处于中间位置时，仪表的示值一般不为零，用多圈电位器可使示值为"0.00"；当铁芯位移为 L 时，调节 7106 的 36 脚处的 10kΩ 多圈电位器，使示值 $N=L$。

第六章　重量、载荷、转矩的测量

重量、载荷、转矩的测量在工农业生产、国防、科研、商业以及日常生活中都有广泛的应用。

重量的测量在工业、建筑业、商业、日常生活中是经常需要的。例如，大批量的称重时，工业或运输业需要获取准确的吨位，第一节的起重机吊钩电子秤完全可以满足这一要求；建筑业预制板的承重载荷试验和测试可采用第二节的数字载荷仪来进行。

旋转机械转轴的转矩的测量对设计该机械具有重要的意义。为了安全生产，钻探机械的扭矩也需要测量，第三节给出了这方面的应用与启示。

本章的重量、载荷、转矩等的测量仅是该领域的一小部分具体论述与应用，通过这些应用的启示，可以开发出更新的测量装置。

第一节　起重机吊钩电子秤

起重机吊钩电子秤是一种简易数字式电子秤，可用于起重设备的称重。这种设备所用的元器件很少，只需 7 块集成电路、2 只晶体管和若干个电容、电阻，用 LED 数码管显示便可，便于组装。

一、传感器

传感器选用 BLR-1 型电阻应变式拉压力传感器。图 6.1.1 中的电桥的四臂电阻 R_A、R_B、R_C、R_D 均为粘贴在弹性元件上的应变片；也可以自选电阻应变片，粘贴在自制弹性元件上。国内生产的应变片阻值有 60Ω、120Ω、350Ω、600Ω、1200Ω 的，其中 120Ω 的应用最为广泛。

二、工作原理

如图 6.1.1 所示，测量电桥由 R_A、R_B、R_C、R_D 组成，当不受力时，应变片的阻值不变，电桥平衡，输出为 0，当电桥因受重力作用而引起应变片的应变丝伸长或缩短时，其阻值变化为 ΔR，电桥不再平衡，而产生输出电压 ΔU，ΔU 的大小和受力大小成正比。因此，只要测量输出电压 ΔU，即可测量质量的大小。

三、测量电路

1. 放大器

测量电桥因受重力作用引起的输出电压 ΔU 很小，必须对这个电压进行放大。电压放大器由第四代斩波稳零运算放大器 ICL7650 组成。这是一个差动放大器，同相端和反相端的输

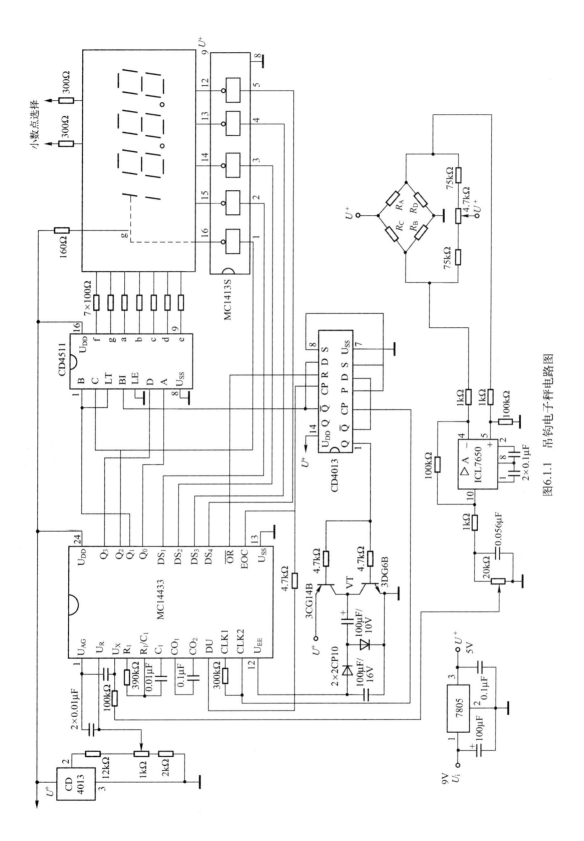

图 6.1.1 吊钩电子秤电路图

入电阻均为1kΩ,电桥的输出 ΔU 加到这两个端子上。同相端的分压电阻和反馈电阻均为100kΩ,这样取值,其电压放大倍数为100kΩ/1kΩ=100。如果称重量程为2000kg,取值100kΩ是合适的;若量程较小或较大,则应适当减小或增大这两个电阻。

ICL7650运放输出端后面接1kΩ电阻和0.056μF电容组成的简单的低通滤波器。

2. A/D 转换器

A/D转换器选择MC14433,它是一个3½位A/D转换器,既可用它组成数字电压表,也可以用它测量温度、压力等很多物理量。

经过放大的被测信号送入到U_X(第3脚)。U_X端的100kΩ电阻、U_X和U_{AG}(模拟地)间的0.01μF电容,同样组成一个低通滤波器。这里,MC14433的基准电压U_R和数字电压表的取值不同,它的"基准"很难事先确定,一般是经过调整的。基准电压U_R的值为333~500mV,根据满量程调节,能隙稳压电源1403的分压电阻应适当调节。

3. 超量程闪烁报警

MC14433具有信号溢出端$\overline{OR}$(15脚),$U_X < U_R$,即未超量程时,$\overline{OR}=1$,这是正常工作的情况。

为了报警超量程,这里设计一个超量程报警电路。选用一个双D触发器CD4013,报警电路只用了一个D触发器,D触发器的时钟由A/D的EOC(14脚)供给,EOC输出方脉冲,其脉冲宽度大约为16400个CLK(13、14脚)时钟脉冲,其频率较低,因此当D触发器报警时,人眼能看到闪烁现象。其工作原理如下:

当$U_X < U_R$,即未超量程时,$\overline{OR}=1$,使D触发器复位,$\overline{Q}$端置1,允许七段译码信号输出,显示被测量值。反之,当$U_X < U_R$,即超量时,$\overline{OR}=0$,复位信号解除,每接收一次EOC信号,$\overline{Q}$端状态就改变一次,当$\overline{Q}$端置0时,7段译码器输出为全0,显示屏全暗;当$\overline{Q}$端置1时,七段译码器有输出,使显示的数字出现闪烁,表示超过允许量限。$\overline{Q}$端接译码器CD4511的消隐端BI(4脚),当BI=0时,7段译码器输出为全0,即LED全熄灭;当BI=1时,按输入状态译码。因此数码管1888全亮全熄地闪烁,以示报警。

4. 电源

本电路由9V电池供电(也可用工频电源整流供电),但电路中各有源元器件的电源设计为5V,而且MC14433和ICL7650也要求提供±5V电源。+5V电源由集成稳压电路7805提供;-5V电源由3CG14B和3DG6B晶体管构成的达林顿管振荡器和倍压整流电路组成。达林顿管的输入由CD4013另一个D触发器的Q端提供信号,经倍压整流变成约-5V输入到MC14433的负电源端U_{EE}(12脚)。

运算放大器的电阻要求为高精度RJ金属膜电阻,其精度小于1%,电位器采用多圈电位器。

四、调试方法

调试时应加重物调试,重量应该是准确的。

当未称重,即输入为0时,电桥的输出应为0,调整电桥中的4.7kΩ电位器,使数码显示为"000";加1999kg(也可为其他值)重物,调整CD4013的1kΩ电位器和ICL7650的

20kΩ 电位器，使其显示为"1999"。其精度可达 1kg。根据需要接小数点。

除了闪烁报警外，最好是有声音报警。设计一个单稳态 555 振荡器，由 $\overline{OR}$ 端控制，一旦 $\overline{OR}=0$，触发振荡器使振荡，使扬声器发声，具体电路请读者自行考虑。

第二节　数字载荷仪

数字载荷仪是一种精密的袖珍仪表，配以各种传感器可以用来测量拉（压）力、应力、应变等，在机械、桥梁、建筑、船舶、铁路以及科研、国防领域获得了广泛的应用。

一、传感器

传感器使用电阻应变片，根据测试的需要，应变片可以接成单臂电桥、半桥和全桥。本测量电桥采用半桥方式。根据不同的测量对象，应变片的粘贴方式也不同。如测量水泥预制板承受载荷的能力，布片可以按图 6.2.1 所示方法粘贴。

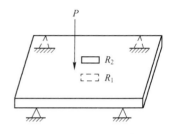

图 6.2.1　应变片的布置

二、测量电路

测量电路由测量电桥、测量放大器和 A/D 转换器等组成，如图 6.2.2 所示。

1. 测量电桥

应变片粘贴在被测物上，当被测物受到载荷作用时，产生机械变形，便引起应变片的变形，应变片的变形使敏感栅（应变丝）产生电阻的变化，使原来平衡的电桥失去平衡，产生一个输出电压 ΔU。在弹性范围内 ΔU 的大小与机械变形即电阻的变化 ΔR 成正比。

根据应变片电桥的理论，当 R_1、R_2 为应变片，R_3、R_4 为固定电阻（其阻值不随机械变形变化）组成半桥电路时，电桥的输出电压

$$\Delta U = \frac{U_i}{4}\left(\frac{\Delta R_1}{R_1} - \frac{\Delta R_2}{R_2}\right) = \frac{U_i}{4}\left[\frac{\Delta R}{R} - \left(\frac{\Delta R}{R}\right)\right]$$
$$= 2 \times \frac{U_i}{4}\frac{\Delta R}{R} \tag{6.2.1}$$

式中，U_i 为供桥电压（测量电桥的工作电压）；R 为应变片的初始电阻；ΔR 为应变片电阻的变化。可见，$\Delta U \propto \Delta R$。

测量水泥预制板时应选用栅长较长的应变片。

2. 测量放大器

电桥的输出电压 ΔU 较小，仅几毫伏或几百微伏，因此需要进行放大。使用通用运算放大器，由于其失调电压和漂移较大，有时甚至超过电桥的输出电压，使测量失去意义。本节的测量放大器采用斩波稳零高精度低漂移运算放大器 ICL7650，它的失调电压和漂移仅为几微伏。图 6.2.2 中的 ICL7650 接成差动电压放大器，$2 \times 0.1\mu F$ 电容用于防止电器自激。ICL7650 的输出端有两级 $1M\Omega - 0.1\mu F$ 的低通滤波器，ICL7650 内有开关调制电路，低通滤

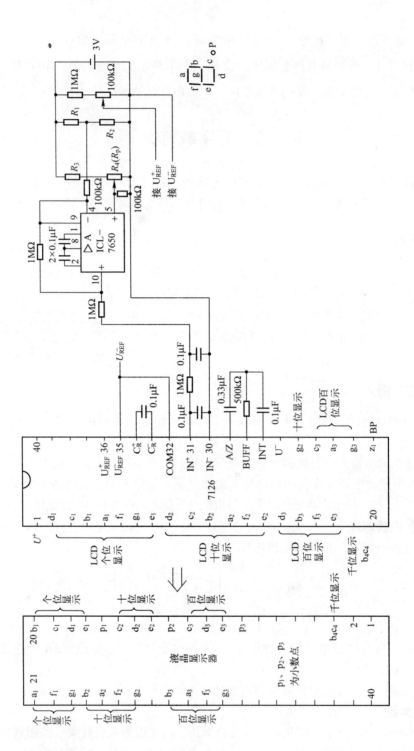

图6.2.2 数字载荷仪电路图

波器将由开关调制而产生的输出尖峰消除,这在许多高精度场合均要求采用,但它使电路的频带受到限制,一般都用于放大缓慢信号。

由于 ICL7650 的输入信号很小(几毫伏或几百微伏甚至几十微伏),因此,必须充分考虑印制电路板的绝缘性能,以充分体现 ICL7650 的高输入阻抗、低输入偏流的优点。为此,印制电路板必须用助焊剂 TCE 或酒精清洗,并用压缩空气吹干。但即使是清洗过并涂上保护层的印制电路板,输入引脚与相邻引脚之间因电位不同仍可能存在漏电,这种漏电可以用一个输入端保护环来有效地减少。

3. A/D 转换器

A/D 转换器使用 ICL7126,这是一个 $3\frac{1}{2}$ 位 A/D 转换器,与 ICL7106 基本相同。被 ICL7650 放大了的电桥输出电压送到 A/D 的两个输入端。A/D 转换器的计数值为

$$N = \frac{U_i}{U_{REF}} \times 1000 \tag{6.2.2}$$

三、调试方法

1. 调零

当载荷仪没有加载时,电桥的输出应为零,运放 ICL7650 的输出也应为零,但实际并非如此。因此,用 R_4 来调节运放的输出电压,使其在载荷为零的情况下,输出也为零。

2. 比例调节

在载荷板上加已知的适当载荷,如加 N 吨重物,由 $N = \frac{N_i}{U_{REF}} \times 1000$ 可知,U_i 即为运放的输出电压,U_{REF} 为 A/D 的参考电压,载荷一定时,U_i 也一定,要想使 N 吨载荷在显示器上也显示同数值,只有调节测量电桥中的 100kΩ 多圈电位器,即调节 U_{REF} 才能显示 N 值。

如果被测物很厚或很粗,则变形很小,因此本电路可测量的最大承载量能达 2000t。

第三节　磁电式数字扭矩测量仪

绝大多数的旋转机械的转轴都要带负载运行,转轴都要受到扭矩的作用,为了转轴的安全运转,需要对其设计进行验证,有的生产机械,如钻机就需要最大扭矩的报警。下面介绍扭矩测量问题。

一、工作原理

一根圆轴在扭矩 M_n 的作用下,其表面的剪应力为

$$\tau = \frac{M_n}{W_n} \tag{6.3.1}$$

式中,W_n 为圆轴的抗扭截面模量,对于实心圆轴,$W_n = \pi/16 d^3$;对于空心圆轴,$W_n = \pi/16(D_0^3 - \alpha d_0^3)$。其中,$d$ 为实心圆轴的直径;D_0 为空心圆轴的外径;d_0 为空心圆轴的内

径；$\alpha = d_0/D_0$。

在弹性范围内，对应剪应变为

$$\gamma = \frac{\tau}{G} = \frac{M_n}{GW_n} \tag{6.3.2}$$

式中，G 为剪切弹性模量。

同时，相距 L 的两个断面之间产生相对扭转角，其值可由下式确定：

$$\theta = \frac{L}{GJ_n}M_n \tag{6.3.3}$$

式中，J_n 为断面的极惯性矩，对于实心圆轴，$J_n = \pi/32 d^4$；对于空心圆轴，$J_n = \pi/32(D_0^4 - d_0^4)$。

从式（6.3.2）和式（6.3.3）可见，只要轴的尺寸 d 或 D_0、d_0 及 L 确定，材料的剪切弹性模量 G 一定，转轴的剪应变和相距 L 的两断面相对转角就只与扭矩有关，且成正比，即

$$\theta = KM_n \tag{6.3.4}$$

式中，K 为常数，$K = \frac{L}{GJ_n}$，所以 $\theta \propto M_n$，因此，只要测量 θ 即可确定 M_n。

二、传感器

磁电式传感器原理图如图 6.3.1 所示，将被测轴相距为 L 安装两个齿轮，齿数最好为 60，在齿轮的外缘固定两个电磁拾音器，即含有铁芯的微型线圈，线圈的连线与被测轴平行，两线圈端面与齿轮的距离相等。

当轴转动时，线圈相对于齿轮切割磁力线，线圈产生交变感应电动势，其波形为正弦波，其频率为

$$f = \frac{nZ}{60} \tag{6.3.5}$$

当齿数 $Z = 60$ 时，频率值等于转速值 n，即

$$f = n$$

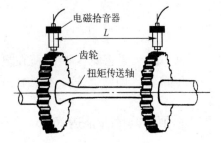

图 6.3.1 磁电式传感器原理图

三、测量电路

前述原理中已说明，可通过测量相位 θ 的方法来实现，测量转矩 M_n。

磁电式数字扭矩仪电路图如图 6.3.2 所示，其中的模拟电路是测量两个信号的相位差 θ 的电路，得到 θ 后再将其转化为电压，最后转化为转矩值。

1. 相位差测量电路

当被测量旋转时，传感器产生正弦波电动势，若转轴没有受到扭矩的作用，则两个正弦电动势应同相位。受到转矩作用时，放置传感器相距为 L 的两截面的相对转角为 θ，即为两正弦电动势的相位差。

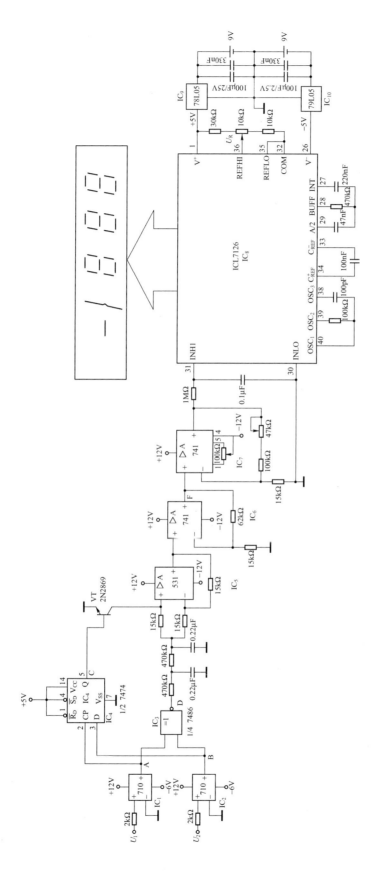

图6.3.2 磁电式数字扭矩仪电路图

IC_1、IC_2 为 710 电压比较器,它们组成零交比较器,IC_1 输入信号为 U_1,IC_2 输入信号为 U_2,U_1 与 U_2 相位差为 θ,如图 6.3.3(a)所示。对于 IC_1,当输入信号大于零($U_1>0$)时,输出为正向方波电压;当输入信号小于零($U_1<0$)时,输出为负向方波电压;当输入信号为零($U_1=0$)时,输出为零。比较器 710 输出的上限为 +3.2V,下限为 -0.5V,因此其输出和 TTL 逻辑相容。IC_2 工作情况和 IC_1 相同。IC_1、IC_2 的输出波形分别如图 6.3.3(b)、(c)所示。

将 A、B 波形输入到 TTL 异或门 7486,其输出波形如图 6.3.3(d)所示,波形 D 的脉冲宽度即为 U_1 与 U_2 的相位差 θ。

TTL 电路双 D 触发器 7474 其输入为 A、B,输出为高电平"1",它使 531 的同相端为"1"。如图 6.3.3(e)所示,当输入 U_1 超前输入 U_2 时,D 触发器输出为"1";当 U_1 滞后 U_2 时,D 输出为"0"。

如图 6.3.3(d)所示,当 D 的输出为"0"时,放大器 IC_6 的输出为正并与异或门输出的平均值成正比;当 D 输出为"1"时,IC_6 输出为负,IC_6 的输出仍与异或门的输出成正比。两种情况下的比例因数相等。因此,根据输出电压的正负,或者说根据显示器数值的正负可以确定转矩的方向。

如图 6.3.3(f)所示为 IC_6 的输出与相位差的关系曲线,该曲线是根据两信号的相位差 $0 \sim \pm 180°$ 做出的。在测量转矩过程中,相距 L 的两截面的扭角是很小的,转换成电压也很小。故用电压放大器 IC_6、IC_7 放大,IC_6 的电压增益约为 5,IC_7 的电压增益约为 10,即使这样,最后的输出电压也在 1V 以内。

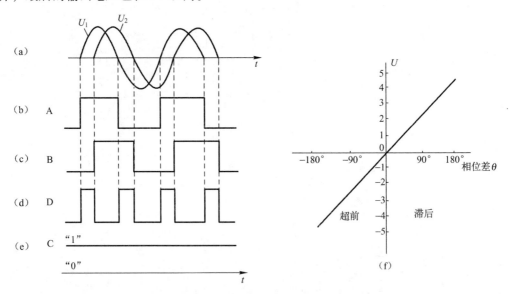

图 6.3.3 模拟电路各点的波形及 U-θ 曲线

2. A/D 转换

A/D 转换器为 ICL7126,它的引脚和 ICL7106 相同,可互换使用。因为转矩方向不同,所以 A/D 转换器的极性 POL(20 脚)应与液晶显示器的"-"号段相连。

四、调试方法

1. 调零

将 IC_1、IC_2 两输入端子相连,输入同一正弦信号,此时显示器应显示"0.00",否则应调节 IC_1 的 $100k\Omega$ 调零电位器,使显示为"0.00"。

2. 标定

常用的标定方法是用一条长度准确的横臂,一端有与被标定轴的轴径同样大小的孔,套在轴的一端并用键或螺栓固定,并设法将轴的一端固定,使其不能自由旋转。使横臂呈水平状态,在横臂的另一端用砝码加载,使轴受到一个扭矩,这一扭矩可以准确计算。调整 A/D 转换器的基准电压 U_R,调节 36 脚的滑动触头使显示器显示出这一扭矩。

U_R 应控制在 1V 以内,V^+ 与 COM 间的电压约为 2.8V,根据量程的大小,可以简单地设计出合适的 U_R。图 6.3.2 中的 U_R 调节范围为 0.56~1.12V。

第七章 可编程增益放大器

一般集成运算放大器的增益调节是由外电路元器件参数决定的，这给应用、调节、选择元器件等带来不便，本章介绍几种可编程运算放大器，其电路简单、应用方便。

第一节 PGA103 可编程增益放大器

PGA103（含其他 PG×××型号）是 BURR-BROWN（美国布尔－布朗公司）的产品，它的引脚排列如图 7.1.1 所示，是通用型可编程增益放大器，其增益为 1、10 和 100，由两个 CMOS/TTL 兼容的输入数字码进行数字编程选择。电源电压为 ±4.5 ～ ±18V，静态电流为 2.6mA，温度范围为 -40 ～ +125℃，采用 8 脚双列直插（DIP）塑料封装或 SO 表面封装。

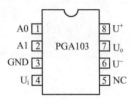

图 7.1.1　PGA103 的引脚排列

除了增益可编程外，PGA103 的主要特点是可处理宽动态范围信号，为高速电路提供了快速稳定时间。

其带宽随增益、电源电压而变，$A = 100$ 时，带宽为 250kHz。

下面介绍一些 PGA103 的基本应用电路。

一、基本电路

PGA103 的基本电路如图 7.1.2 所示。

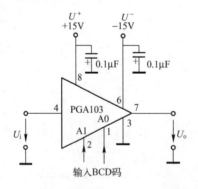

图 7.1.2　PGA103 的基本电路

应用 PGA103 时应注意以下几点：

① 使用双电源（这里用 ±15V），并用电容（0.1μF）对电源滤波。

② 输入信号加到 4 脚和 3 脚（地）之间，输出信号由 7 脚和 3 脚引出，$U_o = A_F U_i$。

③ 接地电阻要小,即印制板的地线要宽、短,以提供很低的接地电阻,否则将影响增益的精度,如接地电阻为 0.1Ω 时,增益将下降 0.2%。

④ 增益编程由图 7.1.2 右侧的表确定,但应排除 $A_1 = A_0 = 1$ 的情况,因为此时的输出为不确定状态。逻辑状态"1"的电平范围为 $1.2V \sim U^+$;"0"的电平范围为 $-5.6 \sim 0.8V$。

⑤ 数字输入无锁存,当数字逻辑变化时,输出立即为相应的增益。如需锁存则需外加锁存器。

二、可选增益电路

由 PGA103 组成的可选增益电路如图 7.1.3 所示。

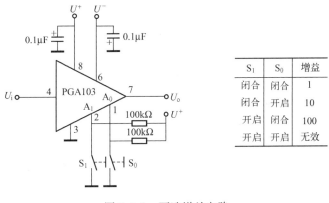

图 7.1.3 可选增益电路

将 PGA103 的编程端 A1 和 A0 用上拉电阻（$2 \times 100k\Omega$）接至电源 U^+,并通过微型开关 S_1、S_0 接地,可通过两开关的闭合与开启来选择运放的增益。

三、PGA103 失调电压校准电路

PGA 的增益 A_F 为 1、10、100 时都存在失调电压,一般低于 0.2mV。增益不同其失调电压也不同,为了使失调电压接近于零,一般采用如图 7.1.4 所示的失调电压校准电路。

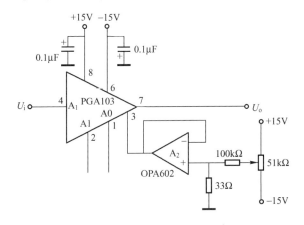

图 7.1.4 失调电压校准电路

在 PGA103 组成的基本放大器中，输入信号加在 4 脚和 3 脚（地）之间。调电压校准电路中，输入信号虽然也加在 4 脚与地之间，但 3 脚存在一个电压 U_{TRIM}，该电压由电压跟随器提供，因此 PGA103 运放的输出电压为 $U_o = A_F(U_i - U_{TRIM})$。调零时，将输入端对地短接，用 4½ 位数字电压表测量输出电压，应使其为零。

四、高输入电压放大器

在 PGA103 的输入端加接分压器，可以测量 ±120V 的信号，其电路如图 7.1.5 所示。

输入信号 U_i 的分压电阻，应选用高精度的电阻。二极管 VD_1 和 VD_2 起双向钳位作用，使加到输入端 4 脚的电压范围为 ±15 ~ ±0.7V。

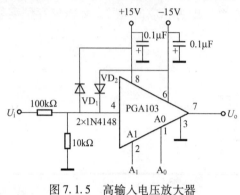

图 7.1.5 高输入电压放大器

五、可编程仪用放大器

可编程仪用放大器电路如图 7.1.6 所示，它的前置放大是用仪用放大器，输出级为可编程放大器。

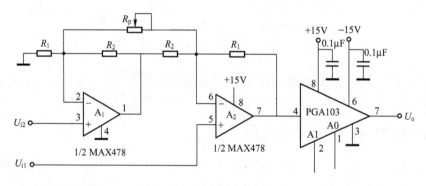

图 7.1.6 可编程仪用放大器

1. 仪用放大器

仪用放大器由 MAX478 组成，是单电源精密运算放大器，其主要特点如下：

① 最大供电电流为 17μA。

② 最大失调电压为 70μV。

③ 单电源工作，$U_S = 5V$。

④ 输入失调电流 $I_{io} = 0.05$nA（典型值）。

⑤ 偏置电流 $I_b = 3$nA（典型值）。

⑥ 差动输入电阻 $r_{id} = 2.0$GΩ，共模输入电阻 $r_{ic} = 12$GΩ。

⑦ 共模抑制比 $CMRR_C = 103$dB（最小为 93dB）。

⑧ 电源抑制比 $PSRR = 104$dB。

⑨ 大信号电压增益 $A_{VCL} = 200$V/mV（典型值），约为 106dB。

由以上特点可见，MAX478 是一个性能优良的精密运算放大器，性价比高（每只约 3 美元）。

MAX478 为双运放，和它性能相同的有 MAX479（四运放）。由 MAX478 组成的仪用放大器的闭环增益为

$$A_F = \frac{U_o}{U_{i1} - U_{i2}} = 1 + \frac{R_1}{R_2} + 2\frac{R_1}{R_p}$$

改变 R_p 可改变增益。

2. 可编程放大器 PGA103

可编程放大器 PGA103 的编程方法前面已详细介绍。它的编程增益有 1、10 和 100，因此，整个电路的增益分别为 A_F、$10A_F$ 和 $100A_F$，而 A_F 又是可连续改变的，这给应用带来方便。

第二节　增益可数字编程的仪用放大器 PGA202/203 的应用电路

一、简介

增益可数字编程的仪用放大器 PGA202/203 的引脚排列和内部电路框图如图 7.2.1 所示，PGA202 和 PGA203 的性能相同，只是编程增益不同。PGA202 的编程增益 $A_F = 1$、10、100，PGA203 的编程增益 $A_F = 1$、2、4、8。这两个单片仪用放大器的输入与 TTL/CMOS 兼容，可与 CPU 接口，在带宽范围内，其增益基本保持不变。它们的增益和失调电压采用激光校正，可用数码控制增益和电阻调节失调，使用方便。

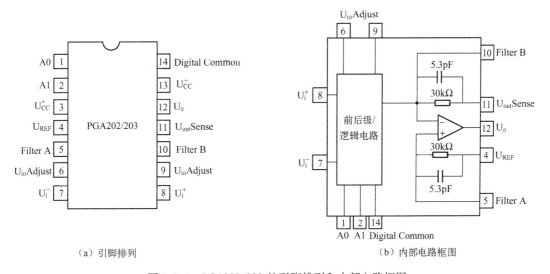

图 7.2.1　PGA202/203 的引脚排列和内部电路框图

PGA202/203 采用陶瓷封装和塑料封装，前者用于工业级温度范围，后者用于商业级温度范围。其引脚功能如下。

- U_{CC}^+、U_{CC}^-：3 脚、13 脚，分别为电源正端和电源负端；
- U_{io} Adjust：6 脚、9 脚，为输入失调电压调节端；
- U_i^+/U_i^-：8 脚/7 脚，分别为输入信号正、负端；
- U_o：12 脚，信号输出端；
- U_{out} Sense：11 脚，信号输出敏感端，常规用法是将此端接至输出端；
- Filte A、Filte B：5 脚、10 脚，分别为同相和反相滤波端；
- U_{REF}：4 脚，参考电压端；
- Digital Common：14 脚，数字地；
- A1、A0：2 脚、1 脚，逻辑数字可编程输入端。

二、应用电路

1. 基本可编程仪用放大器

基本可编程仪用放大器电路如图 7.2.2 所示，设计者或使用者应掌握以下电路的连接及其相关知识。

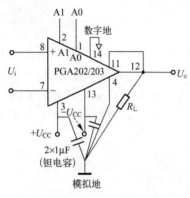

图 7.2.2 基本可编程仪用放大器

① 正电源和负电源均接 1μF 钽电容，用于旁路滤波，在印制板上，钽电容应尽量靠近芯片的电源引脚。

② 各元器件接地时采用"一点接地"方式，这一点就是模拟地，这样能避免外接元器件引入增益和 CMRR 误差。

③ 接入 U_{OUT} Sense（11 脚）和 U_{REF}（4 脚）的引线要短，以避免增益误差。

④ 不要在输出端到输入端和输出端到调节端之间跨接电容，以保持放大器的稳定。

⑤ 数字编程增益

在 A1 和 A0 端加入数字码的编程增益见表 7.2.1。

表 7.2.1　PGA202/203 数字码的编程增益

编　码		PGA202		PGA203	
A1	A0	增　益	误　差	增　益	误　差
0	0	1	0.05%	1	0.05%
0	1	10	0.05%	2	0.05%
1	0	100	0.05%	4	0.05%
1	1	1000	0.10%	8	0.05%

2. 失调电压校正电路

由于 PGA202 设计主要考虑可编程的特点，因此，在外界环境（温度、电源电压等）变化时，都存在一定的失调电压。图 7.2.3 所示为 PGA202 失调电压校正电路，图中用 R_{p1} 接在两个失调电压调节端（6 脚和 9 脚）之间。另外，在输出放大器（见图 7.2.1）的 U_{REF} 端接到电压跟随器 LM110 的输出端上，用电位器 R_{p2} 来调节 LM110 的 U^+ 的大小。LM110 为专用电压跟随器集成电压，它具有极低的输出电阻（0.75Ω）和良好的跟随特性。

具体调试方法是，用 4½ 位以上的数字电压表接在 PGA202 的输出端（12 脚）和模拟地之间，将两输入端短接，使 $U_i=0$，调节 R_{p1} 和 R_{p2} 使数显为零或接近于零。

3. PGA202 的噪声抑制电路

PGA202 的噪声抑制电路如图 7.2.4 所示。

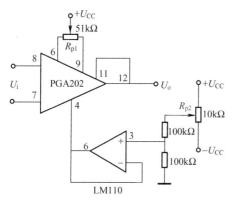
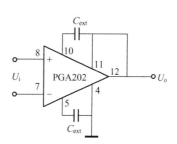

图 7.2.3　PGA202 失调电压校正电路　　　图 7.2.4　PGA 的噪声抑制电路

PGA202 内部无噪声专用抑噪电路，一般采用外接输出滤波电路，它是将两个滤波端 A 和 B（分别为内部放大器的同相输入端和反相输入端）外接一个电容器与内部电容（5.3pF）相并联，以抑制运放内部产生的噪声电压，主要是抑制较低频率的响应。

4. 自动量程切换电路

在测量测试领域常常需要自动切换量程的电路，以达到快速检测的目的。如图 7.2.5 所示自动量程切换电路为一简单的量程切换电路，它由可编程运算放大器 PGA202、双电压比较器 MAX922 和可逆（加/减）计数器 CD40193 等组成。

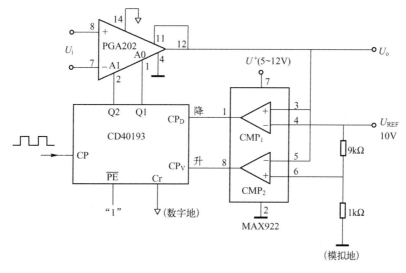

图 7.2.5　自动量程切换电路

当运放 PGA202 的放大倍数一定时,其输出信号电压随输入信号电压成正比地变化,当输入信号较大时,可能引起运放饱和,这时的测量结果是无意义的。电路中选定一个参考电压 $U_{REF} = 10.0V$,当 $U_o > 10V$ 时,比较器 CMP_1 正饱和,输出为"1",送到可逆计数器 CD40193 的减法计数的输入端,使计数器进行减法计数,可编程放大器的数字控制端 A1、A0 做减法编程,使输出电压下降;当 $U_o < [1/(9+1)] \times 10V = 1V$ 时,比较器 CMP_2 同样正饱和,其输出也为 1,使可逆计数器做加法运算,运放 PGA202 的编程增益增大,其输出也增大。这样,可使增益或输出维持在一定的范围之内。

5. 高通交流耦合差动可编程放大器

由 PGA202 组成的高通交流耦合差动可编程增益放大器电路如图 7.2.6 所示,它是由运放两个输入端加入 $1\mu F$ 电容和 $1M\Omega$ 电阻组成的。放大器电路的截止频率为

$$f_0 = \frac{1}{\pi R_1 C_1} = \frac{1}{2\pi R_2 C_2} = 0.16Hz$$

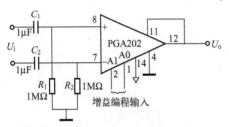

图 7.2.6 高通交流耦合差动可编程增益放大器

该电路能使高于 0.16Hz 的交流信号通过并放大,使低于 0.16Hz 的交流信号大大衰减。

该电路的设计要点是,根据对截止频率大小的要求,由公式 $f_0 = 1/(2\pi RC)$ 来确定 R、C 的值。

6. 低噪声可编程增益差动放大器

低噪声可编程增益差动放大器由 A_1 与 A_2 组成的差动放大器和由 A_3 组成的可编程增益放大器等组成,如图 7.2.7 所示。

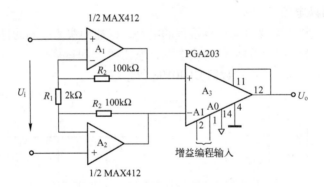

图 7.2.7 低噪声可编程增益差动放大器

A_1 与 A_2 由 MAX412 低噪声运算放大器组成,MAX412 为双运放,其噪声小于 $2.4nV/\sqrt{Hz}$,在低噪声运放中属于比较理想的。A_1 与 A_2 组成的差动运放,其增益为 $A_{F1} = 1 + 2R_2/R_1 = 101$;$A_3$ 的可编程增益为 1、2、4、8。因此,整个电路的可编程增益为 101、202、404、808,可根据设计要求确定具体的增益值。

7. 可编程级联放大器电路

将两个可编程放大器级联可得到更广泛的可编程增益,下面介绍一个级联电路。

将 PGA202 与 PGA203 串联,可得到 16 种可编程增益,这给应用带来很大方便。PGA202 与 PGA203 的级联电路如图 7.2.8 所示,增益见表 7.2.2。

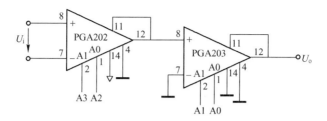

图 7.2.8　PGA202 与 PGA203 的级联电路

表 7.2.2　PGA202 与 PGA203 级联的增益

A3	A2	A1	A0	增益 A_F	A3	A2	A1	A0	增益 A_F
0	0	0	0	1	1	0	0	0	100
0	0	0	1	2	1	0	0	1	200
0	0	1	0	4	1	0	1	0	400
0	0	1	1	8	1	0	1	1	800
0	1	0	0	10	1	1	0	0	1000
0	1	0	1	20	1	1	0	1	2000
0	1	1	0	40	1	1	1	0	4000
0	1	1	1	80	1	1	1	1	8000

第三节　PGA204/205 可编程增益仪用放大器

一、简介

PGA204/205 是通用型仪用放大器，它的增益可以选择，由两条 CMOS 或 TTL 兼容的地址线 A1 和 A0 的编码确定；模拟输入端（U_i^+ 和 U_i^-）有过电压保护电路，可承受 ±40V 电压而不会损坏；内部采用激光校正技术，具有较低的失调电压（最大失调电压为 50μV）和漂移（0.25μV/℃）；具有高共模抑制比 $CMRR_R$（$A_F=1000$ 时为 115dB）；PGA204 可编程增益 $A_F=1$、10、100、1000；PGA205 可编程增益 $A_F=1$、2、4、8；工作电压为 ±4.5 ~ ±15V，静态电流较高（5mA），额定温度为 -40 ~ +85℃。

PGA204/205 采用 16 脚 DIP 塑料封装和 SOL-16 表面封装（贴片式），前者 DIP 封装的引脚排列如图 7.3.1 所示，其内部电路框图如图 7.3.2

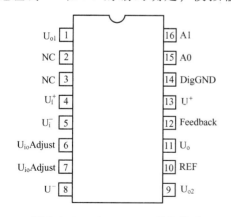

图 7.3.1　PGA204/205 引脚排列所示。

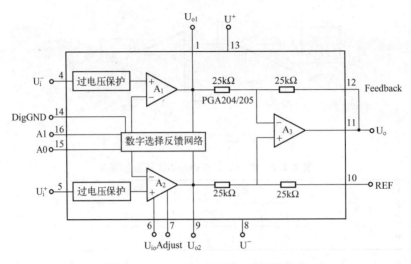

图 7.3.2 PGA204/205 的内部电路框图

引脚功能如下。
- U_i^+（5 脚）和 U_i^-（4 脚）：信号正、负输入端。
- A1（16 脚）和 A0（15 脚）：地址码输入端根据增益要求，输入 00～11。
- DigGND（14 脚）：数字地。
- REF（10 脚）：参考点，输出以 REF 为参考点，即模拟地。
- Feedback（12 脚）：反馈端，一般将此端接至输出端 U_o。
- U_{o1}（1 脚）和 U_{o2}（9 脚）：与数字选择反馈网络相连的前置级放大器 A_1 和 A_2 的输出端，不用时可开路。
- U^+（13 脚）和 U^-（8 脚）：正、负电源端，电源电压范围为 ±4.5～±15V，应用时应接旁路滤波电容。
- U_{io}Adjust（6/7 脚）：失调电压调节端。
- U_o（11 脚）：信号电压输出端。

二、应用电路

1. PGA204/205 基本放大器

PGA204/205 基本放大器电路如图 7.3.3 所示。这是设计、使用 PGA204/205 的最基本连接电路。

下面介绍 PGA204/205 的设计、使用要点。

（1）电源电压

PGA204/205 的电源电压范围较广，±4.5～±15V 均可。在高内阻电源或电源含有噪声电压时，电源端要接旁路滤波电容，滤波电容在印制板上的位置要尽可能靠近电源引脚，以滤掉噪声。

（2）关于模拟地和数字地

① 模拟地是正电源 U^+ 和负电源 U^- 的参考点，如图 7.3.4 所示，即 U^+ 对 A 点的电位为 +15V，U^- 对 A 点的电位为 -15V。在本电路中，数字地可接到负电源 U^-。

② 在很多电路中，其内部有模拟电路和数字电路，模拟电路有几个参考点，实行"一点连接"，这就是模拟地，即 A-GND；数字电路也有几个参考点，也实行"一点连接"，这就是数字地，即 D-GND。在电路装配中，印制板的多个模拟地集中于一点（A-GND），多个数字地集中于一点（D-GND），然后将 A-GND 和 D-GND 相连。

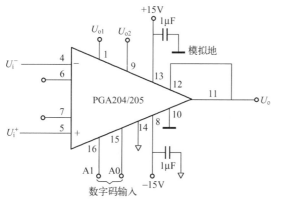 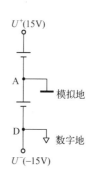

图 7.3.3　PGA204/205 基本放大器　　图 7.3.4　模拟地和数字地

③ 一般将参考端 REF（10 脚）作为模拟地的参考点。在印制板上的模拟地（10 脚）应用较宽的敷铜板条，以保证接地电阻必须是很低的电阻，否则将影响 CMRR。一般情况下，PGA204/205 的共模抑制比较高（$A_F = 1000$ 时，CMRR = 115dB）。

④ 正常工作时，反馈端 Feedback（12 脚）必须与输出端 U_o（11 脚）连接，否则，不能将输出电压反馈至 A_3 的反相端，无法将 A_3 接成差动仪用放大器。Feedback 用于直接检测输出电压在负载两端压降的情况，以确保最佳精度。

⑤ 数字输入端 A1、A0 为地址码输入端，从 00～11，PGA204 分别对应增益为 1、10、100、1000，PGA205 分别对应增益为 1、2、4、8。当 A1 A0 为 00 时，增益 $A_F = 1$，此时，输出的拉电流（流出）为 1μA；当 A1 A0 为 11 时，输出端的灌电流（流入）几乎为零。A1 A0 为 11 时的高电平比数字地电位高 2V 以上，而数字地可以连接比正电源（U^+）低 4V 的任意负电源（U^-）。换言之，正电源接 U^+，负电源接 $U^+ - 4V$。通常，将数字地与电路地（模拟地）连接。数字地与模拟地分开，数字电流不会影响模拟信号。

⑥ 数字输入端无锁存，当数字逻辑输入发生变化时，输出端立即选择相应增益的输出电压，其响应时间仅为 1μs。用于数据采集时，数字输入端应外加锁存器，以隔离敏感的模拟信号与高速数据总线，满足模拟信号与高速数据总线连接的需求。

2. PGA204/205 失调电压调节电路

PGA204/205 的输入级（A_1 和 A_2）和输出级（A_3）采用激光校准技术，具有很低的失调电压和漂移，在许多应用中不需另设计外电路来校正失调电压。但是，在要求较高的场合，需要非常小的失调，以满足高精度的要求。失调电压调节电路如图 7.3.5 所示。

在输入级的两个调节端子（6 脚和 7 脚）外接 200kΩ～1MΩ 的电位器 R_{p1} 来调节输入失调电压。调节 R_{p1} 只能校正运算放大器本身的失调电压。对于运算放大器电路系统和传感器失调的校正，在输出运放 A_3 的 U_{REF}（10 脚）端接电压跟随器的输出端，可调节 R_{p2} 来达到校正的目的。

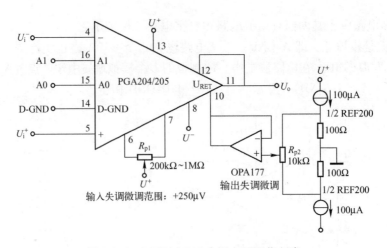

图 7.3.5　PGA204/205 失调电压调节电路

（1）对于输入失调的调节

在运放的输出端接一个高精度（4½位以上）数字电压表，将可编程增益设定为最大（PGA204 为 1000，PGA205 为 8），将两个输入端对地短接，调节 R_{p1} 使输出电压为零。

（2）对于输出失调的调节

在校准输入失调的基础上，在输出端接高精度数字电压表，设定各个编程增益，反复调节 R_{p2} 使输出为零。输出失调的调节主要用于系统和传感器的校正，对漂移性能没有影响。

图 7.3.5 中的两个 100μA 的恒流源可用两只国产 4DH1 代替，它的恒流为 0.005～0.1mA；也可以用两个 150kΩ 的电阻代替（ $\pm U = \pm 15V$ 情况下），只是效果不如恒流源。

3. 开关选择可编程增益电路

开关选择可编程增益电路如图 7.3.6 所示。电路用一个单刀四掷开关 S 来选择可编程增益，数字编码端 A1 和 A0 都接一个上拉电阻（51kΩ）至正电源 U^+。当开关 S 不接触 B、C 时，由于 B、C 悬空，A1 = 1，A0 = 1；当开关 S 接入 B 或 C 时，则 A1 = 0，A0 = 0。二极管 VD_1 与 VD_2 起限制反向电流作用。图中的 D 悬空。

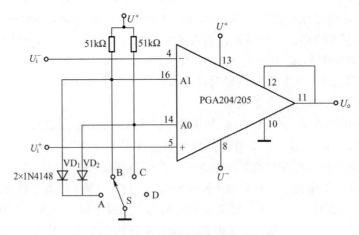

图 7.3.6　开关选择可编程增益电路

开关 S 的位置与增益选择见表 7.3.1。

表 7.3.1 开关 S 的位置与增益选择

开关 S 的位置	编码		增益 A_F	
	A1	A0	PGA204	PGA205
A	0	0	1	1
B	0	1	10	2
C	1	0	100	3
D	1	1	1000	4

4. 多路输入可编程增益放大器电路

多路输入可编程增益放大器电路由双四路模拟开关 CD4052、双四位锁存 D 形触发器 CD4508 和 PGA204/205 等组成，如图 7.3.7 所示。

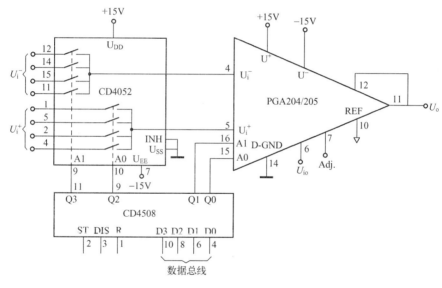

图 7.3.7 多路输入可编程增益放大器电路

CD4052 内含两个 4 路模拟开关，它们的 4 个输入端并联后分别接到信号源的 U_i^- 和 U_i^+ 上，各个模拟开关由地址码控制其通断，而且两组开关的通断都是同步对应进行的。例如，当地址码为 00 时，12 脚和 1 脚的开关同时闭合；当地址码为 11 时，11 脚和 4 脚的开关同时闭合。

CD4508 内含两组 4 位锁存 D 形触发器，本电路只使用其中的一组。4 个输入数据来自数据总线，CD4508 将数据传递到它的输出端 Q0~Q3，这是锁存的信号，Q0~Q3 中的两个（Q1 和 Q0）接至 PGA204/205 的地址输入端，另两个（Q2 和 Q3）接至 CD4052 的地址输入端，这样，可将输入信号按可编程增益进行放大。

CD4052 可由 HI509 代换，CD4508 可由 74HC574 代换。

5. 屏蔽驱动电路

经常会遇到微弱信号通过电缆接入 PGA204/205 等运算放大器的情况，由于屏蔽层与芯线之间存在分布电容，所以通过电容耦合会引起一些电磁干扰。实践证明，如果在屏蔽层上加上一定的电位，则可大大减少这种干扰，其屏蔽驱动电路如图 7.3.8 所示。电路主要由 OPA177 电压跟随器组成的屏蔽驱动器构成，它是将 PGA204/205 内部的前置级差动运放的输出 U_{o1} 和 U_{o2} 分别接入一个 20kΩ 的电阻，送到电压跟随器同相端的一种电路。跟随器的输出接到电缆的屏蔽层上，使屏蔽层的电位提高（很多应用是将屏蔽层接地），以达到消除干扰的目的。

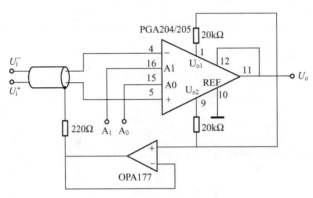

图 7.3.8 屏蔽驱动电路

6. 交流可编程增益放大器电路

PGA204/205 交流可编程增益放大器电路如图 7.3.9 所示。表面看来，这似乎不是一个交流耦合放大器，因为它的输入端未接阻容耦合电路，其实不然。由 PGA204/205 内部框图可知，REF（10 脚）和 A_3 的同相端相连。图 7.3.9 电路中 PGA204/205 内部的 A_3 输入端 REF 外接阻容元件 RC，通过运放 A_2（LF351）负反馈至 REF 端，因此它是 PGA204/205 内部的 A_3 组成的交流放大器电路。RC 的 −3dB 截止频率 $f_{-3dB}=1/(2\pi RC)$，该电路具有高通滤波特性，即输入信号中高于 $f=1/(2\pi RC)=1.59\text{Hz}$ 的频率信号均可通过放大器进行放大，低于 1.59Hz 信号将大大衰减。

A_2 与 RC 组成高通滤波器，要求 A_2 的带宽较宽，以适应对低频到高频信号的放大。A_2 选用 LF351/F351，它是宽带放大器，其增益频带乘积 GB 为 4MHz，可满足一般交流信号的要求。

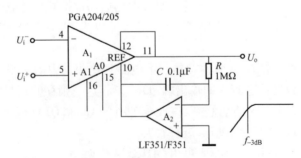

图 7.3.9 交流可编程增益放大器电路

7. 2^N 可编程增益放大器

2^N（$N=0\sim6$）可编程增益放大器由两个 PGA205 级联而成，如图 7.3.10 所示，它的增益 A_F 与地址编码 A4A3A2A1 的关系见表 7.3.2。

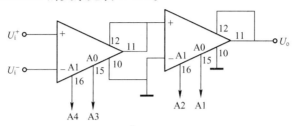

图 7.3.10　2^N 可编程增益放大器

表 7.3.2　2^N 放大器地址码与增益的关系

A4	A3	A2	A1	$A_F = 2^N$
0	0	0	0	1
0	0	0	1	2
0	0	1	0	4
0	0	1	1	8
0	1	1	1	16
1	0	1	1	32
1	1	1	1	64

8. 提供输入共模电流通道的电路

PGA204/205 具有很高的阻抗（$10^{10}\Omega$），其输入偏流极小（典型值 ±1nA），因此必须给两个输入端的偏流提供一个通路，否则，输入端将悬浮，使其超过共模范围，输入级 A_1 和 A_2 将处于饱和状态。

对于不同的信号源采取不同的措施，如图 7.3.11 所示为 4 种不同的信号源提供输入共模电流通道的电路。

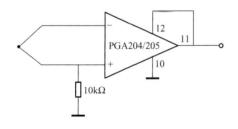 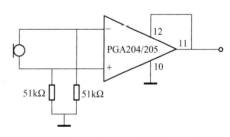

（a）低阻信号源（热电偶等）　　　　　　　　（b）高阻信号源（微音器、水听器等）
　　外接电阻提供偏流通路　　　　　　　　　　　由两外接电阻提供偏流通路

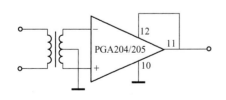 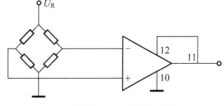

（c）变压器二次绕组中点提供偏流通路　　　　（d）信号源本身提供偏流通路

图 7.3.11　提供输入共模电流通道的电路

如图7.3.11（a）所示为低阻信号源，如热电偶、铜热电阻等，在运放的一个输入端接入一个电阻即可；如图7.3.11（b）所示为高阻信号源，如微音器、水听器等高内阻传感器、转换器，在运放的两个输入端均接入一个电阻（51kΩ）；如图7.3.11（c）所示为变压器式传感器，其二次绕组中心抽头接地即可提供偏流通路；如图7.3.11（d）所示为应变电桥输入电路，将电桥的一端接地，可通过桥臂电阻提供偏流。

9. PGA206/207 高速可编程增益放大器

PGA206/207 为16脚DIP（双列直插）塑料封装和SOL-16表面封装集成电路，其引脚排列和内部电路框图与PGA204/205相同（见图7.3.1和图7.3.2）。PGA206/207可用于数据采集，其快速稳定时间在多路数据采集中能高效工作。它们的增益选择由地址码决定。

PGA206 和 PGA207 组成的高速可编程增益放大器如图7.3.12所示。

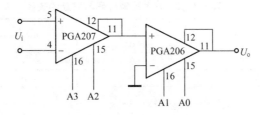

图7.3.12　PGA206和PGA207组成的高速可编程增益放大器

PGA206的增益 $A_{F2}=1、2、4、8$，PGA207的增益 $A_{F1}=1、2、5、10$，它们级联后的可编程增益见表7.3.3。需注意，欲级联成高速放大器，两芯片必须都是高速的。

表7.3.3　PGA207与PGA206级联放大器的编程增益

PGA207			PGA206			总　增　益
A3	A2	A_{F1}	A1	A0	A_{F2}	$A_F = A_{F1}A_{F2}$
0	0	1	0	0	1	1
0	1	2	0	0	1	2
0	1	2	0	1	2	4
1	1	5	0	0	1	5
0	1	2	1	0	4	8
1	1	10	0	0	1	10
0	1	2	1	1	8	16
1	0	5	1	0	4	20
1	1	10	1	0	4	40
1	1	10	1	1	8	80

第四节　数控增益放大器

本节介绍两种数控增益运算放大器的设计方法。

一、3 位二进制数控增益放大器

由反相器 CD4069 和运算放大器 CA3130 组成的 3 位二进制数控增益放大器电路如图 7.4.1（a）所示，它有 8 种不同增益。例如，当 C = 0、B = 0、A = 1 时，IC_1 输出为 0，VD_1 导通，将 R_1 接地，VD_2、VD_3 截止，忽略 VD_1 和 IC_1 的导通电阻，电路的增益为 $A_F ≈ 1 + R_F/R_1 = 1 + 33/10 = 4.3$；当 C = 1、B = 1、C = 1 时，反相端的输入电阻近似为 $R_i = 10kΩ//15kΩ//20kΩ = 4.6kΩ$，$A_F ≈ 1 + 33/4.6 = 8.2$；当 C = 0、B = 0、A = 0 时，运放成为电压跟随器，$A_F = 1$。因此，此电路的数控增益范围为 1~8.2。

二、4 位二进制数控增益放大器

由双向模拟开关 MAX4066 和运放 CA3130 组成的 4 位二进制数控增益放大器电路如图 7.4.1（b）所示。当 D、C、B、A 取不同数值时，电阻反馈网络的电阻值及其所对应的闭环增益见表 7.4.1。可以看出，电路的增益依次为 1，2，…，15，由 $4R_{ON}/250kΩ$ 确定，R_{ON} 为 MAX4066 内部 MOS 开关管漏－源导通电阻，$R_{ON} = 45Ω$（最大值）。和 MAX4066 功能相同的 CD4066/CD4016 的 R_{ON} 比 MAX4066 大一些，对增益的影响也比 MAX4066 大。

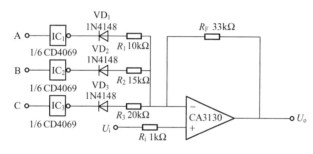

（a）3位二进制数控增益放大器

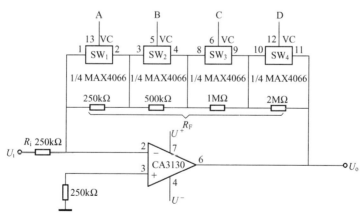

（b）4位二进制数控增益放大器

图 7.4.1 数控增益放大器

表 7.4.1 输入数字量与相对应的电阻网络电阻、放大器增益的关系

输入二进制数				电阻值/MΩ	放大器增益 A_F	输入二进制数				电阻值/MΩ	放大器增益 A_F
D	C	B	A			D	C	B	A		
0	0	0	0	3.75	15	1	0	0	0	1.75	7
0	0	0	1	3.50	14	1	0	0	1	1.50	6
0	0	1	0	3.25	13	1	0	1	0	1.25	5
0	0	1	1	3.00	12	1	0	1	1	1.00	4
0	1	0	0	2.75	11	1	1	0	0	0.75	3
0	1	0	1	2.50	10	1	1	0	1	0.50	2
0	1	1	0	2.25	9	1	1	1	0	0.25	1
0	1	1	1	2.00	8	1	1	1	1	$4R_{ON} \approx 180\Omega$	$A_F \approx 4R_{ON}/250\mathrm{k}\Omega$

当 D=0、C=0、B=0、A=1 时,模拟开关 SW_4、SW_3、SW_2 的控制端 VC 均为 "0",它们的输入端与输出端不导通,但 SW_1 的控制端 VC=1,将 25kΩ 电阻短路,因此,反馈电阻 R_F = 500kΩ + 1MΩ + 2MΩ = 3.5MΩ,$A_F = -R_F/R_i$ = -3.5MΩ/0.25MΩ = -14。

第五节 数字电位器 MAX5431 应用电路——可编程放大器

一、简介

MAX5431 是美信公司生产的数字电位器,是一种用于增益可编程的精密分压器。

1. 特点

① 工作电压为单电源 +12 ~ +15V 或双电源 ±(12 ~ 15)V。
② 用于同相放大器,其增益为 1、2、4、8,用数字逻辑码来选择增益。
③ 分压比精度可达 0.025%。
④ 在芯片上集成了运放偏置电流补偿匹配电阻。
⑤ 工作电流小,典型值为 35μA。
⑥ 与 CMOS、TTL 电平兼容,即并行接口 D1 和 D0 可接收 CMOS、TTL 电路的逻辑电平。
⑦ 工作温度为 -40 ~ +85℃。
⑧ 10 引脚 μMAX 封装。

2. 引脚排列及功能

MAX5431 的引脚排列如图 7.5.1 (a) 所示,内部电路如图 7.5.1 (b) 所示,主要由四选一译码器、4 个模拟开关和 4 个分压器电阻组成。

主要引脚功能如下:

- Match-H (2 脚) 和 Match-L (6 脚):两脚之间有一个匹配电阻,用于补偿运算放大器由于输入偏置电源引起的失调电压。输入电压由 Match-H 输入。
- H (4 脚):分压器电阻高端,L (5 脚) 为分压器电阻低端。
- U_{DD} (1 脚):电源正端,U_{SS} (7 脚) 为电源负端。若用单电源,则 U_{SS} 应接地。
- S (8 脚):与内部电路的 S_1、S_2、S_3、S_4 分别组成 4 个模拟开关。开关的接通与关断由 D1 和 D0 的输入电平来决定,详细工作原理如图 7.5.1 (c) 所示。

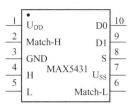
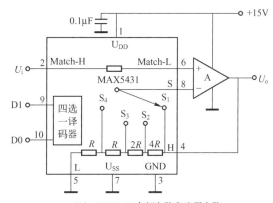

(a) MAX5431的引脚排列　　　(b) MAX5431内部电路和应用电路

输入电平		S与S_i(i=1,2,3,4)连接	运放增益
D1	D0		
0	0	S与S_1	1
0	1	S与S_2	2
1	0	S与S_3	4
1	1	S与S_4	8

(c) 工作原理

图 7.5.1　MAX5431 的引脚排列、内部电路和应用电路及工作原理

二、MAX5431 的应用电路

MAX5431 的典型应用电路——可编程放大器的电路见图 7.5.1（b），其工作原理是由外接逻辑电平来控制放大器的增益，当 D1 = 0、D0 = 0 时，模拟开关 S 与 S_1 相接，运放的增益为 1，具体分析如下：

① D1 = 0、D0 = 0 时，S 接 S_1，$R_F = 0$，$R_{IN} = 4R + 2R + R + R = 8R$，有

$$A_F = 1 + \frac{R_F}{R_{IN}} = 1 \,(\text{为电压跟随器})$$

② D1 = 0、D0 = 1 时，S 接 S_2，$R_F = 4R$，$R_{IN} = 2R + R + R = 4R$，有

$$A_F = 1 + \frac{R_F}{R_{IN}} = 1 + \frac{4R}{4R} = 2$$

③ D1 = 1、D0 = 0 时，S 接 S_3，$R_F = 6R$，$R_{IN} = 2R$，有

$$A_F = 1 + \frac{R_F}{R_{IN}} = 4$$

④ D1 = 1、D0 = 1 时，S 接 S_4，$R_F = 7R$，$R_{IN} = R$，有

$$A_F = 1 + \frac{R_F}{R_{IN}} = 8$$

与 MAX5431 数字电位器相似的还有 MAX5430。

下 篇
非线性电路及其应用

非线性电路是电路的输出量与输入量（包括自激量）不成正比，即不呈线性关系的电路。

非线性电路范围很广，被应用到工农业生产、科研、国防、日常生活等各领域。包括数字电路在内的非线性电路经常设计成各种应用电路。

本篇介绍了多种非线性应用电路：信号产生电路（正弦波振荡器、函数发生器、晶体振荡器、脉宽调制器（PWM）、多谐振荡器等）、LED 灯、无触点开关、定时器、触摸开关、MOSFET 应用电路、稳压电路和其他各种应用电路。这些电路多采用普通、易购、廉价的电子元器件设计而成。许多电路有原理叙述，只有掌握了电路原理，才能举一反三，自行设计出更好的应用电路。不少电路不仅叙述了原理，还有设计、调试方法，为读者实践提供了方便。

第八章 正弦波振荡器

正弦波振荡器在各个科学技术领域和国民经济中的应用十分广泛。例如，放大器调试和音频电路调试都需要正弦波信号源；在工业上，超声波焊接、高频感应加热、熔炼、淬火等都需要大功率高频正弦波电源；在家用电路中也大都需要正弦波振荡器。

本章介绍各种正弦波发生器，供读者参考。

第一节 文氏电桥振荡器

文氏电桥振荡器如图 8.1.1 所示，它产生正弦波。反馈施加于运算放大器的两输入端。R_1-C_1 和 R_2-C_2 选频网络均接入同相端提供正反馈，负反馈经由 R_3、R_p 和 R_4 到反相端。为了维持振荡，正反馈必须大于负反馈，电路利用电位器 R_p 来减小负反馈，使电路振荡。调节 R_p 产生振荡后，电抗和阻抗的比值决定了适当的正反馈量，如果频率开始减小，则 C_1 的电抗变大，正反馈减小；同理，如果频率开始增大，则 C_2 的电抗变小，更多的正反馈被分流接地。因此，振荡器在网络的作用下被迫按谐振频率工作。

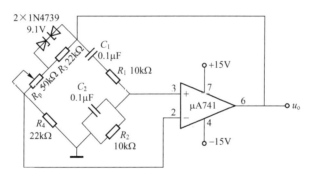

图 8.1.1 文氏电桥振荡器

正反馈导致输出电压增大，直到运放固定于饱和状态。为了防止饱和使电路有效工作，采用两只稳压二极管，使它面对面或背靠背串联后与 R_3 并联。当输出电压上升，高于齐纳电压点时，根据输出极性，其中一个稳压管导通。由于这只导通二极管与 R_3 并联，因此导致负反馈电路的阻抗降低，使运放的负反馈增大，因此输出电压被控制在一定的电平上。

输出频率由下列公式计算：

$$f_{out} = \frac{1}{2\pi\sqrt{R_1R_2C_1C_2}}$$

当 $R_1 = R_2 = R$、$C_1 = C_2 = C$ 时，$f_{out} = \frac{1}{2\pi RC}$。

本电路的输出频率约为160Hz。

第二节 文氏电桥振荡器应用电路

文氏电桥振荡器应用电路如图8.2.1所示。该电路使用一个μA741运算放大器，用一对反向并联的二极管VD_1和VD_2作为非线性元件，来稳定输出信号的幅度，当输出信号的峰–峰值为10V时，波形失真小于0.2%。

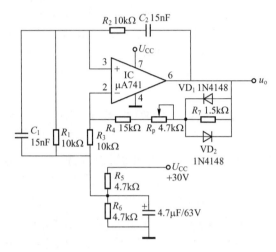

图8.2.1 文氏电桥振荡器应用电路

幅度稳定网络由VD_1、VD_2、R_p、R_4、R_3和R_7组成，电位器R_p可设置输出信号的幅度，按图示电路连接方式，如R_p调得过小，则电路将停振。增加R_7的值，可以扩大R_p的调节范围。

当$R_1 = R_2 = R$、$C_1 = C_2 = C$时，$f = 1/(2\pi RC)$；$C = 15\text{nF}$、$R = 10\text{k}\Omega$时，电路的振荡频率约为1kHz。

电源为+30V，如使用±15V平衡电源，则可将R_5、R_6及电容C_2省略。

运放μA741可用LM324代替，需注意其引脚排列与μA741不同。

第三节 频率可调的正弦振荡器

频率可调的正弦振荡器电路如图8.3.1所示。这个电路和标准的文氏电桥振荡器不同之处是，它不用同轴双联电位器调频，而只用R_{p1}调节频率。按图中的电路参数，电路的振荡频率在340Hz～3.4kHz变化。

基本的文氏电桥元件是R_1、C_1和$(R_2 + R_{p1})$、C_2。电路的3倍衰减由IC_1补偿。IC_2和二极管VD_1、VD_2实现稳幅，保证输出信号幅度的稳定，用R_{p2}调节输出信号的幅度。

若IC_1的2脚为"虚地"，则电路的振荡频率为

$$f = 1/[2\pi\sqrt{R_1 C_1 (R_2 + R_{p1})C_2}]$$

电路空载时，电源电流为4mA，当使用±15V电源时，输出的峰值电压为9.4V。

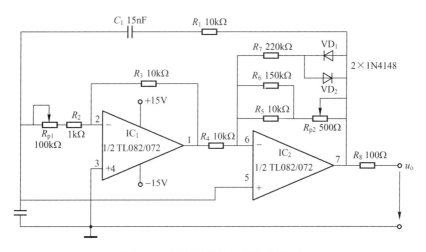

图 8.3.1 频率可调的正弦振荡器电路

调试方法：调节 R_{p2}，使输出电平刚好低于电源电压，并使失真最小。

第四节 正弦波发生器

该正弦波发生器的核心器件是 LM348，它包含四个 741 运算放大器，其性能和单个 741 完全相同，IC_b 和 IC_c 连接成积分器，IC_b 和 IC_c 各提供 90°的相移，IC_a 提供 180°的相移，环路总相移为 360°，满足振荡器的相位条件，场效应管 VT 控制环路增益，电路的振幅条件很容易满足。正弦波发生器电路如图 8.4.1 所示。

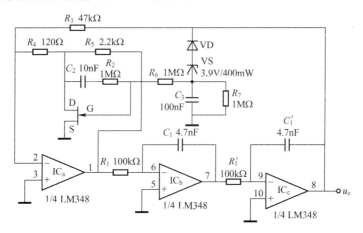

图 8.4.1 正弦波发生器电路

图 8.4.1 中，$R_1 = R_1' = R$，$C_1 = C_1' = C$，电路的振荡频 $f = 1/(2\pi RC)$。
振荡器的输出频率非常稳定，输出振幅约为 4.5V。
实测电路的振荡频 300Hz 左右，若调节频率，则可用同轴双电位器调节 R_1 和 R_1'。
运放使用 ±15V 电源；场效应管用结型的，如 3DJ6G、BF256A 等。

第五节 正交信号发生器

正交信号是两种正弦波信号,其频率相同,相位相差90°,有时在电子电路中需要正交信号。

正交信号发生器电路如图8.5.1所示。

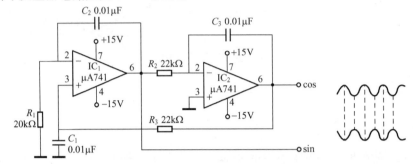

图8.5.1 正交信号发生器电路

电路由两个积分器构成,包含有正反馈支路(R_3)。正弦信号由IC_1输出,余弦信号由IC_2输出,由于这一级积分器的相差为90°,所以余弦信号相对于正弦信号而言相位差为90°。

电阻R_1取值比R_3略小一些,以保证电路能可靠起振。如果R_1取值过小,则输出信号被削波,以致接近于方波信号。如果用一个电位来代替它,则可得到最小失真的正弦输出信号。

输出信号峰值接近于运放输出电压的饱和值。

如果$R_2=R_3$,而且$R_1<R_3$,$C_1=C_2=C_3$,则$f\approx\dfrac{1}{2\pi R_2 C_2}$。

第六节 稳定的正弦波发生器

通常的正弦波发生器输出波形很好,但信号的稳定性不是很好。

该电路能改善正弦波发生器输出信号的稳定性。改善电路由两个串联的稳压二极管VD_1和VD_2组成。

如图8.6.1所示,振荡电路由三部分组成:IC_1、R_1、R_5、C_1和C_2组成一个二阶低通滤波器;R_2和C_3组成一个一阶低通滤波器;IC_2、R_3和C_4组成一个积分器。R_4、VS_1和VS_2对反馈信号进行峰值限幅,使反馈信号的幅值保持不变,所以电路的输出信号的幅值也保持稳定不变。

电路有两个输出端A和B,两者的输出信号相差90°相移,构成了正交信号发生器。B端的输出信号波形比A端输出信号波形稍好。

电路的输出频率为3.3kHz左右,峰值为11V。

成正比地改变C_1、C_2和C_3的容值可以改变振荡频率。

R_1、R_2、R_5、C_1、C_2和C_3的精度要求为1%,以保持振荡频率的精度。

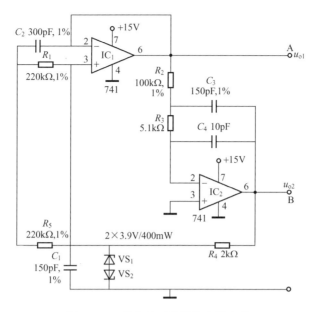

图 8.6.1 稳定的正弦波发生器电路

运放 μA741 的电源为 +15V，可用 15V 以上的电源。

第七节 经典的正弦波发生器

图 8.7.1 所示电路是一个经典的正弦波发生器，电路输出信号相当稳定，其输出电阻低，可作为信号源来用。

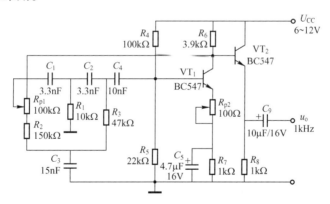

图 8.7.1 经典的正弦波发生器电路

电路的输出信号频率为 1kHz，通过适当的调节，信号的失真变小于 1%，电路作为信号源可用于音频电路测试等。

电路的选频网络采用双 T 形，振荡器 VT_1 的集电极信号输入到 VT_2，VT_2 为射极输出器，这就保证了电路的输出电阻很低。

电位器 R_{p1} 用于调节输出信号的频率；电位器 R_{p2} 用于调节输出信号的失真。减小 R_{p2} 的值，输出信号的幅度增大，但失真也增加；增大 R_{p2} 的值，输出信号的失真减小，但 R_{p2} 增大到一定程度时可能使电路停振。电路的输出信号的幅值为 1.5~3V。

电路的供电电源可在 6~12V 选择，消耗功率较小。

调试方法：将示波器接到电路的输出端，调节 R_{p2}，使输出信号的失真最小，此后应将 R_{p2} 锁定。

第八节 输出频率可调的文氏电桥振荡器

文氏电桥由运放 IC_b 和 R_1、C_1、R_{p1} 和 C_2 等组成，调节 R_p 可改变电路的输出频率；IC_a 组成放大电路。振荡器电路如图 8.8.1 所示。

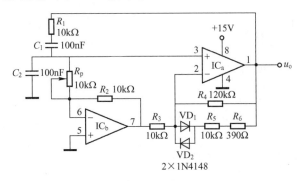

图 8.8.1 输出频率可调的文氏电桥振荡器电路

IC_b 反相端给电位器 R_p 提供了"虚地"。振荡器输出信号频率 $f = \dfrac{1}{2\pi\sqrt{R_1C_1C_2R_p}}$，电桥网络在频率为 f 时的增益为 $|H| = \dfrac{R_p}{2R_p + R_1}$，$IC_b$ 的增益为 R_2/R_p。当 R_1 和 R_2 相等、VD_1 和 VD_2 导通时的增益为 1。

结合考虑这些因素，振荡器的环路增益为

$$G = \frac{R_2}{R_p} \times \frac{R_p}{2R_p + R_1} + \frac{2R_p}{2R_p + R_1} = \frac{R_2}{2R_p + R_1} + \frac{2R_p}{2R_p + R_1}$$

$$= \frac{R_1}{2R_p + R_1} + \frac{2R_p}{2R_p + R_1} = 1$$

满足电路的振荡条件，并且与电位器 R_p 的阻值无关。

振荡器起振时需要较大的环路增益，起振初始输出信号幅变很小，反向并接的二极管 VD_1 和 VD_2 都截止，IC_a 的增益大于 1，电路很容易起振。

该电路输出频率可在 160Hz~1.6kHz 调节，输出信号的幅值约为 400mV。

运放放大器用 TL072，也可用 TL082，它们的引脚排列完全相同。运放的电源用 +15V 单电源。

第九节 稳幅低频信号发生器

稳幅低频信号发生器电路如图 8.9.1 所示，电路用结型场效应管稳幅，振荡电路由运算放大器IC_a、选频网络R_1-R_{p1a}、$C_1\sim C_4$、R_2和$C_1'\sim C_4'$组成文氏电桥正弦波振荡器。

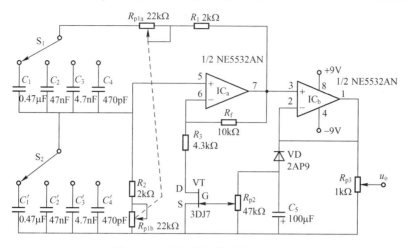

图8.9.1 稳幅低频信号发生器电路

IC_a振荡器的振荡频率粗调：S_1选择与C_1或C_2或C_3或C_4相连，S_2选择与C_1'或C_2'或C_3'或C_4'相连。频率细调用R_{p1}实现，R_{p1}是同轴双联电位器。

IC_b接成电压跟随器，用于隔离振荡器并增加输出驱动能力。

由于电路采用正负对称电源，集成运放输出端的直流电位为零电位，因此不需要隔直电容，从而改善了频率响应，简化了电路。

电路用结型场效应管稳幅，当电路还未起振时，VT栅极上没有截止电压，源-漏（S-D）极之间电阻很小，振荡电路的负反馈系数较小，放大倍数大于3（$A_v=1+R_f/R_3=3.3$），电路迅速起振，起振后输出端的低频信号经二极管VD整流后成为负压，加到场效应管VT的栅极G，场效应管源-漏极之间的电阻变大，负反馈系数变大，使振荡幅度稳定在一个合适的数值上。

C_2和R_{p2}形成的时间常数对频率的低端有影响，过小会产生间歇振荡。

当R_{p1}调至最大，S_1接C_1、S_2接C_1'时，电路的振荡频为最低约为15Hz；当R_{p1}调至最小（0），S_1接C_4、S_2接C_4'时，电路的振荡频率最高，约为100kHz。

VD应选择锗二极管。

第十节 由CMOS 4007组成的文氏电桥振荡器

一般的文氏电桥振荡器都是由模拟器件组成的，本电路是由数字电路CMOS 4007组成的，其电路如图8.10.1所示。

文氏电桥振荡器由IC_1组成，其选频网络由C_1、R_1、C_2和R_2组成，它产生200mV的信号，经IC_1放大至$A_{v1}=R_5/R_3=1M\Omega/100k\Omega=10$倍后成为2V峰值。

两个反相器（IC_1、IC_2）是4007内的两个非门，它们的增益均为10，总相移为零。

IC_1输出的2V（峰-峰值）信号通过二极管VD_1半波整流和电容C_7滤波得到直流信号，加在场效应管VT的栅极作为自动增益控制，回路振荡幅度越大，场效应管导通越好，

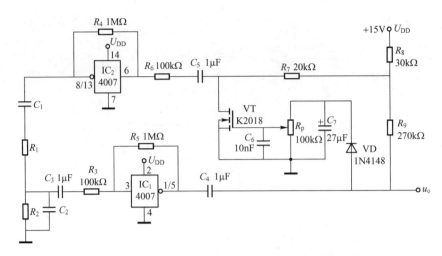

图 8.10.1 由 CMOS 4007 组成的文氏电桥振荡器电路

导通电阻越小，对回路信号衰减越大，这样才能保证正弦波输出幅度为 2V。VT 的输出信号输入至 IC_2，信号经 IC_2 放大后去驱动文氏振荡网络。

电路的振荡频率由文氏电桥元件决定，当 $R_1 = R_2 = R$，$C_1 = C_2 = C$ 时，振荡频率为

$$f = \frac{1}{2\pi RC}$$

取 $C_1 = C_2 = 0.01\mu F$，$R_1 = R_2 = 100k\Omega$，则 $f \approx 160Hz$。

根据实际需要的频率来选择合适的 R、C 值。为了防止反馈放大器过载，R_1 和 R_2 至少要 $51k\Omega$。

本电路要求电源 U_{DD} 纹波电压要小，因为任何电源脉动都会叠加到正弦波信号上。

第十一节 400Hz 正弦波电源

400Hz 电源在工业、国防和科技领域都有应用。400Hz 正弦波电源电路如图 8.11.1 所示。电路可输出 400Hz 有效值为 220V 的电压。

如图 8.11.1（a）所示是一个信号发生器，它产生 0~10V 的正弦波输出；如图 8.11.1（b）所示是功率放大器，将 0~10V 的正弦波变换成有效值为 220V、400Hz 的正弦交流电压。

振荡器的振荡频率由 R_2、C_2、R_1 和 C_1 决定。电路的电压增益由运算放大器提供，电流增益由分离元件晶体管提供。电路可提供 250mA 左右的输出电流。

输入正弦波的振幅取决于图 8.11.1（b）所示电路中放大器的负反馈量，随着反馈系数减小，将会提高输出电阻，因此输出电流受到限制，而且降低了电压稳定性。在反馈系数大的情况下，输出电流和电压的稳定性都会提高。

如图 8.11.1（b）所示放大器的闭环电压增益为

$$A_v = 1 + R_f/R_S = 10$$

若输入有效值为 1V 的正弦波电压，要求运放输出有效值为 10V 的正弦波电压，则反馈电阻由下式决定：

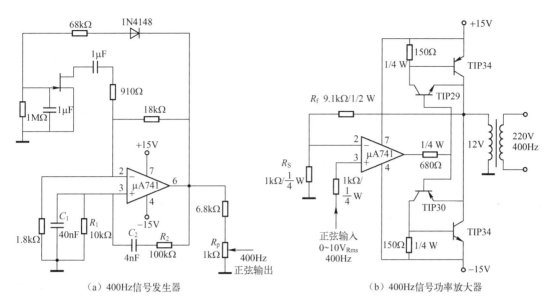

(a) 400Hz信号发生器　　　　　　　　　(b) 400Hz信号功率放大器

图 8.11.1　400Hz 正弦波电源

$$R_f = (A_v - 1)R_S = 9k\Omega$$

反馈系数为

$$B = \frac{R_S}{R_S + R_f} = 0.1$$

设运放开环输出电阻为75Ω（741运放手册提供），运放的开环增益最小为50000，典型值为200000，则运放的闭环输出电阻为

$$R_{out} = \frac{R_o}{A_v B} = \frac{75\Omega}{2 \times 10^5 \times 0.1} \approx 0.004\Omega = 4m\Omega$$

作为电源，内阻为4mΩ是十分理想的。为了得到良好的稳定性，输出必须满足

$$R_{out} \ll R_L \quad (R_L 是负载电阻)$$

输出晶体管接成自举形式。输出电压由电位器 R_p 调节。

第十二节　哈特莱振荡器

哈特莱振荡器电路如图 8.12.1 所示。这个电路很简单，只用两个元件：一个场效应管和一个电感线圈，管子的栅极和线圈导线产生的寄生电容构成了电感三点式振荡电路，电路的振荡频率约为 3.7MHz。

电感线圈的自制方法：线圈的内径约为 8mm，空心，用线径 0.08～0.10mm 的漆包线共缠 256 匝，在 220 匝处抽头。

场效应管选用结型场效应管，如 BF245A、3DJ6G（国产）等。

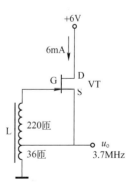

图 8.12.1　哈特莱振荡器电路

第十三节　正弦波输出缓冲放大器

正弦波输出缓冲放大器电路如图 8.13.1 所示。

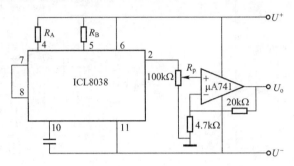

图 8.13.1　正弦波输出缓冲放大器电路

为什么函数发生器的正弦波输出端要加接一级同相放大器呢？

正弦波输出具有很高的输出电阻（典型值为 1kΩ），它相当于一个内阻很高的信号源，会影响其输出量值，因此信号源的内阻越小越好。

运放同相放大器输入电阻高，可减小正弦波信号源的负担从而输出电阻低。函数发生器 ICL8038 的正弦波输出端外接运放同相放大器，可将信号放大 $A_v = 1 + 20\mathrm{k}\Omega/4.7\mathrm{k}\Omega = 5.3$ 倍。更重要的是，同相放大器相当于一个信号源，其内阻（运放的输出电阻）很低，这样就起到缓冲或阻抗变换作用。也可将运放接成电压跟随器。

图 8.13.1 中的 R_p 用于调节输出信号的幅度。

第九章 函数发生器

所谓函数发生器，就是电路能产生两种以上输出波形的电路，有的定义为输出波形可用数学函数式表示的器件。

函数发生器能产生方波、三角波、锯齿波、阶梯波和正弦波。它在测量、计算机技术、自动控制、医疗器械和遥测遥控领域被广泛应用。它还可以作为信号源，甚至电源使用。

函数发生器可用运算放大器、比较器等模拟器件组成，也可用数字电路，如非门、与非门、或非门设计而成，用混合电路（如555或7555时基电路）也能设计出函数发生器。

第一节 方波/三角波发生器

方波发生器只需一个运算放大器，而三角波发生器通常至少需要两个运算放大器。基本电路是一个方波发生器和一个积分器相连，如图9.1.1（a）所示。积分器的输出电压可以是斜线上升的也可以是斜线下降的，因而可作为斜波发生器。

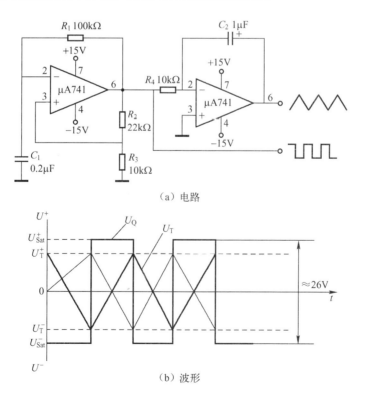

(a) 电路

(b) 波形

图9.1.1 方波/三角波发生器

当方波发生器输出趋正时，斜波发生器的输出趋负。同样，当方波发生器输出趋负时，斜波发生器趋正，见图9.1.1（b），图中给出了方波电压 U_Q 和三角波电压 U_T 的波形，两种电压的频率是相同的，它们的频率为

$$f = \frac{1}{2R_1 C_1 \ln\left(1 + \frac{2R_3}{R_2}\right)}$$

方波的振幅接近于饱和电压（$\pm U_{sat}$），当电源电压为 $\pm 15V$ 时，运放的饱和电压为 $\pm 13V$ 左右。

图9.1.1（a）中的电容 C_1 可用两个 $0.1\mu F$ 的电容并联组成。

调试方法：先组装方波发生器电路，最好用示波形观察其波形。如无示波器，可用万用表的直流电压挡的正表笔接输出端，黑表笔接地，如电路振荡则指针摆动，否则电路不振荡。将振荡的方波电路与积分电路相连接，用电压表测量三角波输出电压，应有示值。

第二节 三角波/方波发生器

用斜波发生器和电压比较器可组成三角波/方波发生器，如图9.2.1（a）所示。斜波发生器的输出端接到电压比较器的反相端，比较器的输出反馈到斜波发生器的输入端，输出波形如图9.2.1（b）所示。

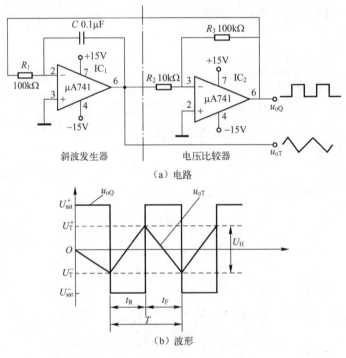

图9.2.1 三角波/方波发生器

电路的阈值 U_T^+ 和 U_T^- 取决于 R_2 和 R_3，即

$$U_T^+ = U_{sat}^+/(R_3/R_2), \quad U_T^- = U_{sat}^-/(R_3/R_2)$$

其中，U_{sat} 为运放的饱和电压。当斜波电压达到阈值电压时，比较器将改变状态。

电路的输出频率取决于三角波的上升时间 t_R 和下降时间 t_F,其周期 $T = t_R + t_F$。$t_R = \dfrac{U_H}{|U_{sat}^-|}R_1C$,$t_F = \dfrac{U_H}{U_{sat}^+}R_1C$。$U_H$ 为滞后电压,$U_H = U_T^+ - (U_T^-)$,输出频率为 $f = 1/T$。

例如,对图 9.2.1(a)所示电路,有

$$U_T^+ = \frac{U_{sat}}{R_3/R_2} = \frac{13.5\text{V}}{100/10} = 1.35\text{V}, U_T^- = \frac{U_{sat}^-}{R_3/R_2} = \frac{-13.5\text{V}}{100/10} = -1.35\text{V}$$

$$U_H = U_T^+ - (U_T^-) = 1.35\text{V} - (-1.35\text{V}) = 2.7\text{V}$$

$$t_R = \frac{U_H}{|U_{sat}^-|}R_1C = \frac{2.7}{|-13.5|} \times (100 \times 10^3) \times (0.1 \times 10^{-6})\text{s} = 0.002\text{s}$$

$$t_F = \frac{U_H}{U_{sat}^+}R_1C = \frac{2.7}{13.5} \times (100 \times 10^3) \times (0.1 \times 10^{-6})\text{s} = 0.002\text{s}$$

$$T = 0.002\text{s} + 0.002\text{s} = 0.004\text{s}$$

$$f = 1/T = 1/0.004\text{s} = 25\text{Hz}$$

电压比较器 IC_2 可用专用电压比较器 LM311 代替,效果更好。

第三节 正弦波/方波振器

由带通滤波器和电压比较器组成的正弦波/方波振荡电路如图 9.3.1 所示。两部分电路互相影响,IC_1 产生正弦波,比较器从带通滤波器接收正弦波而输出方波;方波反馈至带通滤波器的输入端,导致振荡。

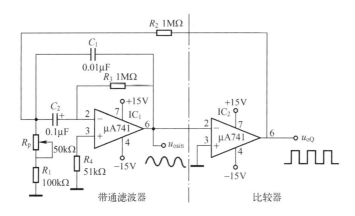

图 9.3.1 正弦波/方波振荡器

电路的振荡频率 f 取决于 R_p、R_1、R_2、R_3、C_1 和 C_2,有

$$f = \frac{1}{2\pi\sqrt{R'R_3C_1C_2}}$$

其中,$R' = (R_p + R_1)R_2/R_p + R_1 + R_2$。

振荡频率可用 R_p 调节,频率范围为 1.6~7kHz。C_1 和 C_2 选用其他数值可以得到其他频率。

第四节 正弦波/方波/三角波发生器

由一块集成电路组成的正弦波/方波/三角波发生器电路如图 9.4.1 所示。运算放大器 LM324 内有 4 个运算放大器。IC_1 组成带通滤波器，输出正弦波；IC_2 组成比较器；IC_3 为缓冲器（电压跟随器起缓冲、阻抗变换作用），输出方波；IC_4 组成积分器，输出三角波。因此可以说该电路是一个三函数发生器。

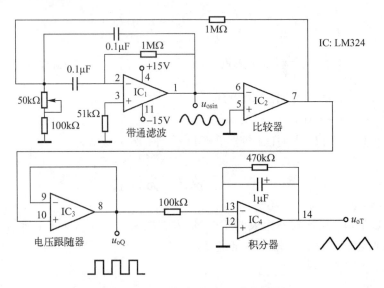

图 9.4.1 正弦波/方波/三角发生器

输出电压的幅值（取决于输出频率）如下（电压均为峰 – 峰值）：

$$U_{oQ\,p-p} = 26V, \quad U_{osin\,p-p} = 16V, \quad U_{oTp-p} = 0.3 \sim 6V$$

50kΩ 的电位器用于调节频率，其范围为 7.5～150Hz。减小 IC_1 的两个电容值，输出频率会升高，应使这两个电容值相等。

第五节 实用三角波/方波发生器

由 3 个运算放大器构成的实用三角波/方波发生器电路如图 9.5.1（a）所示，输出波形如图 9.5.1（b）所示。

电路的输出频率为 0.1～10Hz，输出电压幅值为 ±10V。

第一级为积分器，积分电阻 R_1 有 3 个，利用开关 S 改变积分时间常数，为三角波频率的粗调。电位器 R_p 用以控制方波的幅值，还可作为三角波频率的细调。

第二级为双向限幅比较器，其输出幅值被限制在 ±0.7V 左右。

第三级为电阻分压式双向限幅器。当输入电压 u_i 为负值时，正向限幅的幅值为

$$U_{om} = \frac{R_6}{R_5}E + \left(1 + \frac{R_6}{R_5}\right)U_D$$

其中，第一项仅考虑电源 –E 时输出电压的影响；第二项仅考虑 U_D（二极管的正向压降）

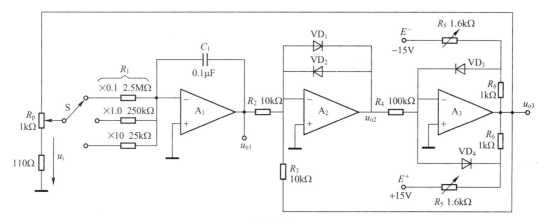

(a) 电路

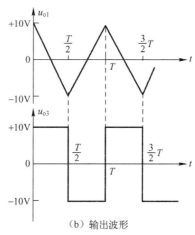

(b) 输出波形

图 9.5.1 实用三角波/方波发生器

对输出电压的影响。

电路的闭环电压放大倍数近似为 $-R_6/R_1$，如果 $R_6 \ll R_1$，则限幅的斜率将趋于零。然而，若 R_6 值太小，则输出限幅值 U_{om} 也很小。

当输入电压 u_i 为正值时，负向输出电压的限幅幅值为

$$-U_{om} = -\frac{R_6}{R_5}E - \left(1 + \frac{R_6}{R_5}\right)U_D$$

将电路参数 $R_6 = 1\text{k}\Omega$，$R_5 = 1.6\text{k}\Omega$ 分别代入以上两式可得

$$U_{om} = +10\text{V}, \quad -U_{om} = -10\text{V}$$

电阻分压式双向限幅器可以输出幅度变为 ±10V 的方波电压，这是一种常用的双向限幅器，其优点是限幅值很容易通过改变 R_6、R_5 的比值来调整，缺点是限幅电平不太精确，因子二极管 VD 的参数随温度的变化而变化。

运算放大器需用 ±15V 电源，可使用 LM324 等（内含 4 个运放）。

R_5 为可调节电阻。

第六节 多种输出波形信号发生器

该信号发生器频率范围为 20Hz~20kHz，属于低频信号发生器，它能产生 9 种输出波形，见表 9.6.1。其电路结构简洁，可制成便携式产品，使用功能广泛，适于音响装置的调试，还可对数字电路进行调试。

表 9.6.1 输出端波形

输出端 1	输出端 2	输出端 3
∿∿	⩘⩘	⊓⊓
∿∿	⩘⩘	⊓⊓
∿∿	⩘⩘	⊓⊓

多种输出波形信号发生器电路如图 9.6.1 所示。电路由 1 只 4069 六反相器 1 只 40106 施密特六反相器和 2 只晶体管等组成。

IC_1 中的 3 个反相器 IC_{1a}、IC_{1b} 和 IC_{1c} 并联，以增加驱动能力；IC_2 中的 5 个反相器 IC_{2a}、IC_{2b}、IC_{2c}、IC_{2d} 和 IC_{2f} 并联组成一个增加驱动能力的反相器，它和 IC_{2a}、IC_{1a} // IC_{1b} // IC_{1c} 串联，再和电容 C_3（或 C_2 或 C_4）、$R_{p1}-R_3$ 形成了一个多谐振荡器，振荡器的频率可用开关 S_3 粗调，用 R_{p1} 细调。

实际上，IC_{1a} // IC_{1b} // IC_{1c} 三并联反相器和电容 C_3（或 C_2 或 C_4）也形成了一个积分器电路。

IC_2 的施密特反相器相当于一个阈值比较器通过电阻回路不断改变电容充电方向，形成了振荡回路。回路中的 IC_1 输出的是三角波，而 IC_2 输出的是对称方波。

回路中的 R_5 和二极管 VD_2、VD_3 是用来转换波形的，当二极管加入后，三角波变成了锯齿波，而对称方波变成了脉冲器。

由于 IC_2 中的 5 个施密特反相器并联，所以有很强的负载能力，经过电阻 R_8 和 R_{13} 分压后直接输出，其输出电平正好和 TTL 电平配合。若需要较高的输出电平，则可将 R_{13} 去掉，这样输出端 3 的输出电平即为 9V。

为了提高三角波的负载能力，增加了一个由 VT_2 组成的射极输出器。

正弦波是由三角波经过转换而得到的。IC_1 中的 IC_{1d}、IC_{1e} 和 IC_{1f} 分别组成了两个线性放大器，调节电位器 R_{p2} 和 R_{p3}，使两级放大器的增益足够大，使被放大的三角波信号产生一定的削顶失真，再通过电路中阻容网络的作用，使三角波变换成正弦波，然后由 VT_2 构成的射极输出器输出。

1. 元器件的选择

(1) 电容 C_5、C_6：一定要选用无极性电容，如聚酯电容，不能用电解电容。

(2) VT_1、VT_2：选用高频小功率 NPN 型晶体管，3DG 型或国外的一些高频管均可。

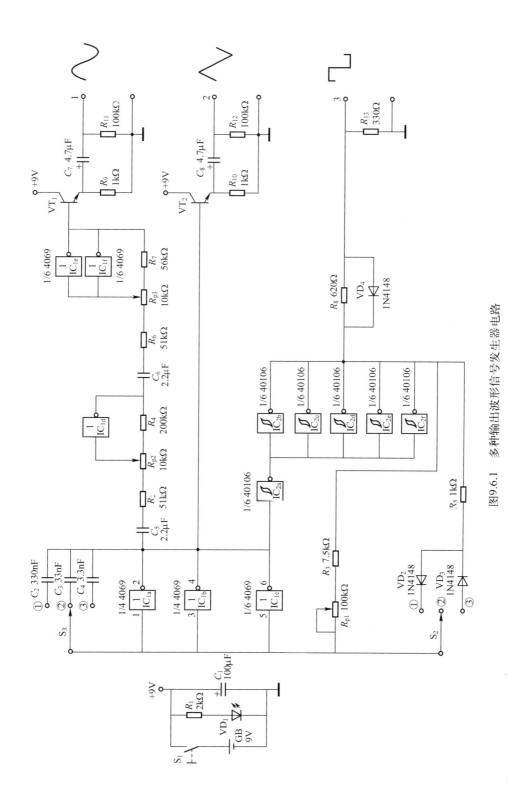

图9.6.1 多种输出波形信号发生器电路

（3）电位器 $R_{p1} \sim R_{p3}$ 选用线性的。

2. 调试方法

需用示波器进行调试，将电路接通电源（指示灯 VD_1 亮），将示波器探头接至输出端1（正弦波输出端）和地端，调节电位器 R_{p2} 和 R_{p3}，使正弦波失真最小。也要看一下方波和三角波波形。

第七节 输出频率 0.07Hz~230kHz 的函数发生器

在进行电子设计、电子试验时常常需要信号发生器，而专用信号发生器价格太高，本节电路中的元器件易购、价格低，适于个人组装。

以函数发生器 ICL8038 为核心的输出频率 0.07Hz~230kHz 的函数发生器电路如图 9.7.1 所示。

1. 电路的特点

（1）输出正弦波、方波和三角波三种波形。

（2）频率范围广，由超低频（0.07Hz）到中频（230kHz）。

（3）方波的占空比可调，调节方便，方波信号可作为 PWM 信号。

在定时电阻 $R_A = R_B = R_T$ 情况下，电路的振荡频率为

$$f = 0.3/(R_T C_T)$$

其中，C_T 为定时电容。

本电路由于 R_{p3} 的存在，使 R_A 和 R_B 相差较大，因此测试频率不符合上述公式。

本电路定时电容有 8 个，用 8 路微型开关进行电容"加"的组合，共有 92 种组合。也就是说，有 92 个定时电容。定时电容用于频率的粗调。

正弦波输出端接电压放大器 A_1，它将波形幅度放大或缩小；A_2 为电压跟随器，其输入阻抗很高，其作用是减轻信号源（将 A_1 的输出作为信号源）的负担。A_2 的输出电阻低，A_2 的输出是作为信号源来用的，输出电阻即为信号源的内阻，信号源的内阻越小越好。（理想信号源的内阻为 0Ω。）

方波、三角波的输出一般不用进行放大和阻抗变换。

本电路可用两种电源供电，一种是单电源（+12V），另一种是双电源（±12V）。单电源供电电路简单、成本低。图 9.7.1 中去掉虚线框部分为单电源供电；双电源需用虚线框中的电路，双电源供电的优点是输出幅度放大，缺点是增加了电路，成本高。

在单电源、频率为 50.0Hz 的情况下，测量三角波的峰值 $U_{pT} = 4.0V$；方波的峰值 $U_{pQ} = 12V$；正弦波的峰值 $U_{psin} = 1.4V$。供参考。

2. 调试方法

（1）占空比调试

将方波输出端接入示波器，调节 R_{p3}，使占空比 $D = 50\%$，即方波的高电平与低电平相等。也可将方波输出端接到占空比测试仪上，调节 R_{p1}，使占空比 $D = 50\%$。只有在占空比 $D = 50\%$ 时，正弦波才不失真。

（2）失真度调节

R_{p2}、R_{p3} 为失真度调节电位器，微调 R_{p2}、R_{p3} 使波形更规范。

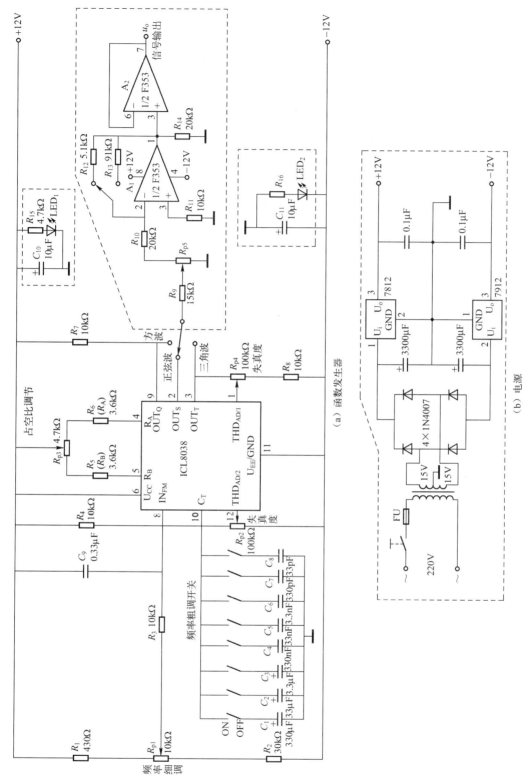

图9.7.1 输出频率0.07Hz~230kHz的函数发生器电路

（3）频率调节

① 频率粗调：即选择频率范围。

1个电容值有330μF、33μF、3.3μF、330nF、33nF、3.3μF、330pF和33pF共8种，它们对应的输出频率测量值分别为0.07Hz、0.66Hz、6.7Hz、73.7Hz、748.2Hz、7.5325kHz、63.0722kHz和228.2860kHz。2个电容组合共有28种，3个电容组合共有21种，4个电容组合共有15种，5个电容组合共有10种，6个电容组合共有6种，7个电容组合共有3种，8个电容组合共有1种。因此，共有92种电容组合，即频率粗调有92种之多。

② 频率细调：在频率粗调情况下，再用R_{p1}进行频率细调。

频率粗调开关也叫波段开关，将8路微型开关的ON端全接在一起，OFF端分别接8个电容。

第十章 晶体振荡器

RC 振荡器的频率稳定度为 $10^{-2} \sim 10^{-3}$，LC 振荡器的频率稳定度为 $10^{-2} \sim 10^{-4}$。这样的稳定度在很多场合下是不够的。

在多路通信中，发射的频率愈稳定，所占频带就愈窄，这样可增加通信的路数和增强抗干扰能力；在数字系统中，频率的稳定度直接决定了时间标准的精确度。

引起频率不稳定的因素有：环境温度的变化；湿度和气压的变化；机械振动引起 L、C 等元器件形变，使频率改变；电源的变化引起振荡频率较大变化；负载的影响和外界磁场的影响等。

例如，谐振回路的频率可表达为 $f = 1/(2\pi\sqrt{LC})$ 这个式子实际只是一个近似值。LC（RC）回路中总有损耗电阻 r 存在，考虑这个电阻的影响，LC 回路的固有频率应为

$$f = \frac{1}{2\pi\sqrt{LC}}\sqrt{1 - \frac{1}{Q^2}}$$

其中，$Q = \omega L/r$ 为谐振频率的质因数。可见，Q 值越高，频率就越接近 $1/(2\pi\sqrt{LC})$。

但当接上负载后，负载阻抗必然会反射到谐振回路端，这就相当于增加了回路的损耗电阻，从而降低了回路的 Q 值，结果引起频率的变化。对 RC 回路，电容也存在损耗电阻，引起振荡频率的变化。

把晶体振荡器接入电路，将大大提高振荡频率的稳定度。晶振具有很好的稳定度，一般可达 $10^{-6} \sim 10^{-8}$ 甚至更高。电子市场上一般晶振的稳定度为 10^{-6}，更高的产品价格较贵；供货不多。通过微调小电容的操作，晶体振荡器电路的振荡频率基本可达到晶体本身的稳定度或精度。

第一节 场效应管晶体振荡器

场效应管晶体振荡器电路如图 10.1.1 所示。该电路简洁、容易起振，接电源即可起振，无须调试。

实测振荡频率为 $f = 2430.8967\text{kHz}$，观测 1h，频率变化的最大值为 $\Delta f = 2.5\text{Hz}$，故短期频率稳定度为

$$\frac{\Delta f}{f}/1\text{h} = \frac{2.5}{2430.8967}/\text{h} = 1.0 \times 10^{-6}/\text{h}$$

此稳定度虽然不高，但完全能满足一般工程的需求。

该电路用不同固有频率的晶体也可正常工作。电感值用比 10mH 小一些的也可。

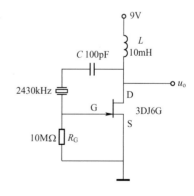

图 10.1.1 场效应管晶体振荡器电路

第二节　微型石英振荡器

微型石英振荡器电路如图10.2.1所示。晶体采用8mm×4mm×1mm贴片元件，其振荡频率为16MHz。

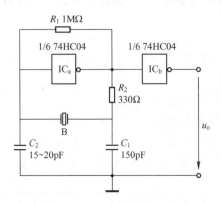

图10.2.1　微型石英振荡器

集成电路使用H-CMOS 74HC电路，74HC系列的速度高达10ns，比4000B系列快10倍，相当于74LS系列的速度；74HC的功耗基本与4000B系列相同，相当于74LS系列的1/10。因此，该晶体振荡器的体积小，适用于要求体积小一些的装置，如便携式电子产品。

74HC04为六反相器，电路中只用了2个反相器，其他4个反相器所有的输入端均应接地，以防干扰。

第三节　五组晶体振荡器电路

由TTL或非门、与非门和非门组成的5种晶体振荡器电路如图10.3.1所示。

如图10.3.1（a）所示为或非门串联晶体振荡器，电路中的R_1、R_2为偏置电阻，电路的振荡频率由晶体和C_1共同确定，调节C_2可使振荡频率为1MHz。

如图10.3.1（b）所示是一个二与非门（IC_1、IC_2）串联晶体振荡器电路。前两个与非门组成振荡器，第三个与非门（IC_3）起缓冲隔离作用，用它来输出振荡信号。电阻R_1、R_2分别跨接在IC_1和IC_2的输入、输出端，起负反馈作用，并使门电路在线性区工作。调节C可使电路的振荡频率为20MHz。

如图10.3.1（c）所示是二反相器串联晶体振荡器，C_1用来防止电路产生寄生振荡，电路可采用频率为2~20MHz的各种晶体振荡器。采用不同固有频率的晶振，可以得到各种不同的频率信号，IC_3为缓冲器，0.1~17μH的电感器市场有售。

如图10.3.1（d）所示是一个与非门串联晶体振荡器电路，R_1为反馈电阻，并使门电路工作在线性区。可采用频率为5~10MHz的晶体振荡器，能得到该范围内的各种频率信号。IC_2为缓冲器。

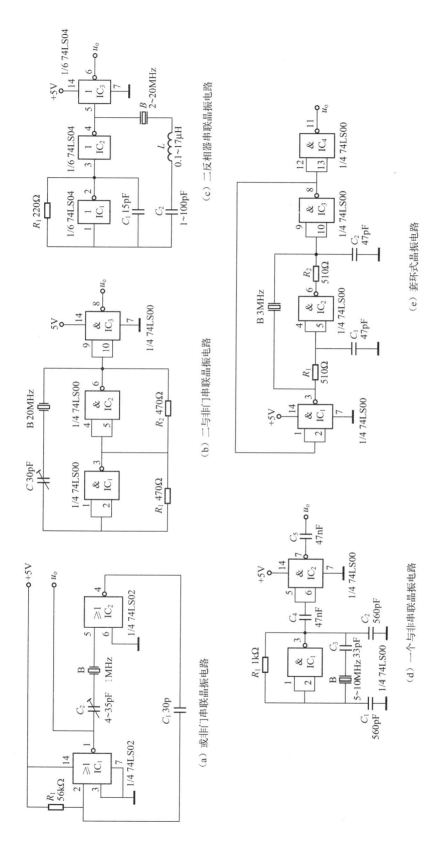

图10.3.1 5种晶体振荡器电路

如图 10.3.1（e）所示是一个套环式晶体振荡器电路，IC_1、IC_2和IC_3组成无稳态振荡电路，IC_4为缓冲级。R、C_1、R_2、C_2、晶振 B 与 IC_2组成第二个内环电路，用来提供一个接近晶体串联谐振频率的振荡频率。晶体振荡器可选用 1～20MHz 的产品，图中使用的 3MHz 晶振。

以上 5 种晶体振荡器电路，只要接线正确，电路很容易起振。

第四节　1Hz 时钟信号发生器

1Hz 时钟信号发生器电路如图 10.4.1 所示，该电路可输出精确的 1Hz 时钟信号，可用于数字时钟及定时电路，电路使用元器件少，价格低廉。

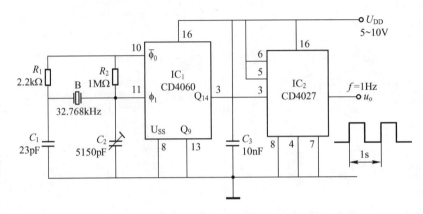

图 10.4.1　1Hz 时钟信号发生器电路

IC_1是振荡器/14 级二进制计数器的 CMOS 电路，晶体的固有频率为 32.768kHz，经过 14 分频，变成 $32768Hz \times \frac{1}{2^{14}} = 2Hz$ 信号，再经过双稳态电路 J-K 触发器 CD4027 的 2 分频，最终变成 1Hz 时钟信号。

振荡电路的外接器件由 R_1、R_2、C_1、C_2和晶振 B 组成，微调电容 C_2可使振荡频率为 32768Hz。

调试方法：用精确度超过 10^{-6}的数字频率计测量 CD4060 的 11 脚的对地的频率，调整 C_2，使显示值为 32.768kHz。后面的分频过程不影响精度。

第五节　晶振 1Hz 信号发生器

晶振 1Hz 信号发生器电路如图 10.5.1 所示。该电路能产生一个极为精确的 1Hz 方波信号。其电源电压为 3.5～15V，用于控制 CMOS 和 TTL 电路。

该电路的核心器件是 CD4521，它的性能类似于 CD4060，但其计数范围不同。所用晶体是固有频率为 4.194304MHz 的器件，CD4521 内部的振荡器件和外接元器件 R_1、R_2、C_1、C_2、晶体 B 组成振荡电路。

电路经过 22 分频，便得到一个频率为 $4.194304 \times 10^6 Hz \times \frac{1}{2^{22}} = 1Hz$ 的方波信号，方波信

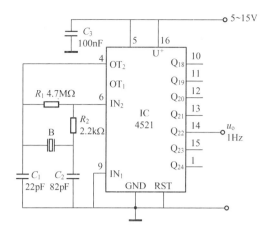

图 10.5.1 晶振 1Hz 信号发生器电路

号的占空比为 50%。

该电路所用晶体廉价且易购，只要接对线路，电路即输出 1Hz 信号。

第六节 60Hz 频率源电路

60Hz 频率源是数字时钟及自动控制电路中经常使用的单元电路。对 60Hz 频率源的要求是频率准确稳定、工作可靠、电路简洁。

60Hz 频率源电路如图 10.6.1 所示。电路的主要器件是 CD4060 和 30720Hz 晶体振荡器，CD4060 是 14 位二进制串行计数/分频/振荡器，其内部的振荡器部件与外接件晶体 B、R 和 C 组成振荡器，调节 C 可使电路的振荡频率为 30720Hz，再用分频器分频，电路的输出端 13 脚便输出 $f = 30720\text{Hz}/2^9 = 60\text{Hz}$ 的频率。

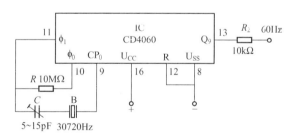

图 10.6.1 60Hz 频率源电路

第七节 低噪声晶体振荡器

低噪声晶体振荡器电路如图 10.7.1 所示。该电路是一个典型的考比茨振荡器，振荡管采用结型场效应管，输出信号为正弦波。输出电压为 1.5V，输出噪声极低。电路采用 10MHz 的晶体振荡器；如果用 16MHz 的晶体，则 C_1 和 C_2 应采用 20pF 的电容。

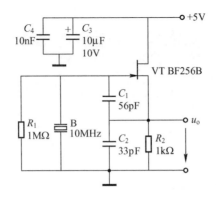

图 10.7.1　低噪声晶体振荡器电路

电源电压为 5V，电路消耗电流为 2mA。

第八节　低压晶体振荡器

低压晶体振荡器电路如图 10.8.1 所示。

1. 电路特点

（1）电源电压范围广，加 1.5V 电源即可工作，1.5～10V 的振荡器均可起振。

（2）电路振荡频率范围广，使用 100kHz～10MHz 的晶体，电路均能正常工作。

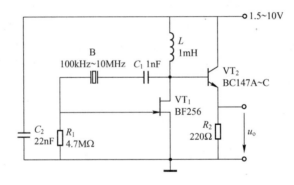

图 10.8.1　低压晶体振荡器电路

石英晶体接在场效应管 VT_1 的漏极和栅极之间，工作在并联谐振模式。电感线圈 L 用于增大电路振荡频宽。电容 C_1 是一个补偿电容，与晶体共同组成振荡电路。场效应管的输入电容和输出电容构成电路的电压反馈，并产生 180°的相移。VT_2 为射极输出器，作为信号的缓冲级。

该电路使用 100kHz、1MHz、4MHz、6MHz、8MHz 和 10MHz 晶体进行测试，电路工作良好。

2. 元器件选择与设计

（1）电感 L：L 为 1mH，如购不到成品元器件，可自制。

（2）磁环：外径 $\phi=14$mm，内径 $\phi=9$mm，高 $h=4$mm，用漆包线（$\phi 0.19$mm 或 $\phi 0.20$mm）穿孔绕 41 匝，测量其电感量 $L=1.10$mH。

第九节　晶振时基电路

晶振时基电路由 CD4060 和 CD4013 和晶体振荡器 B 等组成，如图 10.9.1 所示。

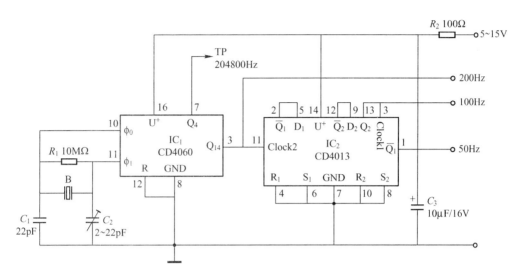

图 10.9.1　晶振时基电路

CD4060 包含 1 个振荡器和 1 个 14 级 2 分频电路。CD4013 是双 D 触发器。

电路可输出 50Hz、100Hz 和 200Hz 三种时基信号，其中 50Hz 的信号是理想的电子钟、频率计的参考时基。

晶振的谐振频率为 3.2768MHz，微调 C_2 可校准（用精密频率计）电路的振荡频率。CD4060 作为分频器用，其 Q_{14} 端输出的频率为 $3.2768Hz \times 10^6/2^{14} = 200Hz$，CD4013 作为 2 分频器用，将 200Hz 分频为 100Hz，再将 100Hz 分频为 50Hz。

3. 调试方法

用精密数字频率计测量 TP 端（Q_4）对地的频率，微调 C_2，使读数为 2040800Hz 即可。

第十节　高稳定度的晶体振荡器

如图 10.10.1 所示电路为一个高稳定度的晶体振荡器。电路为串联型振荡器，可产生 30MHz 稳定的信号。

VT_1 和 VT_2 均接成射极输出器。VT_2 作为 VT_3 的信号源，其输出电阻很低，振荡信号电压降在输出电阻上的电压很低。VT_3 为双栅场效应管，它导通时，其导通电阻（R_{DSON}）很低，因此振荡信号的损耗很小。

电路输出的稳定性与晶体管 VT_1、VT_2 的质量有关，如果将 BF494 换成更好的晶体管（如 BFK91）则电路的稳定性更好。

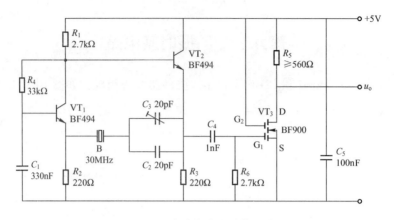

图 10.10.1　高稳定度的晶体振荡器

第十一节　高频晶体振荡器

如图 10.11.1（a）所示电路，用不同的晶振可产生各种不同频率的高频信号。用 8MHz 的晶振，其输出可得到稳定精确的 8MHz 信号。

如果将 VT_1 的基极 B 接上晶体串联 LC 并联网络，将振荡器的振荡频率精确地调谐在 48.000MHz，那么可以用分频器分频得到 6MHz、8MHz、12MHz、16MHz 和 24MHz 的时钟信号，而且这些时钟信号与 48MHz 信号相位同步。

如图 10.11.1（b）所示为晶振 48MHz 串联 LC 并联网络；如图 10.11.1（c）所示为双栅场效应管的引脚排列图。

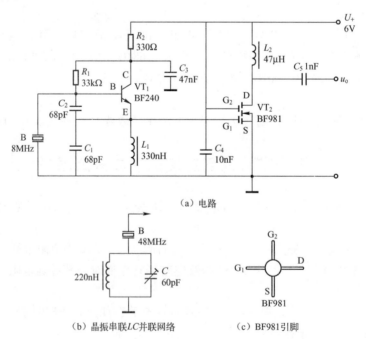

图 10.11.1　高频晶体振荡器

48MHz 由 D 触发器分频可得到 24MHz、16MHz 和 8MHz 的信号；48MHz 由 4040 分频得到 6MHz 和 12MHz 信号。48MHz/2^3 = 6MHz（由 Q_3 分频），48MHz/2^2 = 12MHz（由 Q_2 分频）。

第十二节 精确的晶体振荡器

设计晶体振荡器时，要确保有源器件的电容最小，因为晶体上任何寄生电容在某种程度上都会影响整个系统的稳定性。

虽然并联电容能够减小寄生电容的影响，但是必须使用损耗小、温度系数很低的高品质电容，这种电容价格较高。

精确的晶体振荡器电路如图 10.12.1 所示。这是一个皮尔斯晶体振荡器以自举方式工作，所用 MOS 管 VT_1 的寄生电容仅为 1pF；射频管 VT_2、VT_3 组成共射 – 共基极放大器。VT_2 的型号为 BF494，它的基极 – 发射极电容（0.15pF）和输出电容都非常小。

振荡信号由 VT_1 的 S 极送到 VT_4，经反相器 $N_1 \sim N_3$ 后输出。L 的值为

$$L = 1/f$$

若 f = 10MHz、L = 100μH，则调节电容 C_2 可以微调振荡频率。

该电路的最高振荡频率为 20MHz。

尽管晶振的功耗不会影响电路的稳定性，但要限制其振幅，为了防止 VT_1 不稳定，需要调节 R_7 阻值，使 VT_4 发射极的信号幅度小于 1V。

电路可用两种电源，一种是 12V 电源，整个电路的工作电流小于 15mA；另一种是 5V 电源。用 74HCU04 时，电源电流小于 5mA；用 74LS04 时，电源电流小于 15mA。74HCU04 为高速 CMOS 电路，性能比 74LS04 优良。

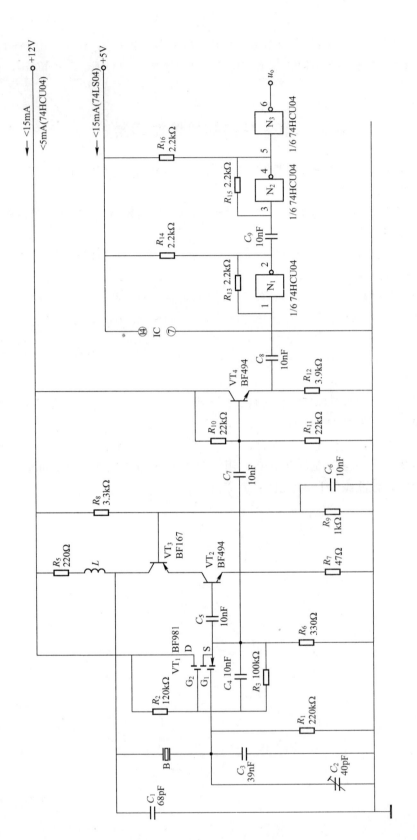

图10.12.1 精确的晶体振荡器电路

第十一章 脉宽调制（PWM）电路

脉宽调制器（PWM），顾名思义，是一种可调节脉冲宽度的电路。

脉宽调制器可用模拟器件，如运算放大器、比较器，或数字器件，如双稳态电路、非门、与非门、或非门等设计而成。运用时基电路也可设计出简洁实用的 PWM 电路。

PWM 可用于调节发光强度，即调光，调节电压，即调压，调节电动机转速，即调速等领域。PWM 是一种连续无级调光、调压、调速的优良器件。

如将应用电路的输出级加大驱动能力，PWM 则可用于驱动大功率 LED 调光系统、大电动机无级调速系统。在国民经济、国防、科技领域，PWM 的应用十分广泛。

第一节 占空比可调的多谐振荡器

CMOS 双单稳态触发器可组成占空比可调的多谐振荡器，电路如图 11.1.1（a）所示，该电路也就是 PWM 电路。

4528 内含 2 个单稳态触发器，将 IC_1 的 Q_1 端与 IC_2 的 TR^- 端相连，IC_2 的 $\overline{Q_2}$ 端与 IC_1 的 TR^+ 端相连，再加上 IC_1、IC_2 的定时元器件 R_{ext1}、R_{ext2}、C_{ext1}、C_{ext2} 便可构成占空比可调的多谐振荡器。输出信号的周期 T 和占空比 D 通过改变 R_{ext}、C_{ext} 的值可得到调节。

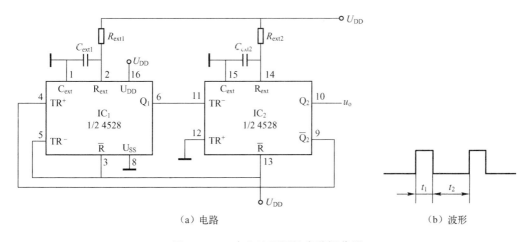

(a) 电路　　　　　　　　　　　　　　(b) 波形

图 11.1.1　占空比可调的多谐振荡器

如图 11.1.1（b）所示电路的输出为方脉冲，脉冲高电平持续时间为 t_1，低电平持续时间为 t_2，即

$$t_1 \approx -R_{ext1} \ln \frac{U_{DD} - U_{TR}}{U_{DD}}$$

$$t_2 \approx -R_{ext2} \ln \frac{U_{DD} - U_{TR}}{U_{DD}}$$

其中，U_{TR} 为触发电压。当 $U_{TR} \approx 0.5 U_{DD}$ 时，有

$$t_1 \approx 0.693 R_{ext1} C_{ext1}, t_2 \approx 0.693 R_{ext2} C_{ext2}$$

以上两式只能用于估算，因为触发电压只有在 $U_{DD} = 10V$ 时才接近于 $0.5 U_{DD}$，此时

$$T = t_1 + t_2 = 0.693(R_{ext1} C_{ext1} + R_{ext2} C_{ext2})$$

如果电路只要求固定的频率和占空比，则可令 $R_{ext1} = R_{ext2} = R_{ext}$，$C_{ext1} = C_{ext2} = C_{ext}$，则

$$T = 0.693 \times 2R_{ext} C_{ext} = 1.386 R_{ext} C_{ext}$$

如果要求占空比可调，一般来说 R_{ext1} 和 R_{ext2}、C_{ext1} 和 C_{ext2} 不相等。

调试方法：根据 $D = t_1/(t_1 + t_2)$，调节 R_{ext1} 和 R_{ext2} 可改变 D 值。这样就实现了脉宽调节。

第二节 压控占空比发生器电路

从调节占空比的角度来看，压控占空比发生器电路（如图 11.2.1 所示）是一个优良的 PWM 电路。

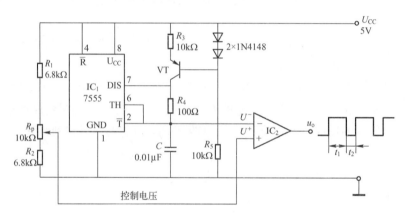

图 11.2.1 压控占空比发生器电路

1. 电路特点

（1）电路的占空比 D 的调节范围为 $0 \sim 100\%$。

（2）在电源电压固定的情况下，脉冲振荡频率仅由 R_3、R_4 和 C 决定，D 的调节不影响振荡频率。

（3）电路采用恒流源对电容充电技术，使 C 上产生线性良好的锯齿波，提高了调制精度。

IC_1 和 VT 组成了多谐振荡器，其振荡频率由 R_3、R_4、C 确定。

由 VT、R_3、R_4 和二极管（$2 \times 1N4148$）组成电容 C 的恒流充电电路，使 C 输出线性良好的锯齿波，此锯齿波输入到电压比较器 IC_2 的反相端，电压比较器的同相端加入控制电压（直流），控制电压和锯齿波电压比较，使比较器输出方波脉冲，调节控制电压的大小使比较器 IC_2 产生不同占空比的方脉冲，这一过程即为压控。

控制电压即调制电压。当锯齿波电压低于调制电压时，比较器 IC_2 输出高电平；当锯齿

波电压高于控制电压时，IC$_2$ 输出低电平。图 11.2.2 给出了调制电压 U^+ 三种不同大小的 PWM 波形图。图 11.2.2（a）中，U^+ 为某一正值电压，IC$_2$ 的输出其占空比 D 稍大于 50% 的方波；将调制电压 U^+ 增大到接近于锯齿波的上峰值，此时 IC$_2$ 的输出波形，其占空比达 90%，如图 11.2.2（b）所示；再将调制电压 U^+ 下调至接近于锯齿波的下峰值，此时 IC$_2$ 的输出波形其占空比很小，如图 11.2.2（c）所示。

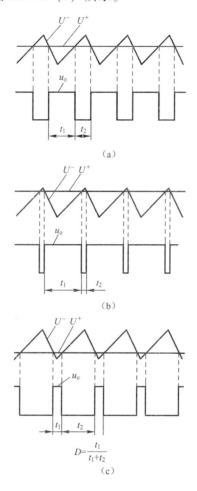

图 11.2.2 PWM 的波形图

如果将控制电压 U^+ 增大到高于锯齿波的上峰值，则 IC$_2$ 的输出恒为高电平，此时的 D 值为 100%；如将 U^+ 下调至小于锯齿波的下峰值，则 IC$_2$ 输出的高电平为一竖直线，D 值为 0。因此，可以说该电路 D 的调节范围为 0~100%。

对应于占空比为 0~100% 的控制电压范围是 1.7~3.3V。本电路的控制电压由 R_1、R_p、R_2 和 U_{CC} 提供。压控电压的最小值为

$$U^+_{\min} = \frac{R_2}{R_1 + R_p + R_2} U_{CC} = 1.44\text{V}$$

压控电压的最大值为

$$U^+_{\max} = \frac{R_2 + R_p}{R_1 + R_p + R_2} U_{CC} = 3.56\text{V}$$

旋转电位器可控制占空比 D 的大小。

2. 元器件的选择

（1）VT 应选择高频 PNP 型小功率管，如 BC327、2N3702、9012、9015 等。

（2）IC_2 应选择转换精度较高的电压比较器，如 LM193、LM393 等，它们均为双比较器，可在单电源 2~36V 下工作。

第三节 占空比可变的振荡器

将两个单稳态触发器首尾相连，可互相触发。由 4528 双单稳触发器构成的占空比可变的振荡器如图 11.3.1 所示。单稳态触发器的 Q 端低电平总是暂态，所以另一级单稳态触发器总是受到触发后经过一定的延迟时间，用它的 $\overline{Q}$ 端上升沿再触发下一级，于是就组成了周期等于两个单稳时间相加的方脉冲振荡器。

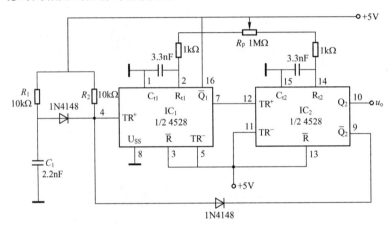

图 11.3.1 占空比可变的振荡器

调节电位器 R_p 基本不改变振荡频率，但能改变两个单稳时间，从而也就改变了占空比，电路的占空比范围为 5%~95%。

R_1C_1 可确保开机后提供上升沿触发，保证可靠起振。

电路的接法也可改为每级的 Q 端与另一级的下降沿触发端 TR^- 相连，而 TR^+ 端接低电平，其原理和效果不变。

第四节 由 40106 组成的 PWM 电路

40106 为六施密特触发器，它的用处很广，可以对脉冲波形进行整形，使它的上升沿或下降沿陡直。内部的施密特反相器外接定时元件（R、C）时可组成单稳态触发器、多谐振荡器，其振荡波形为标准的脉冲方波。由它组成的多谐振荡器容易起振。

由 40106 组成的 PWM 电路如图 11.4.1 所示。

由定时电容组成的充放电电路，其充电时间 $t_1 = R_1C_1$，放电时间 $t_2 = (R_2 + R_p)C$，其振荡周期 $T = t_1 + t_2 = (R_1 + R_2 + R_p)C$，振荡频率为 $f = 1/[(R_1 + R_2 + R_p)C]$。

当 $R_p = 0$ 时，理论值 $f = 142\text{Hz}$，实测值 $f_{测} = 143\text{Hz}$，$u_o = 1.073\text{V}$；当 $R_p = 47\text{k}\Omega$ 时，理论值 $f = 57.5\text{Hz}$，实测值 $f_{测} = 58.89\text{Hz}$，$u_o = 3.238\text{V}$。可见，频率的调节范围为 $58.89 \sim 143\text{Hz}$。在该范围内，随着频率的升高，输出电压下降。

用示波器观测，输出波形上、下沿陡直，为典型的方波脉冲，用 R_p 不仅可以调频，还可以调节占空比，可调范围为 $0.4 \sim 0.9$。

该电路可用于直流电动机调速，LED 调光等场合。

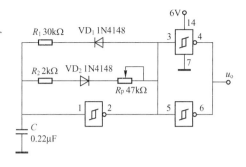

图 11.4.1 由 40106 组成的 PWM 电路

第五节 555/7555 压控振荡器

由 555/7555 组成的压控振荡器电路如图 11.5.1 所示。555 的 VC 端为电压控制端，在此端上加上控制电压，便可改变输出波形的占空比。

控制电压由 U_{CC} 和 R_p 组成，R_p 的中心抽头将电源电压 U_{CC} 的一部分送入 VC 端。U_{VC} 值的变化可改变电容 C 的充电时间 t_1。如图 11.5.2 所示为压控特性，由曲线可见，当 $U_{VC} = 0.5\text{V}$ 时，脉宽 $t_1 = 0.08\text{ms}$；当 $U_{VC} = 4.5\text{V}$ 时，脉宽 $t_1 = 1.8\text{ms}$。可见，U_{VC} 在 $0.5 \sim 4.5\text{V}$ 内，使脉宽 t_1 变化达 22.5 倍；U_{VC} 在 $1 \sim 4.5\text{V}$ 内，放电时间 t_2 几乎不变，恒为 0.76ms。

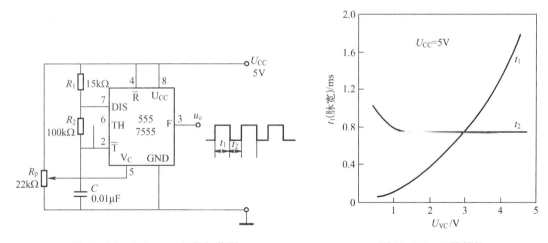

图 11.5.1 555/7555 压控振荡器   图 11.5.2 压控特性

调节 R_p 的中心抽头，使 $U_{VC} = 1 \sim 4.5\text{V}$，可有效地改变 t_1 的大小，即压控占空比 D。

第六节 可选择占空比的脉冲发生器

可选择占空比的脉冲发生器电路如图 11.6.1 所示。由施密特与非门和 RC 网络组成一个方波发生器，开关 S_1 选择信号频率，用于振荡频率的粗调。由 C_1、C_2、C_3、R_{p1}、R_{p2} 和 R_1 组成的网络产生 3 个频率范围：$1 \sim 10\text{Hz}$、$10\text{Hz} \sim 1\text{kHz}$、$1 \sim 100\text{kHz}$。

实际的振荡频率取决于 IC_{2a} 的迟滞量，不同生产商生产的 CD4093 其振荡频率稍有不同。R_{p1} 和 R_{p2} 分别用于频率的粗调和细调，使频率达到要求的数值。

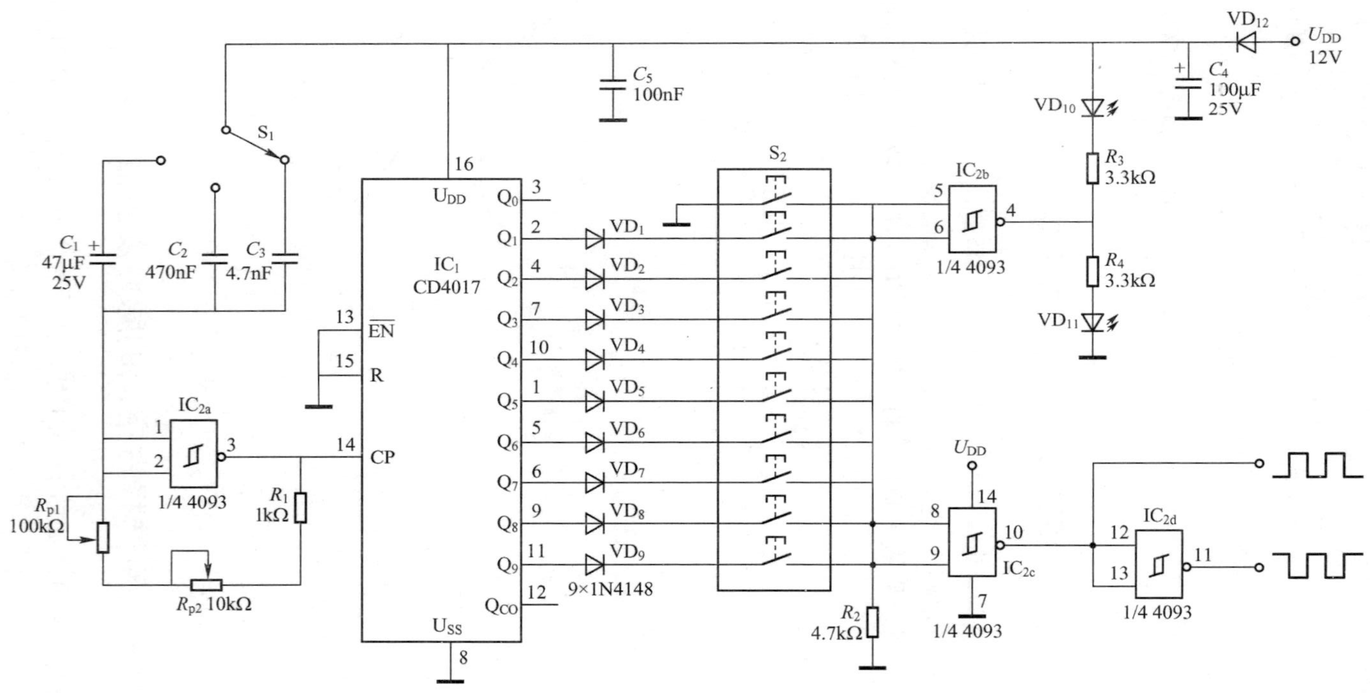

图11.6.1 可选择占空比的脉冲发生器

方波发生器将振荡信号输入至十进制计数器/分配器 IC_1（CD4017），随着 CP 脉冲的增加，相应的输出端变成高电平，其余为低电平。

开关 S_2 的一个端子全部连接到一起。$VD_1 \sim VD_9$ 组成或门电路。当 S_2 中接 Q_1 的开关闭合时，产生 0.1 的占空比；接 Q_1 和 Q_2 的开关闭合时，产生 0.2 的占空比；以此类推，除 Q_0 外，若 IC_1 的所有输出被选择，则产生 0.9 的占空比。因此，选择占空比的操作十分简单。

如果所有的开关均开路，则将禁止脉冲输出。

IC_{2c} 和 IC_{2d} 作为缓冲器，输出两路互补信号。输出信号同时经 IC_{2b} 缓冲并驱动两个 LED，占空比越小，VD_{11} 越亮，VD_{10} 越暗。

电路的消耗电流约为 4mA。

元器件选择方法：S_2 为 10 路开关，可用电子商场出售的微型开关代替，将 OFF 端全部短接，ON 端分别接 $VD_1 \sim VD_9$ 的阴极（第一个 ON 端除外）。

第七节 占空比为 0～100% 的脉宽调制器

由 555 和电压比较器组成的占空比为 0～100% 的脉宽调制器电路如图 11.7.1（a）所示。555 接成一个多谐振荡器；运放 IC_2（CA3130）接成一个比较器。C_3 上的波形为锯齿波。和其他电路不同的是，555 的输出端 3 脚并非接到下一级电路上，而是将控制端 5 脚的输出送至下一级电路，本电路是接到比较器的同相端。

图 11.7.1（b）中的①、②、③分别为电容 C_2 两端电压、IC_2 的同相电压、IC_2 的输出电压波形。

R_p、R_3 和 C_3 组成参考电压网络，调节 R_p 可以改变 IC_2 同相端的电压，这个电压在图 11.7.1（b）中用曲线②表示，也就是说，调节 R_p 可以使曲线②上下移动。

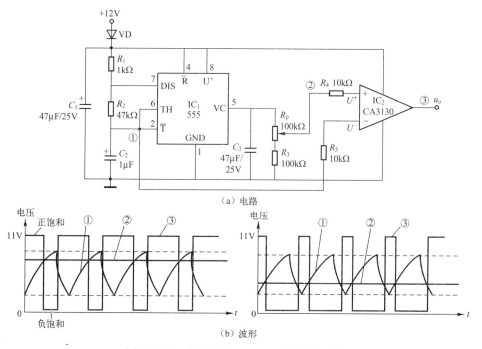

图 11.7.1 占空比为 0～100% 的脉宽调制器

图 11.7.1（b）中的曲线①为电容 C_2 充放电形成的锯齿波电压，它是固定不变的。

调节 R_p 的箭头向上，使曲线②上移（见图 11.7.1（b）中的左图），当曲线②高于锯齿波，即比较器 IC_2 同相端的电压高于反相端的电压时，比较器 IC_2 正饱和，其输出电压约为 11V；当曲线②低于锯齿波的电压时，IC_2 反相端的电压大于同相端的电压，比较器负饱和。图 11.7.1（a）所示电路的电源为单电源，CA3130 的负电源端接地，故比较器的输出电压被钳制于"地"。

观察图 11.7.1（b）的左图，曲线②上移，占空比增大，极端情况下，曲线②上移到锯齿波以上时，$D=100\%$。

调节 R_p 的箭头下移，使曲线②下移，同理，此时的占空比减小（见图 11.7.1（b）的右图），极端情况下，曲线②下移到锯齿波以下，此时的占空比 $D=0$。

VD 的作用是防止电源接错而保护电路。

该电路用于调光、调速、调压十分有效，请参考本书第十三章"LED 灯"。

第八节　直流电动机脉宽调制调速器

在额定电压下，直流电动机的转速是由加在电动机电枢两端电压决定的，电枢电压越大，转速越高，反之亦然。本电路电动机的转速是由 PWM 控制的。PWM 部分请参考本章第四节"由 40106 组成的 PWM 电路"。

直流电动机脉宽调制调速器电路如图 11.8.1 所示。

PWM 的占空比越大，电动机两端的电压越大，其转速就越高；反之，电动机的转速变低。

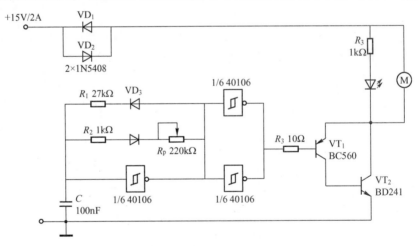

图 11.8.1　直流电动机脉宽调制调速器

VT_2 应选择 NPN 型大功率晶体管，并且应加散热器。

第九节　直流电动机的 PWM 调速电路

直流电动机的转速与电枢上的电压成正比，一般将电枢上的电压由外接控制电压供给，即直流电动机的转速与控制电压成正比，采用 PWM 的控制信号可以保证电动机在低速情况下仍具有较高的转矩，使电动机正常工作。

直流电动机的 PWM 调速电路如图 11.9.1 所示。

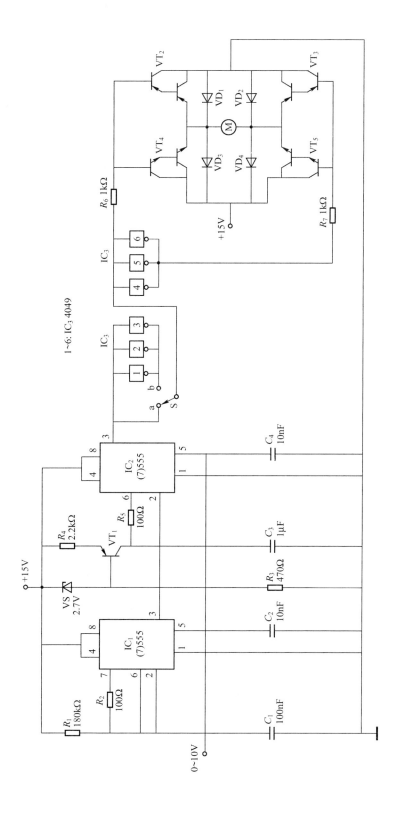

图11.9.1 直流电动机的PWM调速电路

IC_1接成一个多谐振荡器，其振荡频率约为80Hz，它决定了PWM信号的频率。

VT_1、VS构成一个恒流源，它给C_3充电，使C_3上的锯齿波电压具有良好的线性，C_3上的锯齿波输入至IC_2的6脚，它与IC_2的控制电压（即5脚VC上的电压）比较，使IC_2输出PWM信号，控制电压U_{VC}的大小在0～10V内调节，U_{VC}越大，PWM的脉宽越大，电动机的转速越高。

IC_2输出的PWM信号经缓冲门1～3或4～6缓冲后输入到由达林顿管VT_2～VT_5组成的桥式驱动电路驱动电动机M转动。

电动机的转向由开关S控制，缓冲门1～3和4～6各并接成一个反相器。S接a点，IC_2输出的PWM信号反相加到VT_3、VT_5的基极；S接b点，PWM信号同相加到VT_3、VT_5的基极，由此操作改变电动机M的转向。

元器件的选择方法如下。

（1）VT_1的选择：可选择高频PNP型小功率管，如BC547、BC327等。

（2）VT_2～VT_5的选择：VT_2、VT_3可选PNP型达林顿管，如BD680、BD682等；VT_4、VT_5可选NPN型达林顿管，如BD679、BD681等。

第十二章 多谐振荡器

多谐振荡器是由晶体管、门电路和其他集成电路（如运算放大器、555时基电路）等构成的方波或脉冲产生电路。多谐振荡器具有电路简单、容易起振、成本低的特点，广泛应用于电路的触发、信号源、DC/AC转换和能量转换等领域。例如，城乡铁路栏杆拦路时声光警示电路。将蓄电池的直流电变换成交流电和一些医疗器械的振荡部分多采用多谐振荡器。

第一节 最简单的多谐振荡器

用一个施密特非门外加一个电容和一个电阻即可组成一个多谐振荡器，如图12.1.1所示。

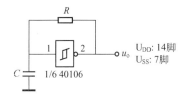

图12.1.1 最简单的多谐振荡器

接通电源时，由于电容上的电压不能突变，施密特非门输入端为低电平，输出为高电平，电容 C 被充电，施密特非门输入端的电平逐渐上升，一旦达到阈值 U_T^+ 时，施密特非门输出端为低电平。接着电容 C 通过电阻 R 放电，当电容放电到 U_T^-（负阈值）时，施密特非门输出端又升为高电平。这样，便周而复始形成了振荡。输出信号的输出频率为

$$f \approx 1/(2RC)$$

当 $R=10\mathrm{k}\Omega$、$C=0.1\mu\mathrm{F}$ 时，$f \approx 500\mathrm{Hz}$

第二节 自启动多谐振荡器

如果自激多谐振荡器两个管子的各个参数相同、电路参数对称，那么这个电路很难起振，当然绝对对称的管子也很难找到。

如果将电路形式改接成如图12.2.1所示的电路，使电路在形式上不完全对称，那么这个电路就容易起振。

该电路中，将电阻 R_4 接在 VT_1 的基极和集电极之间，使这个三极管不再饱和，它作为一个自给偏压放大器来工作。这使得 VT_2 集电极的噪声能够通过 VT_1 放大，并通过 C_1 反馈到 VT_2 的基极，经 VT_2 的放大，电路构成正反馈，从而使得多谐振荡器开始振荡。

集电极的电流 I_C 可取 $1\sim10\mathrm{mA}$。

R_1 和 R_3 为 $R_1 = U_{CC}/I_C$，R_2 和 R_4 为 $R_2 = R_4 = \dfrac{1}{4}\beta R_1$。

电容的值为 $C_1 = C_2 = 1/(1.4 R_2 f)$

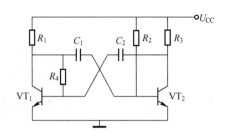

图 12.2.1 自启动多谐振荡器

以上计算公式中的 U_{CC} 为电源电压，β 为两个晶体的电流放大倍数（设两管基本对称）。

例如，取电源电压为 9V，管子的 $\beta=150$，$I_C=5\text{mA}$，振荡频率为 1000Hz，计算其他参数如下：

$R_1 = R_3 = 9\text{V}/5\text{mA} = 1.8\text{k}\Omega$；$R_2 = R_4 = \frac{1}{4}\beta R_1 = 67.8\text{k}\Omega$，取标称电阻 $R_2 = R_4 = 68\text{k}\Omega$；$C_1 = C_2 = 1\text{F}/(1.4\times 68\times 10^3\times 1000) = 10.5\mu\text{F}$，取标称电容 $C_1 = C_2 = 10\mu\text{F}$。验证：$f = 1/(4R_2C_1) = 1050\text{Hz}$。

以上电路设计未考虑振荡方波的上升沿和下降沿失真的修正。该电路用于一般电路均可。

第三节 555/7555 无稳态多谐振荡器

如图 12.3.1 所示电路是一个典型的 555/7555 无稳态多谐振荡器电路，7555 是 CMOS 时基电路，两者的主要差别在于：555 的输出电流较大，最大可达到 200mA，带负载的能力较大；而 7555 带负载能力较差（10mA），但它的电源电压范围广（2～18V）。

555 的振荡特性如图 12.3.2 所示；7555 的振荡特性如图 12.3.3 所示。这两幅图为设计振荡器提供了方便。当确定了 R_A+2R_B 后，可很快地确定定时电容和振荡频率。

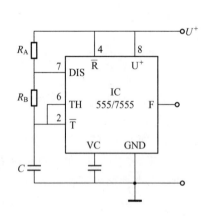

图 12.3.1 555/7555 无稳态多谐振荡器

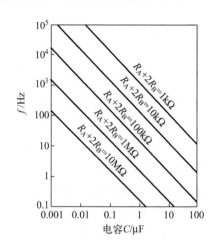

图 12.3.2 555 的振荡特性

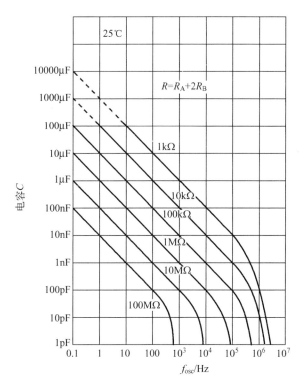

图 12.3.3 7555 的振荡特性

555/7555 无稳态多谐振荡器输出波形都是方波,可根据负载来确定选用哪种电路。

第四节　由反相器组成的多谐振荡器

由反相器 74LS04 组成的对称多谐振荡器电路如图 12.4.1（a）所示。当所用电容较小时,电路可能不起振,可将一个非门的输出端与另一个非门的输入端短接,即可振荡。电路的不同 R、C 值与振荡频率的关系见表 12.4.1。

表 12.4.1　不同 R、C 值与振荡频率的关系

$R_1 = R_2 = R$	$C_1 = C_2 = C$	振荡频率 f
1.5kΩ	15pF	8MHz
1.8kΩ	240pF	1MHz
1.5kΩ	4000pF	100kHz
1.5kΩ	33nF	10kHz
5.1kΩ	0.1μF	1.5kHz
5.1kΩ	1μF	125kHz

电路的输出波形稍有失真,如图 12.4.1（b）所示。

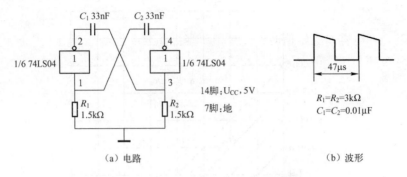

(a) 电路 (b) 波形

图 12.4.1　由反相器组成的多谐振荡器

第五节　由 R、C 构成的多谐振荡器

由非门 74LS04 和 R、C 构成的多谐振荡器电路如图 12.5.1 所示。这是对称型多谐振荡器的又一种连接方式。两个电阻值和两个电容值也可以彼此不相等,此时的输出波形不对称。当 $R_1 = R_2$,$C_1 = C_2$ 时,它们的值和振荡频率的关系见表 12.5.1。

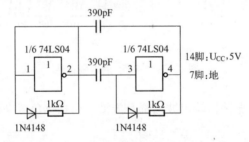

图 12.5.1　由 R、C 构成的多谐振荡器

表 12.5.1　不同 R、C 值和振荡频率的关系

$R_1 = R_2$	$C_1 = C_2$	振荡频率	备　注
470Ω	39pF	10MHz	波形近似正弦波
470Ω	500pF	0.5MHz	
1kΩ	300pF	2.325MHz	
1kΩ	680pF	1MHz	
1kΩ	0.01μF	100kHz	
1kΩ	0.1μF	10kHz	
1kΩ	10μF	约125Hz	
1.8kΩ	0.01μF	95.24kHz	
1.8kΩ	500μF	约0.5kHz	

图 12.5.1 所示电路中,在反馈电阻上串接了二极管,可改善温度变化对稳定性的影响。

第六节　压控多谐振荡器

压控多谐振荡器电路如图 12.6.1 所示。控制电压 $-U_G$ 加到场效应管 VT 的栅极上,栅压不同,其振荡频率也不同。在一定范围内,栅压与振荡频率近似呈线性关系。输出波形为方波。当电阻 R 和电容 C 为定值时,改变栅压其振荡频率也随之变化。栅压和振荡频率的关系见表 12.6.1。

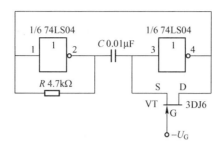

图 12.6.1　压控多谐振荡器

表 12.6.1　栅压（$-U_G$）和振荡频率的关系

电阻 R	电容 C	栅压 $-U_G$/V	振荡频率/kHz
200Ω	1000pF	0	312
200Ω	1000pF	-0.3	200
200Ω	0.01μF	0	27.7
200Ω	0.01μF	-0.35	16.9
5.1kΩ	0.01μF	0	25.6
5.1kΩ	0.01μF	-0.35	16.9

第七节　由多谐振荡器组成的通路测试仪

在组装和调试电路中经常要使用通路测试仪,而有的万用表没有设置通路检测功能。

由多谐振荡器组成的通路测试仪电路如图 12.7.1 所示。电路由 VT_1、VT_2、C_1、C_2、R_3 和 R_4 等组成多谐振荡器。

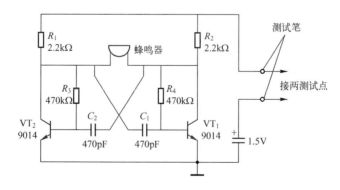

图 12.7.1　由多谐振荡器组成的通路测试仪

当 $R_3 = R_4 = R$、$C_1 = C_2 = C$ 时,电路的振荡频率为 $f = 1/(1.4RC)$,振荡频率约为 3000Hz。

当两测试笔悬空时，蜂鸣器不响。当测试笔接到电路的测试点时，若短路，则蜂鸣器响；若接触电阻很小，则蜂鸣器也响；接触电阻大时，蜂鸣器不响。

蜂鸣器要选择低压型的。

第八节 振荡频率为 400Hz 的振荡器

常常需要振荡频率为 400Hz 的振荡器，其电路种类很多，但电路简单、成本低、容易起振的为数不多。由 555 时基电路组成的 400Hz 振荡器为易起振的一种，其电路如图 12.8.1 所示。

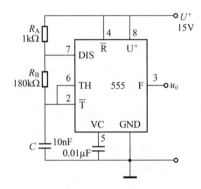

图 12.8.1 振荡频率为 400Hz 的振荡器

它是一个典型的 555 多谐振荡器，取 $R_A = 1\text{k}\Omega$、$R_B = 180\text{k}\Omega$、$C = 10\text{nF}$，则 $f = 1.443/[(R_A + 2R_B)C] = 399.7\text{Hz}$。要求 R_A、R_B、C 的值尽量接近于上述值。当 $U^+ = 15\text{V}$ 时，实测 $f = 397.5400.4\text{Hz}$，比较理想。

第九节 400Hz 电源

本节 400Hz 交流电源由 LM386 组成，如图 12.9.1 所示。

LM386 具有下列特点：
- 工作电压范围宽，为 4~12V 或 5~18V。
- 静态耗电量小，典型值为 4mA。
- 电压增益可变，范围为 20~200。
- 失真低，典型值为 0.2%。
- 外接元器件少，电路内部工作状态自动调节。
- 最大输出功率为 700mW（$U_{CC} = 9\text{V}$，$R_L = 8\Omega$，THD = 10%）。
- 频带宽度为 300kHz。

它最突出的优点是放大倍数可调节，当 1 脚与 8 脚均开路时，电路增益由内部电路确定为 20；当 1 脚与 8 脚之间接不同的阻容元件时，可改变放大器的闭环增益，最大可达 200。

LM386 可作为功率放大器用。本电路接成音频功率放大电路，其振荡频率为

$$f = 1/[0.36(R_{p1} + R_1)C_1]$$

适当调节 R_{p1} 使振荡频率为 400Hz，电路即成为 400Hz 交流电源，其输出功率为 700mW。

在输出端接扬声器即成为音频振荡器。

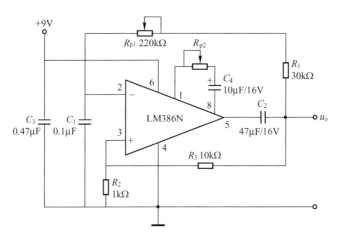

图 12.9.1　400Hz 电源

调节 R_{p2} 可调节电路的放大倍数。

调试方法：用数字频率计或具有测频功能的 4½位多用数字表（如 UT58E 型）测量输出的频率，调节 R_{p1} 使读数为 400Hz 即可。

第十节　双无稳态多谐振荡器

由时基电路 555 可以组成双无稳态多谐振荡器。由双时基电路 556 组成的双无稳态多谐振荡器如图 12.10.1 所示。

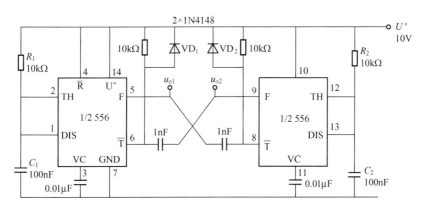

图 12.10.1　双无稳态多谐振荡器

和一般的 555 时基电路组成的振荡器不同，它的频率 $f \approx 0.91/[(R_1+R_2)C]$，$C_1=C_2=C$，其占空比 $D=R_2/(R_1+R_2)$，取 $R_1=R_2$，则 $D=0.5$。改变 R_1、R_2 的值，可将占空比 D 从 5% 调节到 95%。

电路对地具有两个输出端子，它们能给出数字系统常用的两相时钟信号。

556 具有两个复位端子 $\overline{R}$，利用它可以使电路停振（可将 $\overline{R}$ 接地停振）。

电路使用的直流电源范围较大，一般可使 $U^+ = 5 \sim 18V$，但是电源数值不同，其振荡频率、输出电压也不同。当 $U^+ = 10V$、$R_1 = R_2 = 10k\Omega$、$C_1 = C_2 = 100nF$ 时，实测振荡频率为 465Hz，振荡频率并非十分稳定，但变化不大（只在个位数变化），其输出电压 $u_o = 4.760V$；当 $U^+ = 15V$、$R_1 = R_2 = 10k\Omega$、$C_1 = C_2 = 100nF$ 时，实测振荡频率 $f = 650Hz$，输出电压 $u_o = 6.50V$。

公式 $f = 0.91/[(R_1 + R_2)C]$ 仅在电源电压 $U_f = 10V$ 时，理论值与实测值相差 2%。

第十一节 由 4013 组成的多谐振荡器

本节振荡器由双 D 触发器和晶体管等组成，如图 12.1.1 所示。4013 的一半组成自激多谐振荡器（IC_1），另一半组成双稳态电路（IC_2），晶体管 VT_1、VT_2 分别组成两个射极输出器。

IC_2 的输出端 $\overline{Q}$（12 脚）和 Q（13 脚）的波形为两个相位差为 180°的方波，它们分别输出到晶体管 VT_1 和 VT_2 的发射极。VT_1 和 VT_2 的输入阻抗较高，因此对 IC_2 输出波形的影响极小；它们的输出电阻很小，VT_1 和 VT_2 作为信号源（VT_1 和 VT_2 之后再接其他电路，其本身就变成信号源了），其内阻小是对信号源的要求。

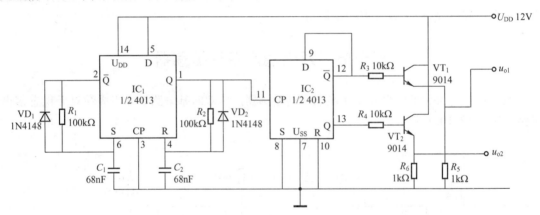

图 12.11.1 由 4013 组成的多谐振荡器

第十二节 由 4047 组成的多谐振荡器

由 4047 构成的多谐振荡器电路如图 12.12.1 所示。4047 为单稳态/多谐振荡器 CMOS 电路，当作振荡器运用时，需要外接定时电容 C_t 和定时电阻 R_t。电路的振频率为

$$f_0 \approx \frac{1}{2.13 R_e C_t}$$

f_0 由 13 脚（F_0）输出，4047 还有两个 $f_0/2$ 输出端 DF 和 $\overline{DF}$，它们的输出信号互为反相。按照本电路参数，振荡器 $f_0 = 100Hz$，电路可产生两个互为反相的 50Hz 振荡信号。

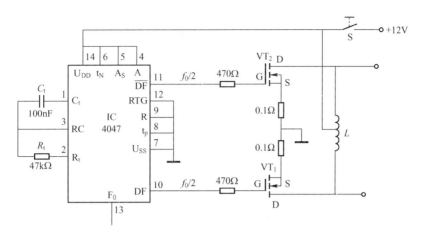

图 12.12.1　由 4047 构成的多谐振荡器电路

互为反相的 50Hz 信号输入至 VT_1 和 VT_2 两个 VMOS 管，VT_1 和 VT_2 及电感 L 也组成了一个多谐振荡器电路，这个电路本身既是放大器也是驱动器，两个互补的振荡信号分别由两管漏极 D 输出。

实际测量的振荡频率 f_0 =100Hz，用示波器观察波形，为典型的占空比为 50% 的方波，波形好、频率、幅值稳定。

由于电感 L 的存在，两个漏极的波形会发生一点畸变，但基本还是 D =50% 的波形。

元器件的选择方法如下。

（1）场效应管：应根据输出功率的大小来选择 VMOS 管。对于小功率的，可选择 K2018、IN60 等；对于中大功率的，可选择 P6N50、IRF624、IRFP064 等。

（2）电感 L 可用小型变压器的二次线圈，但要有中心抽头，也可自制。

（3）0.1Ω 电阻功率要 2W。

本电路只要接线正确即可起振，无须调试。

第十三节　大功率多谐振荡器

本节大功率多谐振荡器如图 12.3.1 所示。它是一个逆变器，将蓄电池的直波电压变换成交流电压，供野外或特殊情况下使用。

该电路具有极高的效率和很强的负载能力，它输出方波，幅值接近于电源电压。

振荡器由 VT_5、VT_6、R_2、R_3、C_1 和 C_2 组成，它是一个典型的集－基耦合多谐振荡器，当 $R_2=R_3=R$、$C_1=C_1=C$ 时，其振荡周期 $T=1.4RC$，频率为

$$f=1/(1.4RC)$$

由图 12.3.1 所示参数计算，$f_{计}$ =48Hz，实测值 $f_{测}$ ≈50Hz。它的振荡频率接近于 50Hz。

VT_5 和 VT_6 的集电极电流分别驱动 VT_1 和 VT_2，其发射极电流分别驱动 VT_3 和 VT_4。电流的极限值由 R_1（或 R_4）决定。值得注意的是，晶体管的电流相对较高，其值也即负载电流的最大值为 $I_{Lmax}=\beta(U_i-1.4V)/R_1$，此式可估算出负载电流可能出现的最大值在 10A 左右，这是极限，不能突破，否则将损坏电路。该多谐振荡器其输出电流可达 3A，此时运行是安全的。

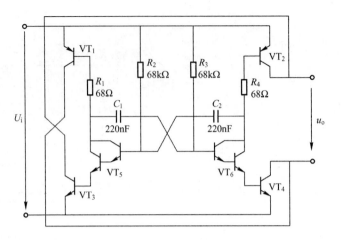

图 12.13.1 大功率多谐振荡器

若需要 220V 交流电源，可将输出端接一电源变压器，二次绕组接振荡器的输出，变压器的一次绕组便输出 220V 方波交流信号作为电源使用。

因为变压器为感性负载，当多谐振荡器驱动感性负载时，每个输出晶体管都一定要在集电极与发射极之间接一个反向的快速大电流二极管，以消除自感电动势的危害，保护晶体管。

1. 调试方法

（1）将 R_1、R_2、R_3 和 R_4 的上端接到直流电源 U_i 的正极，再将 VT_5 和 VT_6 的发射极接地，接通电源，用万用表交流挡测量 VT_5（或 VT_6）集电极对地的电压，此电压为交流信号，如振荡器起振则应有数值显示。

（2）R_1 和 R_4 是限制电流的元件，其数值越大，振荡电流越小。根据实际需要适当选择 R_1 和 R_4 值。

（3）外接变压器可选择 10V/220V、5A 的电源变压器，其容量应和蓄电池的容量相等。

2. 元器件选择

（1）VT_1、VT_2 应选择 PNP 型大功率晶体管，要求 $I_C \geqslant 5A$，如 BD244C、TIP42C 等。

（2）VT_3、VT_4 应选择 PNP 型大功率晶体管，要求 $I_C \geqslant 5A$，如 BD243C、TIP31C 等。

（3）VT_5、VT_6 应选择 NPN 型达林顿管，如 BD679、2N6039 等。

第十三章 LED 灯

LED 是 Light Emitting Diode 的缩写，中文译为"发光二极管"，顾名思义，这是一种会发光的半导体器件。20 世纪 50 年代英国科学家发明了世界第一个 LED。LED 具有寿命长、发光效率高、低功耗、无辐射的特点。普通白炽灯的光效为 12lm/W，寿命小于 2000h；螺旋节能灯的光效为 60lm/W，寿命小于 8000h；直径为 5mm 的白色 LED（主要用于照明）的光效为 20~28lm/W，驱动电流为 15~20mA，功耗小，寿命大于 100000h。

LED 是环保型绿色高科技光源，未来 LED 必将全面代替普通照明设备。

本章将介绍十几种 LED 发光电路，主要是利用易购的普通元器件来设计 LED 电路，较少利用专用集成 LED 驱动器件。

本章的部分电路属于先进照明、闪光电路。之所以说先进，是利用新发明的国产元器件用于照明系统，或利用先进的设计理念设计出采用普通元器件的极省电的 LED 闪光电路。

第一节 简易 LED 灯

简易 LED 灯电路如图 13.1.1 所示，电路中无变压器，直接将交流 220V 电压变成脉动直流电压，将几个白色 LED 串联，使其发光照明。

经整流的脉动直流电压约为 200V。设选定的 LED 正向压降为 2.0V，额定电流为 20mA，则串联的 LED 个数为 $n = 200V/2V = 100$。若嫌 LED 个数太多，欲减半，则需要串联电阻，电阻的阻值 $R = 100V/20mA = 5k\Omega$，选额定值为 $5.1k\Omega/1W$ 的电阻；或用电位器 R_p 串联电路，调节 R_p 使 LED 亮度合适，再用合适阻值的电阻代替 R_p 即可。

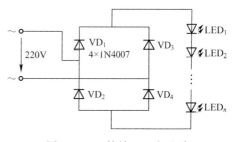

图 13.1.1 简易 LED 灯电路

第二节 LED 闪光灯/照明灯

LED 闪光灯/照明灯电路如图 13.2.1 所示。电路的核心器件是凌特公司生产的升压开关电源模块 LT1932，它最多可以驱动 8 个串联的 LED，如需要驱动更多的 LED，则可以使用两组并联支路，此时每个支路需要串联一个 100Ω 左右的电阻，以平衡各支路的电流保持 15mA。

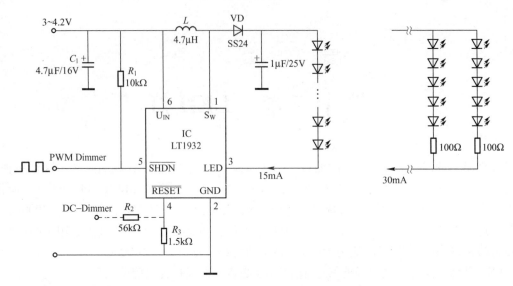

图 13.2.1　LED 闪光灯/照明灯电路

$\overline{\text{SHDN}}$ 为控制脉冲（PWM）输入端，低电平有效，即 $\overline{\text{SHDN}}=0$ 时，LT1932 的内部开关导通工作，$\overline{\text{SHDN}}=1$ 时开关截止。改变脉冲宽度可改变 LED 亮度，如果 PWM 信号周期较长，则 LED 将闪烁。

电感 L 的电流值必须满足 IC 开关电流的需要。

调试方法如下。

(1) 将任一 PWM 信号发生器（所用电源在 3～5V 之间）的输出端接到 $\overline{\text{SHDN}}$ 端（5 脚），调节脉冲宽度，可看到 LED 亮度的变化。当 PWM 周期较长时，LED 将闪烁，成为闪烁灯；当周期较短时，成为照明灯。

(2) 直流调试：将 $\overline{\text{RESET}}$ 端外接电阻（R_2），外加 DC-Dimmer 电压 0～2.5V，即可调节 LED 的亮度。

VD 为肖特基二极管，其正向导通压降很低，可选择 SS24、SB160 等。电感 L 值为 4.7μH，电子商场有售。

第三节　一节电池 LED 手电筒电路（1）

一节电池手电筒电路（1）如图 13.3.1 所示。LED 发光强度很强，寿命极长。用一个白色 LED 为笔形手电筒提供光源，是一项节能的措施。一般的笔形手电筒常用三四节电池，体积大又耗电，本电路能将 1.5V 的电压提升，供白光 LED（正向电压降 3V 以上）使用。

集成施密特反相器 IC_a 接成方波振荡电路，IC_b 接成方波缓冲电路并驱动 MOSFET VT 管，VT 作为开关管与 L 组成升压电路。调节 R_1 可改变方波的占空比，从而改变 LED 两端的平均电流，也就改变了 LED 的发光强度。

当方波的正脉冲来临时，VT 触发导通，将 LED 短路，LED 不亮；当脉冲的低电平来临时，VT 截止，LED 发光。LED 一亮一灭地工作，由于人眼对光有滞留作用，看到 LED 是一直亮的。

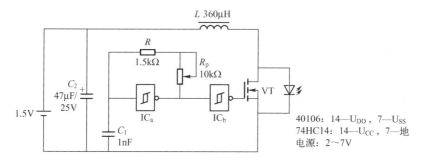

图 13.3.1 一节电池 LED 手电筒电路（1）

IC 可选用 74HC14 或 40106。

VT 选择贴片型场效应管，如 IXM61NO2F。因为是贴片，故减小了电路的体积。

LED 选择白光 20mA 的发光二极管。

本电路接线正确即可正常工作。

第四节　一节电池 LED 手电筒电路（2）

一节电池（1.5V）LED 手电筒电路（2）如图 13.4.1 所示，这是一个自举电路，它具有启动电压低、电池使用寿命长的优点。在正常情况下，白光 LED 在 20mA（最大值）时需要 3.6V 电压。因此，可采用电感型 DC/DC 升压电路来解决输出电压比输入电压高问题。升压驱动器需要至少 1V 的启动电压。本电路可在 0.7V 左右的电压下启动。

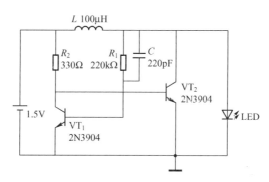

图 13.4.1　一节电池 LED 手电筒电路（2）

该电路有循环往复的工作过程。当电池电压稍高于 VT_2 的 U_B 电位时循环开始，在 VT_2 的基极产生的正电流为

$$I_B = (U_{BAT} - U_{be2})/R_2 = (1.5V - U_{be2})/R_2$$

其中，U_{BAT} 为电池电压；U_{be2} 为 VT_2 的发射结电压。随着 VT_2 导通，电感 L 达到地电位，VT_1 截止。

L 内储存的磁场能随 L 电流以 di/dt 的斜率上升而增加。随着电流的增大，电流也流过 VT_2。当 VT_2 的集电极电压足够高后，VT_1 导通。VT_1 的基极电压通过 R_1 和 C 正反馈网络施加在 VT_2 的集电极上。R_1 也起限制 VT_1 基极电流的作用。

VT_1 导通后，VT_2 的基极分流到地，VT_2 截止。L 把磁场能释放给 LED。L 的快速恢复使 LED 加上正向电压而发白光。由于 L 放电，VT_1 又回到截止状态。在电池电压降低到 VT_2 的 U_{be2} 电压以前，自激振荡一直持续。

L、VT_1、VT_2 的性能决定了循环周期及振荡脉冲的占空比。LED 的亮度直接取决于流过 LED 的平均电流。VT_2 截止时 LED 导通，反之则截止。

电感 L（100μH）市场上出售；VT_1、VT_2 可用 2N2222A 代替。

第五节 一节电池 LED 手电筒电路（3）

用白光 LED（WLED）可制成一节电池 LED 手电筒，其电路如图 13.5.1 所示。电路用一颗 1.2V/220mA 的可充电电池，也可用普通的 5 号电池。

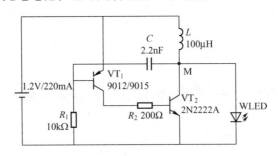

图 13.5.1 一节电池 LED 手电筒电路

用一节充电电池（充满电时）可使用 36h。

VT_1、VT_2 组成一个振荡器，电路振荡时将电池的能量储存到电感 L 里，将电路 M 点电位提高，足以驱动 WLED 发光。

L 可选用成品电感，从 10～1000μH 都可正常工作。

第六节 大功率 LED 驱动电路

LED 发光效率很高，和白炽灯、日光灯相比，在相同亮度的情况下，LED 耗电最少。有些场合，需要亮度很强的照明，满足这样条件的大功率 LED 驱动电路如图 13.6.1 所示。电路的电源电压为 6V，可将两个 LED 串联支路再并联，并联支路越多，消耗的功率越大，需要漏极电流大的场效应管，当 I_D = 5A 时，能带动约 100 个 LED 支路。

场效应管选用 VMOS 功率管，如 P6N50 等。MOSFET 的栅极由 PWM 控制，当改变脉宽，即占空比时，即可改变 LED 的亮度，占空比越大，LED 亮度越强。

VT 也可选用其他型号的管子，只要 I_D 满足要求即可。

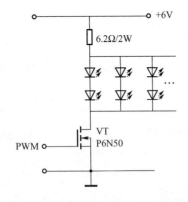

图 13.6.1 大功率 LED 驱动电路

此电路为一实用电路,具有节能、使用方便的特点。

第七节 电容降压式 LED 灯电路

电容降压式 LED 灯电路如图 13.7.1 所示。220V 交流电经电容降压,再经桥式整流变换成直流电。

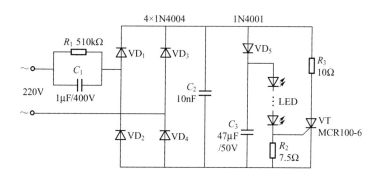

图 13.7.1 电容降压式 LED 灯电路

电路用晶闸管 VT 和 R_3 组成保护电路。当流过发光二极管的电流大于设定值时,晶闸管导通一定角度,从而对电路中的电流进行分流,使 LED 工作于恒流状态,避免 LED 因瞬间高压或过大电流而损坏。

电路中的降压电容 C_1,是用两个介质电容"背靠背"串联(两正极串联或两负极串联)而形成的无极性电容。若用一个 1μF/400V 无极性电容,则其成本很高。

第八节 LED 节能电路

LED 节能电路如图 13.8.1(a)所示。VT 导通后,流过 R_3 的电流和电压都开始上升,若 R_3 上端的电位超过 IC(3140)的参考电压时,IC 输出高电平,VT 截止,电感线圈产生感应电势,使得电流从 VD 流回线圈构成一个电流回路;当 R_3 的电压下降到一定值时,IC 输出低电平,VT 又导通,电流又升高,电流特性曲线如图 13.8.1(b)所示。调节电位器 R_p,使得通过 LED 的峰值电流不超 50mA。电流变化周期由线圈电感和 R_p 设定的迟滞电压决定。

调试方法:用示波器测量 R_3 两端电压,应为斜波(三角波),峰值电压约为 450mV,用万用表直流电流挡测量通过 LED 的电流,电流不能超过 25mA。

电感线圈的制作方法:环形磁芯,外径 $\phi_{外}=16$mm,内径 $\phi_{内}=10$mm,高 $h=6$mm;漆包线外径 $\phi=0.57$mm。用漆包线穿孔绕 57 匝,其电感量为 4.7mH。

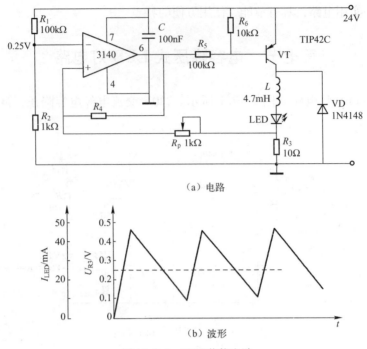

(a) 电路

(b) 波形

图 13.8.1 LED 节能电路

第九节 LED 灯调光器

由 555 和电压比较器 IC_2 组成的 PWM 用于 LED 灯的调光，PWM 的占空比调节范围为 0~100%（参见本书第十一章"脉宽调制（PWM）电路"）。

IC_1 接成多谐振荡器，振荡频率为 65Hz 左右，由 R_1、R_2 和 C_2 决定，电容上的锯齿波电压输入至比较器的反相端；R_p、R_3 和 C_3 组成的参考电压网络接到比较器的同相端，由 R_p 改变控制电压实现 PWM 的占空比调节。PWM 输入到驱动电路，可实现大功率调光，电路如图 13.9.1 所示。

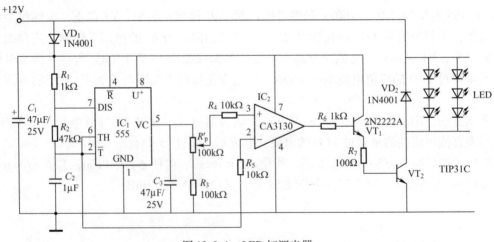

图 13.9.1 LED 灯调光器

驱动电路由 VT_1 和 VT_2 组成,输出电流取决于 VT_2,该电路的输出电流为 3A,可驱动很多 LED。

VT_2 也可用场效应管,它的导通电阻更低。

该电路很节能,可用蓄电池供电,也可用交流降压整流、滤波、稳压供电。

第十节 闪光灯控制电路

闪光灯控制电路由振荡器和闪光器两部分组成,如图 13.10.1 所示。

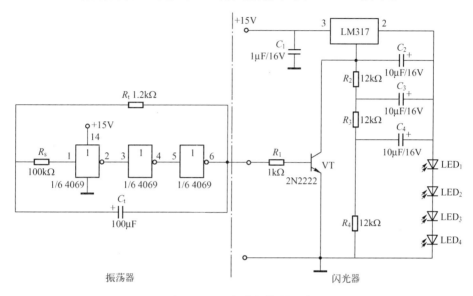

图 13.10.1 闪光灯控制电路

一、振荡器电路

振荡器由 3 个反相器组成,其振荡频率为 4Hz,估算公式为 $f \approx 1/(2.13R_tC_t)$,R_t 为定时电阻,C_t 为定时电容。表面看来,电阻、电容可任意取值,其实不然,若电阻过大、电容过小,就满足不了低频的需要。要想得到人眼能分辨出的闪光,频率不能过高。对于反相器连接的 RC 振荡器,欲得到低频必须加大电容量,本电路将定时电容值选定为 $100\mu F$,之后再根据频率选择电阻 R_t。其振荡频率 $f = 1Hz/(2.13 \times 1.2 \times 10^3 \times 100 \times 10^{-6}) \approx 4Hz$。

二、闪光电路

闪光电路由晶体管 VT 和可调稳压器 LM317 等组成。LM317 的输出电流达 1A,并且有限流保护电路,带负载的能力很强,因此闪光灯不会过电流。

闪光灯选用中功率发光二极管,正常发光时,其正向压降约为 3V,因此可用 4 个 LED 串联。$LED_1 \sim LED_4$、$R_2 \sim R_4$ 作为负载跨接在 VT 的集电极与发射极之间。

调试方法:先组装振荡器,用频率计测量 6 脚对地的频率是否在 3~4Hz,如无频率计,则可用指针式万用表直流电压挡(5V),将红表笔接 6 脚,黑表笔接地,观察指针是否摆动,指针摆动,则说明振荡电路已起振,否则需重新检查电路是否接错,只要接线正确,电路就会起振。

第十一节 压控 LED 变色灯

压控 LED 变色灯电路如图 13.11.1 所示。发光二极管由红色管和绿色管封装在一起形成的双色管。当电路的控制电压从 0 变化到 12V 时,LED 首先会变成绿色,然后逐渐由橘黄色变为黄色,最后变成红色。LED 灯的绿色和红色部分分别独立驱动。绿色部分由 IC_a 经 R_7 驱动,红色部分由 IC_b 经 R_8 驱动。放大器 IC_b 的增益为 2,当输入电压 0.5V 左右时,红色 LED 灯发光,这部分在 $U_i > U_{CC}/2$ 时达到最大亮度。

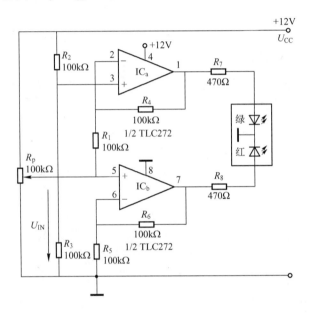

图 13.11.1 压控 LED 变色灯

放大器 IC_a 是一个单位增益的反相放大器。当输入电压为 0 时,IC_a 输出电压最大,接近于电源电压 U_{CC},这时绿色 LED 灯最亮。随着输入电压的增大,IC_a 输出电压逐渐降低,绿色 LED 灯逐渐变淡,当输入电压 $U_i = U_{CC}$ 时,IC_a 输出电压为 0,绿色 LED 灯完全熄灭。

第十二节 超级电容储能太阳能灯电路

1. 超级电容简介

一般的太阳能灯的储能器件是可充电电池,普通电容虽能储存电场能,但储能时间短(存在自放电现象),储能也不多。随着科学的发展,人们研究出一种新型电容,其电容量非常大,因此被称为"超级电容"。

超级电容具有容量大、体积小、温度特性好、寿命长的特点,广泛用于电动汽车、大功率短时供能电源、太阳能储能、智能仪表、电动玩具等领域。与普通电容相比,其容量很大，外观和电池相似，因此被称为"电容电池"。

超级电容单体容量范围一般为0.1~1000F，循环使用次数可达几十万，自放电电流小，如27V/100F单体电容自放电电流约为1mA。另外，在太阳能灯的应用中，储能是当天使用的，因此自放电问题不必考虑。

2. 电容储能太阳能灯

太阳能灯是一种绿色照明设备，利用超级电容作为储能元件，再用DC/DC升压芯片BL8530将电压升高来驱动LED。电路工作稳定可靠，免维修，环保无污染，使用寿命长，可广泛应用于室内外照明场所。

超级电容储能太阳能灯电路如图13.12.1所示。当环境光线强时，LED灯不亮；当光线较暗时，LED灯点亮，用于照明。

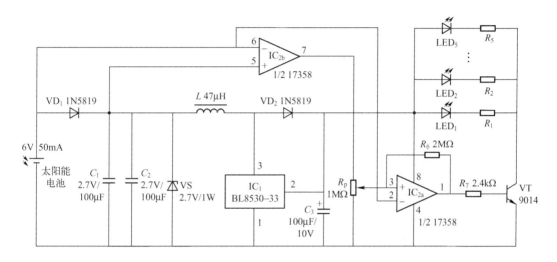

图13.12.1 超级电容储能太阳能灯电路

光线强时，太阳电池经VD_1向电容C_1、C_2充电，当电容电压达到0.8V后，升压芯片BL8530开始工作，输出3.3V电压，IC_2及外围元器件组成的控制电路开始工作。此时，IC_{2b}反相端电压较高，IC_{2b}输出低电平，使IC_{2a}输出低电平，VT截止，LED灯不亮。

当光线较暗时，不足以为C_1、C_2充电，VS阻止了C_1、C_2向太阳电池放电，同时IC_{2b}同相端电位较高，输出高电平，IC_{2a}光控制电路进入工作状态。

IC_{2a}与R_p共同组成一个电压比较器，由于环境光线变化缓慢，没有明显的明暗交界点，普通的电压比较器会在临界点附近较长时间工作于线性区，具体表现为LED灯较长时间处于微亮状态，加入了电阻R_6，使比较器具有施密特特性，避免其工作于线性区。如果太阳电池电压高于R_p的设定电压，则说明环境光线不是很弱，IC_{2a}输出低电平，LED灯不亮；反之，如果太阳电池电压低于R_p的设定电压，则说明环境光线很弱，IC_{2a}输出高电平，LED灯亮。

3. 元器件选择

（1）超级电容C_1、C_2：选用100F/2.7V电容，两电容并联，具有200F的容量。

（2）DC/DC升压芯片：选用BL8530-3.3型号，它可将0.8V的电压升至3.3V。

BL8530 是一款 PFM（频率调制）控制的开关型 DC/DC 升压稳压芯片，工作频率为 350kHz，最高效率 85%，该芯片的启动电压为 0.8V，保持电压为 0.7V，当其输入电压 U_i = 1.8V 时，输出电压 U_o = 3.3V 时负载驱动能力可达 200mA，静态电流小于 5.5μA。其外围元器件仅需电容、电感和肖特基二极管。BL8530 的输出电压为 2.5~6.0V，可根据需要选择，本电路选用了 3.3V。

(3) VD_1、VD_2：选择肖特基二极管 1N5819，其正向压降很低（约 0.2V），也可选用 SB160（60V/1A）。

(4) 电感 L：选用直流电阻小于 0.5Ω 的 47μH 的功率电感。也可自制，在 ϕ4mm×6mm 工字磁芯上用直径 0.2mm 漆包线绕 50 匝，电感量约为 50μH。

(5) IC_2：选择 CMOS 型双运算放大器 17358，也可选用双极型运放 LM358，前者损耗小。

(6) 太阳能电池板：可选用 6V/50mA 产品，可保证在光线较弱时也可获得足够的能量。

(7) VS：是电容过电压保护用稳压二极管，常用的齐纳管精度为 ±5%，业余条件下可在 2.7V 齐纳管中选出稳压值在 2.65V 以下的管子。VS 的耗功为 2.7V×50mA = 0.14W，选用 0.5W 的管子足够使用。

(8) LED：选用额定电流 20mA 的小功率白光 LED，数量可为 1~5 个。LED 要有适当的限流电阻（R_1~R_5）。

4. 调试方法

在光照下，C_1（C_2）上的电压达到 0.8V 以上后，C_3 上应有 3.6V 电压，此时 LED 不亮。继续监测 C_1 两端电压，直到稳定为止，应不超过 2.7V。

遮挡太阳能电池板上的光线，模拟夜间照明环境，调节 R_p 使 LED 发光。

根据流过 LED 的电流适当调整 R_1~R_5 的阻值，使每个 LED 的电流都在 10~15mA。

在 C_1 和 C_2 的正极测量电路的静态电流为 1.6mA。采用 2 只 LED，在电容充满电的情况下 LED 的发光时间可达 3h 以上。超级电容可谓电容电池，完全可代替充电电池。一般的充电电池只有几百次的充电寿命，而超级电容可达几十万次。

第十三节 极省电的 LED 闪光灯

由 CMOS 双互补对加反相器集成电路 4007 和场效应管 VT 组成的极省电的 LED 闪光灯电路如图 13.13.1（a）所示，由 4007 的两个互补对和一个反相器组成了三反相振荡器。

4007 中的一对互补 PMOS 管和 NMOS 管的输出端分别为 13 脚和 8 脚（见图 13.13.1），它们分别接 R_1 和 R_2 两个大阻值电阻，把振荡器所需的电流限制在不大于几微安的水平。

电容器 C 和 R_5 确定振荡器的截止时间，$t_1 \approx R_5C = 0.001S = 1ms$；C 和 R_6 确定振荡器的导通时间，$t_2 \approx R_6C = 1S = 1000ms$。经 VT 反相，变成如图 13.13.1（b）所示波形，周期为 $T = t_1 + t_2 \approx t_2 = 1000ms$。

电路中两个串联的 LED 在 1ms 的脉冲宽度的电流峰值为 $I_p \approx 20mA$。

两串联 LED 消耗的平均电流决定了电池的寿命。电流的平均值为

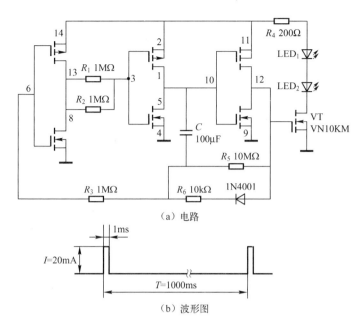

(a) 电路

(b) 波形图

图 13.13.1 极省电的 LED 闪光灯

$$\mu_i = \frac{1}{T}\int_0^T i\,\mathrm{d}t = \frac{1}{1000\mathrm{ms}}\int_0^{1\mathrm{ms}} I_p\,\mathrm{d}t = \frac{1}{1000\mathrm{ms}} \times 20\mathrm{mA} \times 1\mathrm{ms} = 20\mu\mathrm{A}$$

消耗的电流实在太小了，因此，1 节 9V 方形叠层电池能用 3 年（和电池的储存时间相当）。

本电路适于便携式 LED 闪光灯，闪光频率为 1s。

元器件选择方法：VT 选用小功率 N 沟道增强型 VMOS 管，任意型号皆可，本电路选用小功率 MOS 管 VN10KM 型。如选用大功率 VMOS 管和大功率高亮度 LED，则其闪光强度很高，当然也是很省电的。

第十四章 无触点开关

电动机的起动、运行一般采用交流接触器的触点控制，其触点容易磨损、氧化、产生火花，而且接触器的线圈大量使用铜、触点使用贵金属（白银），造巨大的浪费。一些电路的负载也用非密封继电器触点控制导通、切断，时间长了，造成磨损失控。

无触点开关是用晶闸管、VMOS管或晶体功率管的导通将电路的负载接入电源。无触点、无噪声（电气噪声）、无火花，不影响其他用电设备。

根据负载的大小，可选择适当功率的晶闸管、VMOS管、晶体管。电流小至几百毫安，大至几十安，甚至几百安，都可用上述器件来完成电流的输送，电路安全可靠。

第一节 用于交流电的光敏开关

本电路在天黑时能自动接通交流电源，使LED灯自动点亮，这种光敏开关可用于路灯或宾馆走廊的自动照明，当天亮或光线强时照明灯自动熄灭。

本节中的直流电源不采用变压器降压整流的方法，而是使用电容降压稳压电源，这样使开关体积小、成本低。

一、电容降压稳压电源

电容降压是利用电容的容抗进行降压。电容降压稳压电源的整流电路分为半波整流和全波整流两种，本文采用全波桥式整流，如图14.1.1所示。50Hz交流的容抗为 $X_C = 1/(\omega C) = 1/(2\pi fC) = 1/(100\pi C)$，由于直流输出电压 U_o 相对输入电压 u_i 小得多，故可忽略不计，电源通过 C_5 所能提供电流为 $I \approx u_i/X_C = u_i 100 C_5$，其中，$u_i$ 的单位为V，C_5 的单位为F，则 I 的单位为A。当电容为 $1\mu F$ 时，$I = 69mA$，即容量为 $1\mu F$ 的电容能提供 $69mA$ 的电流。当用电电流超过 $69mA$ 时，电容无力提供电流，将导致电压下降，且不稳定。若要提供较大电流则需较大容量电容，则降压电容要使用高压电容以防被高压击穿，大容量的高压电容体积大、成本高。因此，电容降压稳压电源一般都用于小电流的场合，若电流较大可用晶体管扩流的方法。在图14.1.1中，C_4 用于滤波，VS用于稳压。

与电容 C_5 并联的电阻 R_5 为泄放电阻，停电时放电，以确保安全。

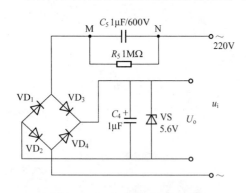

图14.1.1 电容降压稳压电路

二、交流电光敏开关电路

交流电光敏开关由二进制串行计数器/分频器4060、电容降压稳压电路、光敏控制电路（VT_2、VT_4、VT_5）和光耦合器（IC_2）等组成，如图14.1.2所示。

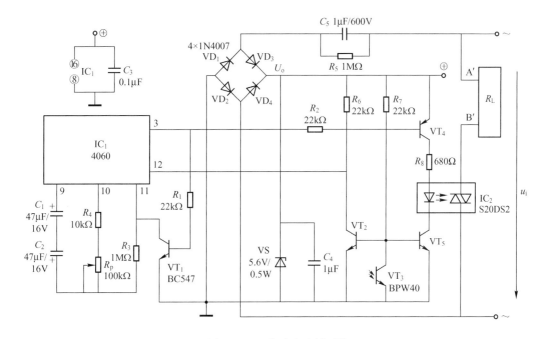

图14.1.2　交流电光敏开关

光耦合器IC_2本身形成一个固态继电器，在VT_4、VT_5导通的瞬间，IC_2内的发光二极管导通发光，使双向光敏二极管导通，将负载R_L接入交流电路。只要VT_4、VT_5中有一只管子截止灯便熄灭。

VT_5是否导通取决于光敏晶体管VT_3。如果光线照射在VT_3上，则VT_3导通，使VT_5的基极电流减小，只有天黑时VT_5才有导通的可能。

VT_2的基-射结与VT_5的基-射结是并联的，因此，天亮时VT_2也截止。此时，IC_1 4060被复位，其全部计数输出端都保持低电平。

天黑时，电源通过R_7向VT_2提供基极电流，于是VT_2导通，灯亮。与此同时，计数器IC_1对内部振荡器产生的脉冲进行计数，经过预置的时间，其输出端Q_{13}变成高电平，使VT_4截止，IC_2中的发光二极管熄灭，灯也随之熄灭。此时，VT_1导通，将4060的11脚接地，4060的振荡器停止工作，但Q_{13}仍为高电平。这种状态保持到天亮IC_1被复位为止。之后开始新的循环过程。

R_p用于亮灯调整时间（1~5h）。电容C_1与C_2同极性串联形成无极性电容，其等效电容为$C_{eq} = \frac{1}{2} \times 47\mu F$。

4060的振荡频率为$f \approx 1/(2.2R_t C_t) = 1/[2.2(R_4+R_p)C_{eq}]$，其波形为方脉冲。

三、负载 R_L

负载 R_L 可以是 LED 灯（LED 灯泡可直接接交流 220V 电源），直接接到 A′、B′两点（见图 14.1.2），可以用并联的方式增大功率。另外，可以串联多个 LED，但需整流电路，如图 14.1.3 所示。将 60 个 LED 串联，每个 LED 正向压降约为 3V，其电流约为 10mA，限流电阻按 $R = U'_i/I_L \approx U_i/I = 220\text{V}/0.01\text{A} = 22\text{k}\Omega$ 选择。负载电流不同，R 值不同。

U_i 为交流电源电压（有效值），U'_i 为 A′、B′两点间的电压（见图 14.1.2，有效值），它略小于 U_i，两者的差小于 IC_2 双向光敏二极管的压降。

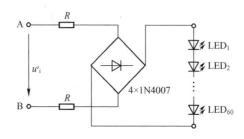

图 14.1.3　串联 LED 照明电路

四、设计方法与元器件选择

本节的设计方法主要介绍电容降压设计方法。

（1）使用电容降压供电的电路，应先使用稳压电源对电路（除掉电容降压和整流稳压管所提供的直流电压的电路）进行测量，用电流表测量电路的供电电流 I。

（2）降压电容的选择：按 $C = I/(100\pi U_i) = 15I$（单位：μF）选择。其中，I 的单位为 A。例如供电电流 $I = 69\text{mA}$，则 $C = 15I = 15 \times 0.069\text{A} = 1.035\mu F$，取标称值 $1\mu F$。

电容的耐压值按 $U_M \geq \sqrt{2} U_i = \sqrt{2} \times 220\text{V} = 311\text{V}$ 选择，一般选用 400V、600V、630V 的耐压电容。纸质电容可供选择，但使用寿命较短；瓷介质电容质量好，但价格较高。

（3）泄放电阻（R_5）的选择：可按 $R_5 \leq 1\text{M}\Omega$ 选择。

（4）VT_1、VT_2、VT_4、VT_5 选择一般的低频小功率管即可；VT_3 选择一般的光敏管即可；光耦合器 IC_2 的选择，主要考虑双向光敏二极管的电流大小，负载电流越大，双向光敏二极管的电流越大。

五、数据测试

在电容降压稳压电路中，当整流器的输出端开路（不按 C_4、VD_5）时，其开路输出电压 $U_o = 86\text{V}$；当接上 C_4、VS 时，$U_o = 5.66\text{V}$，再接负载（两个串联 LED）时，$U_o = 5.42\text{V}$，可见整流稳压电路的带负载能力不强。交流电压主要降在降压电容 C_5 上。

第二节　固态继电器的应用电路

固态继电器 SSR 的最大特点是输入与输出之间采用光电耦合，因而在电气上是完全隔离的。SSR 具有适用电压范围宽、驱动功率小、无触点、无火花、无噪声、耐振动、耐潮湿、耐腐蚀、寿命长的特点。

由固态继电器组成的无触点开关电路，具有开关速度快、抗干扰能力强、驱动功率小、输出功率大、电气隔离效果好的特点。由固态继电器 3003 构成的无触点开关电路如图 14.2.1 所示。3003 型 SSR 由输入电路、隔离电路和输出电路等三部分组成。它的输入级采用恒流电路，使其能适应较宽范围的输入电压；隔离级采用光电耦合，将输入电路与输出电路在电气上完全隔离；输出级则由光检测器构成的驱动电路、双向晶闸管以及瞬态抑制吸收电路组成。

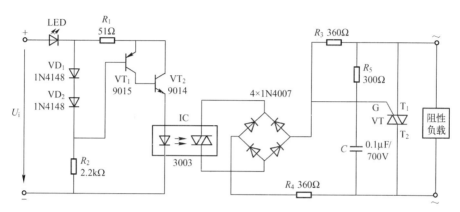

图 14.2.1 固态继电器组成的无触点开关电路

图 14.2.1 中，VD_1、VD_2 起钳位作用，使 VT_1、VT_2 复合管的输出电流不随输入电压的提高而线性增大，实现恒流输入。发光二极管 LED 用来指示工作状态。光耦合器 IC 起电气隔离作用。由二极管组成的全桥为双向晶闸管 VT 提供触发信号。R_5、C 组成浪涌电压的吸收网络，保护晶闸管不被击穿。

SSR 输入电压的范围为 25～380V，输入电流为 20mA；接通电压为 2.8V，关断电压为 1.5V，介质耐压 1.5kV；SSR 的输出电压范围为 25～380V，输出压降为 2.0V，输出漏电流最大值为 10mA；接通时间为 10ms，关断时间为 10ms；环境温度为 -20～+80℃。理解这些输入、输出参数，对电路设计与应用十分有用。

调试方法如下：

（1）当负载电流大于 2A 时，晶闸管与管底的金属散热板应涂导热硅胶。

（2）正确判别晶闸管 VT 的 T_1、T_2 极和门极 G。

① 用万用表 $R\times100$ 挡，若测出某脚与另外两脚的阻值均为无穷大，则该脚为 T_2 极。

② 判断出 T_2 极后，用万用表 $R\times1$ 挡，黑表笔接 T_2，红表笔接假设的 T_1 极，并使假设的 T_1 极与假设的 G 极短接一下，若 T_1 和 T_2 能维持导通，则说明假设正确；反之，将另一极假设为 T_1 极，重复以上操作。若都不通，则说明晶闸管已损坏。若将 G 极误为 T_1 或 T_2 极，则晶闸管立即损坏。

（3）如有可能，在输入与输出之间加高压（1700V）并保持 30s 以上，如 SSR 无损坏，则说明电气隔离性能良好。

第三节　固体继电器无触点开关电路

固体继电器 SSR 可组成无触点开关电路，它和带触点的继电器不同，由于无触点，不会产生火花，运行速度快且安全。

夏普公司生产的固体继电器 S201S04 适用于 220V 市电，能通断 320W 的无电抗负载，最大有效负载电流为 1.5A。S201S04 固态继电器内部有光耦合器、过零开关、串联电阻和功率双向闸流管。由于内部有过零开关，故只适合无电抗的负载，其内部串联电阻的阻值只有 130Ω，使用时需外接串联电阻，以避免过大的电流流过光耦合器中的发光二极管。

外接电阻 R_1 的阻值取决于外加控制电压和触发电路，串联电阻 R_1 的最小值由下式确定：

$$R_{1\min} = 25(U_i - 2.4) - 130$$

其中，U_i 为外接控制电压。

由 S201S04 组成的固体继电器无触点开关电路如图 14.3.1 所示。图中的 S201S04 只是原理简图，其内部电路远非如此简单。VD 是为保护继电器中的 LED_2 而设置的，当外加控制电压反向加入时，VD 导通从而保护了 LED_2；LED_1 用于指示固体继电器是否有控制电流流过；$R_2 - C_1$ 为防止浪涌电压的保护支路。

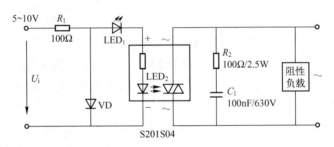

图 14.3.1　固体继电器无触点开关电路

S201S04 型固体继电器在市场上不一定能买到，但市场一般都有 LED 触发的双向光敏二极管的其他光耦合器。对于这样的光耦合器可进行如下测试：将光耦合器的输入端加接 1kΩ 的多圈电位器，再加上 10V 的直流电压，光耦合器的输出端接万用表的电阻挡，电位器的阻值由大到小调节，当万用表短路时，说明光耦合器中的 LED 已发光并触发了双向光敏二极管，使光敏管导通，此时电位器的阻值即为外接限流电阻，选择接近此阻值的额定电阻即可。

第四节　光控闪光灯电路

光控闪光灯由光敏电阻根据光线强度的变化引起阻值变化而控制灯的亮灭，即白天灯不亮，夜晚灯亮。要灯闪烁还需加上振荡电路。闪光灯可用于道路施工现场、道路障碍夜间的警示。

电路由超低频振荡器、光敏电阻、光耦合器、双向晶闸管、限容降压元件和稳压管等组成，如图 14.4.1 所示。

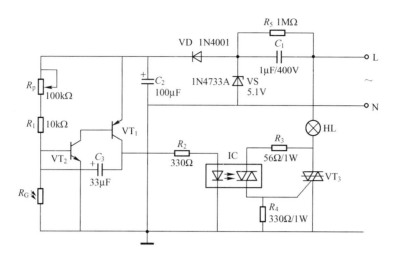

图 14.4.1 光控闪光灯电路

超低频振荡器由互补晶体管 VT_1、VT_2、电阻 R_1、电位器 R_p、光敏电阻 R_G 和电容 C_3 等组成，振荡频率由电位器 R_p 调节。

VT_2 的基极与地之间接一个光敏电阻，白天光线较强使光敏电阻的阻值变小，使 VT_2 的基极电位恒定在低值状态，所以 VT_1、VT_2 截止，振荡器停振。此时，VT_1 的集电极为低电位，光耦合器 IC 不工作，晶闸管截止，警示灯不亮，整个电路处于静止状态；天黑后，光线较弱，光敏电阻阻值变大（约 1MΩ），VT_2 基极电位变高，VT_1、VT_2 均导通，它们组成的超低频振荡电路起振。VT_1 集电极电位开始周期性地发生高、低变化。当其输出高电平时，使 IC 内的 LED 发光，致使其双向晶闸管导通并驱动晶闸管 VT_3 导通，使警示灯亮；当 VT_1 集电极为低电位时，IC 内的 LED 不发光，IC 又停止工作，晶闸管 VT_3 截止，警示灯又灭。这样，警示灯受超低频振荡器控制，周而复始地工作于闪烁状态。

电路采用电容降压技术，市电降压后，由 VD、VS、C_2 整流滤波稳压，为电路提供 5V 直流电压。

1. 元器件的选择

（1）光敏电阻 R_G：选择亮阻≤10kΩ、暗阻≥1MΩ 的光敏电阻。

（2）光耦合器 IC：可选择 MOC3041 型过零触发光耦合器，其他类型也可。

（3）双向晶闸管：应根据负载电流选择，如 3A/400V 即可。

（4）晶体管：VT_1 选择 PNP 型小功率管，VT_2 选用 NPN 型小功率管，两管的 $\beta \geq 100$。

（5）负载：可选择 15W 电灯，可单个或并联使用，不建议使用 100W 或以上功率的灯泡。

2. 调试方法

电路组装后，用黑布遮住光敏电阻的受光面，此时超低频振荡器起振工作，调节电位器 R_p，使闪光频率符合要求。

该电路可用串联若干个低压小灯泡的方法作为简易广告灯。

第五节 MOSFET 负载开关

MOSFET 负载开关由一个 N 沟道 MOS 管和一个 P 沟通 MOS 管组成,如图 14.5.1（a）所示。为什么不用一个 MOS 接成一个负载开关呢？先看图 14.5.1（a），在 U_{con} 端加高电平，N–MOS（VT_2）饱和导通，P–MOS（VT_1）的 $-U_{GS}=U_i$，P 管导通，负载 R_L 得电。

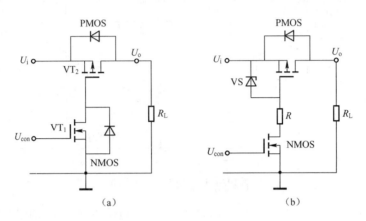

图 14.5.1 MOSFET 负载开关

负载 R_L 接 P–MOS 管的漏极 D，PMOS 管导通时其导通电阻 $R_{DS(ON)}$ 很小，比 NMOS 管小得多，因此输出端用 PMOS 管。

如果 $U_i \geq 15V$，为防止 PMOS 管的 U_{GS} 过高而击穿（一般的 PMOS 管其 $-U_{GS} \leq 20V$），则可用一个齐纳管 VS 来保护，其稳压值可取 $U_Z=6\sim10V$。如图 14.5.1（b）所示，图中的 R 为限流电阻，R 值可按 $R=(U_i-U_{con})/(3\sim5mA)$ 来计算。

组装这个电路时，因为 NMOS 管仅用来驱动 PMOS 管，可采用小 I_D 的 MOSFET 管，如 2N7002。它的主要参数：$U_{DS}=60V$；$I_D=180mA$；在 $U_{GS}=4.5V$、$I_D=45mA$ 时，$R_{DS(ON)}=5.3\Omega$；$U_{GS}=3V$（最大值）时，$P_D=250mW$。

PMOS 可采用功率 MOS 管，如 MTD2955。MTD2955 的主要参数：$U_{DS}=60V$；$I_D=12A$；在 $-I_D=6A$ 时，$R_{DS(ON)max}=0.3\Omega$；$P_D=1.75W$；它采用 DPAK（贴片）封装。

若要求 PMOS 管的 $R_{DS(ON)}$ 更低，可采用 Si9430，其主要参数为：$-U_{DS}=20V$；$-U_{GS}=20V$；在 $U_{GS}=10$ 时，$R_{DS(ON)}=0.05\Omega$；$-U_{GS}=4.5$ 时，$R_{DS(ON)}=0.09\Omega$；$I_D=5.8A$。

可见 PMOS 管的导通电阻比 NMOS 管的导通电阻小得多。

电路的负载 R_L 可以是整个电路，也可是直流电动机等。

第六节 由晶闸管组成的无触点开关

由晶闸管组成的无触点开关电路如图 14.6.1 所示。图中，晶闸管 VT 导通时，将负载（电灯）接入交流 220V 电源上，负载得电工作，这里的晶闸管就是一个无触点开关。电路元器件少、体积小、控制范围广。

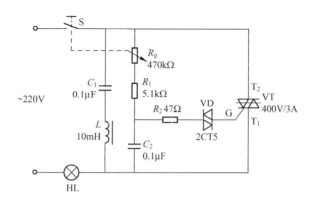

图 14.6.1 由晶闸管组成的无触点开关

合上开关 S 后，电源电压经 R_p、R_1 向 C_2 充电，当 C_2 上的电压上升到一定数值时，双向二极管 VD 导通，晶闸管的门极 G 得到触发信号，使 VT 导通，负载得电工作。

调节 R_p 可改变 C_2 的充电速率，即改变 VT 的导通，使负载（灯泡）两端电压也随之增大或减小，达到无级调光的效果。

电路中的 L、C_1 为吸收回路，防止器件导通时产生的高次谐波串入电源回路干扰其他电器。

元器件选择如下。

（1）开关 S：选择带开关的电位器，类似收音机上的开关电位器。

（2）电感 L：10mH 的电感量较大，可以自制。环形磁芯：外径 $\phi_{外} = 16$mm，内径 $\phi_{内} = 10$mm，高 $h = 6$mm，用 $\phi 0.16$mm 的漆包线穿芯绕 82 匝即可，其电感量约为 10mH。漆包线的线径对电感量的影响不大，通过电感的电流大小要考虑线径的粗细。

本电路的负载不建议用白炽灯。建议使用省电 LED 灯，可参考本书第十三章的相关内容。

第七节　无触点交流插座

无触点交流插座电路如图 14.7.1 所示，主要由双向晶闸管组成。电路使用两个按钮开关 S_1 和 S_2 控制电路的通与断。当双向晶闸管截止时，负载电流为零（忽略 $R_3 - C_2$ 支路电流）。当按下按钮 S_1 时，主电源通过 R_1 加到双向晶闸管的门极 G 上，双向晶闸管导通，将主电源交流电加到负载 R_L 两端。这时松开按钮 S_1，尽管 R_1 两端电压消失了，但负载两端的电压通过 R_2、C_1 产生驱动双向晶闸管导通的门极电流，双向晶闸管维持导通状态。当按下 S_2 时，门极驱动电流被切断，双向晶闸管截止，负载两端无主电源。$R_3 - C_2$ 能抑制双向晶闸管导通与截止产生的干扰。

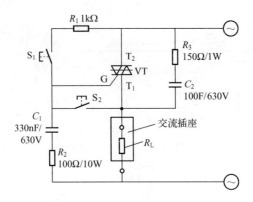

图 14.7.1 无触点交流插座

负载 R_L 不一定为电阻，可为线圈或其他用电器。只要通过插头插入插座即可将交流电输入至负载。

双向晶闸管 VT 应选择功率（电流）较大的管子，以适宜较大的负载。

第十五章 定 时 器

定时器用于定时、定时间间隔。定时时间少至1s（或更低），多至十几小时、几个月或几年。

定时器可由模拟器件组成，定时时间不是很精确；也可由数字器件设计而成，定时精度较高，如使用晶体，定时时间一般可达到10^{-6}s的精度，而且容易达到设计的定时要求。

定时器常用于定时控制用电设备、器件或电路，在自动控制领域、家用电器（如电视机、收音机的自动开启、自动关机）和生活中（如厨房定时器）都有广泛应用。

第一节 定时器电路

由CD4060、CD4518和CD4069数字集成电路组成的定时器电路如图15.1.1所示。定时器的定时时间可调，最长可达10h以上。

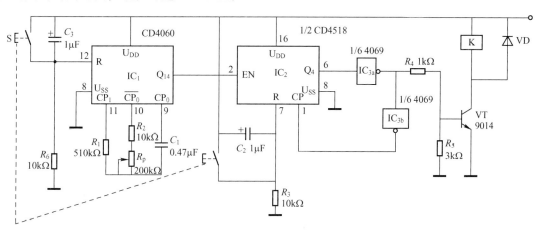

图15.1.1 定时器电路

电路接通电源后，由于C_3、C_2上的电压不能突变，IC_1和IC_2的清零端R上的电压为+12V，因此，IC_1和IC_2被清零，此时，IC_2的Q_4端为低电平，经非门IC_{3a}反相为高电平，晶体管导通，继电器K吸合，其常开触点闭合，定时开始计时。

电源接通后，IC_1的振荡器开始振荡，由定时电阻（R_2+R_p）和定时电容C_1确定的振荡周期为$T=2.2(R_2+R_p)C_1$，T的最小值为$T_{mn}=2.2\times10\times10^3\times0.47\times10^{-6}s=0.01$s，最大值为$T_{max}=2.2\times210\times10^3\times0.47\times10^{-6}s=0.22$s。经$IC_1$和$IC_2$分频后得到的周期范围为1600～36000s，即27min～10h。

振荡信号经IC_1和IC_2分频后，IC_2的Q_4端输出高电平，此高电平一路经IC_{3a}反相后，使 VT 截止，继电器 K 释放，其常开触点断开，定时结束；另一路经 IC_{3b} 反相变为高电平，加到 IC_2 的 CP 端使 IC_2 停止工作，保持原有状态。

开关 S 为同轴双联开关，若要第二次定时，则应将 S 闭合，使 C_1 和 C_2 同时短路，C_1、C_2 放电至 0，使 IC_1 和 IC_2 复位，开始第二次定时。

定时时间由电位器 R_p 调节。

第二节 简易九挡定时器

简易九挡定时器电路如图 15.2.1 所示。电路的核心器件是 4017，它和单结晶体管 VT_1、晶体管 VT_2 和开关 S 组成了可任意选择的九挡定时器。S 为定时时间选择开关。接通电源瞬间，经 C_2、R_4 微分后的脉冲作用于 IC 的复位端 R，使 IC 自动清零，IC 的 $Q_1 \sim Q_9$ 端均输出低电平。此时，无论开关 S 在哪个挡位，VT_2 均可导通，使继电器 K 吸合，被控电器在继电器触点作用下开始工作。与此同时，继电器的常闭触点 K 断开，电源通过 R_1 向 C_1 充电，充电时间常数为 $\tau = R_1 C_1$。经过时间 τ，C_1 的电压达到单结晶体管 VT_1 的峰点电压时，VT_1 导通并输出一个正脉冲，它作用于 IC 的时钟端 CP，并使 IC 的 Q_1 端输出高电平。

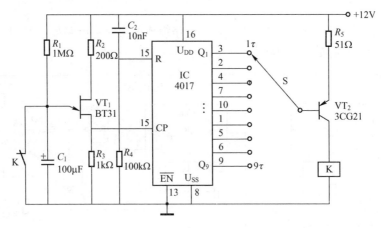

图 15.2.1 简易九挡定时器电路

假定选择开关 S 处于 1τ 挡位，则 Q_1 端输出的高电平将使 VT_2 截止，继电器 K 因失电而释放，其触点控制的电器也停止工作。与此同时，触点 K 又重新闭合，将 C_1 上的电荷放掉，以保证下次定时的准确性。若开关 S 置于其他挡位，则定时时间分别为 2τ、3τ、…、9τ。

定时时间由时间常数 $\tau = R_1 C_1$ 决定，按图 15.2.1 中的参数，定时时间约为 100s，最长定时时间约 900s。可根据需要选择 R_1、C_1 的值。

应根据继电器的吸合电流来选择 VT_2 的集电极最大电流。

第三节 秒时间累计器

秒时间累计器以秒为单位计数累计，计数的最大值为 99999s，即 27h46min39s。

该时间累计器可记录电器的开机时间，其电路图如图 15.3.1 所示，采用两组电源，

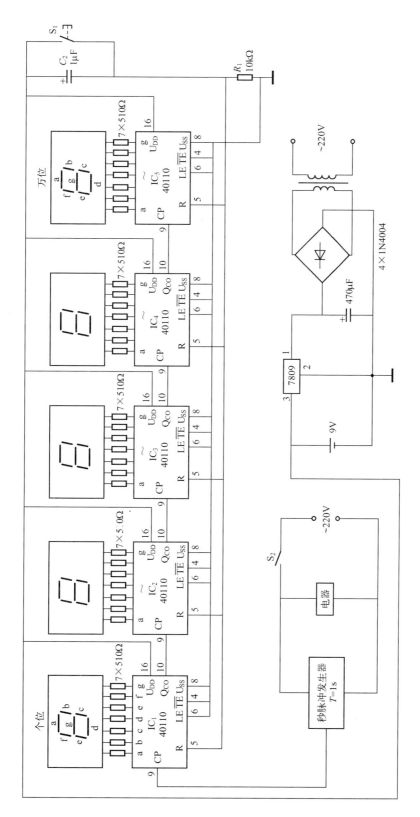

图15.3.1 秒时间累计器电路

一组采用市电经整流稳压形成的9V直流电源，另一组为备用电池电源。当市电停电时，由电池供电。

$IC_1 \sim IC_5$ 采用十进制加/减计数/锁存/7段译码/驱动器CD40110。秒脉冲发生器提供的秒信号经 IC_1 计数，IC_1 计数到10时，由进位端 Q_{CO} 输出一个脉冲，供 IC_2 计数。当秒脉冲数为100时，IC_2 输出一个脉冲给 IC_3，依次类推，直至 $IC_1 \sim IC_5$ 计数到99999为止。

CD40110的CP端为脉冲上升沿触发，LE为锁存控制端；$\overline{TE}$ 为触发器控制端，当 $\overline{TE}$ 为"0"时计数器工作，$\overline{TE}$ 为"1"时，计数器处于禁止状态，不计数；R为清零端，当R=1时，计数器清零。C_2、R_1 组成清零电路，开关 S_1 为手动清零按钮。

数码管采用7段共阴极形式。

当失电时，秒信号发生器失掉电源而不工作，但计数器因有电池供电而保留时间的累计数据，市电恢复时，$IC_1 \sim IC_5$ 继续计数。

本电路中的秒信号发生器可参考第十章"晶体振荡器"有关章节，用在本电路上，秒信号发生器需用市电整流滤波稳压电源。

第四节 通用定时器（1）

通用定时器的定时范围有 1/10~9.9s、1~99s、1/10~9.9min、1~99min、1/10~9.9h、1~99h；最大精度为100%，典型值为98%；每挡可定时点数为100。

通用定时器电路如图15.4.1所示，它具有 1/10s~99h 的长定时范围，可以广泛用于各种自动控制系统中，也可用于日常生活领域。电路由1只4060和7只4017等组成。

4060振荡器可产生几千赫兹的高频信号，可由 R_p 精确地调节，周期 $T = 2.2(R_2 + R_p)C_1$。调节 R_p 可得到 8~15Hz 的方波信号。因此，可用 R_p 得到10Hz的信号。

10Hz信号接入第一级计数器（9.9s范围），用5只4017（$IC_2 \sim IC_6$）进行10、6、10、6、10倍分频，这样，在开关 S_1 的6个固定端上就分别得到 0.1s、1s、0.1min、1min、0.1h、1h 6种时间，这又作为下一级 IC_7 和 IC_8 "串接"起来的计数器主时钟输入。当 IC_8 对主时钟进行10次计数时，IC_7 进行1次计数。

开关 S_2 和 S_3 用来对定时时间进行设置，它们的范围由开关 S_1 的选择而定。S_2 表示十位，S_3 表示个位。S_2、S_3 的输出被接到一个与非门 IC_{9b}（1/4 4011），该与非门只有在两个输入端均为高电平时才会改变输出状态（即当设置时间到时才会翻转），其输出又使得下一个与非门 IC_{9b} 翻转（以二极管1N4148作为反馈），后一个与非门 IC_{9a} 的输出通过一个由晶体管VT构成的缓冲级驱动继电器K，继电器的触点用于控制负载，同时蜂鸣器被激发发出声响（S_5 合上时）。整个电路可由重置开关或断电一次进行重置。

因为CMOS电路耗电较少，可用电池供电，当然也可用交流电整流稳压供电。

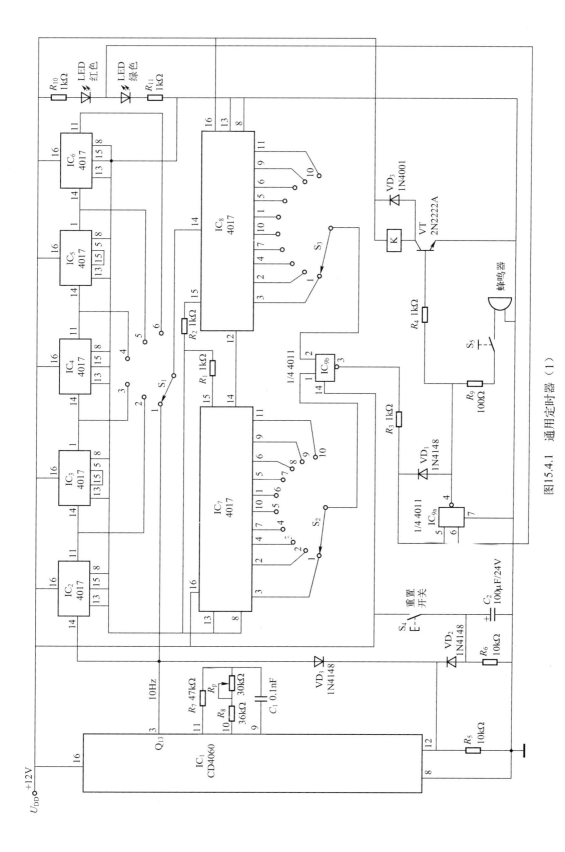

图15.4.1 通用定时器（1）

调试方法：电路连接后，用数字频率计测量 4060 的 9 脚上的频率，细心调节 R_p，使显示为 81920Hz，这个显示值应尽量调准。81920Hz 经 2^{13} 分频，便得到 $81920\text{Hz} \times \dfrac{1}{2^{13}} = 10\text{Hz}$。若要定时非常准确，则要用晶体振荡器进行稳频。

继电器 K 选择额定电压为 12V、直流电阻为 300Ω 左右的继电器。

第五节　通用定时器（2）

该通用定时器由晶体管 VT、4017、4040、Eprom 2716、2004 和 4093 等组成，如图 15.5.1 所示。

VT 将 50Hz 的 10V 正弦电压转换成 50Hz 的方波信号，50Hz 的方波输入到十进制计数/分频器 4017，4017 每输入 10 个脉冲，其进位输出端 Q_{CO} 便输出 1 个脉冲，因此将 50Hz 的方波分频成 5Hz 的方波。

IC_2 的 $Q_1 \sim Q_{11}$ 的 11 个端子的输出信号作为 Eprom 2716 的地址码。复位后，IC_2 从 "0" 开始逐次寻址。IC_3 的输出信号经达林顿阵列电路 2004 缓冲输出。2004 最大负载电压为 50V，最大吸收电流为 500mA，因此 2004 的输出端不再用晶体管增大输出电流，而是直接驱动负载，如图 15.5.1 所示，直接驱动继电器 K。

IC_3 的第 8 位（D_7）输出作为 "终止" 位，在计数过程中，只要 D_7 为低电平，IC_{4a} 输出就为高电平，IC_1、IC_2 处于复位状态，IC_3 输出地址为 "0" 的数据。电路的启动和终止由双稳态触发器 IC_{4a}、IC_{4b} 控制。接通电源后，C_2 使双稳态复位，IC_1、IC_2 处于复位状态，IC_2 输出为 "0"，IC_3 输出地址为 "0" 的数据。

当 "Start"（启动）键按下时，双稳态电路翻转，IC_1、IC_2 开始计数，0.2s 后，地址指令依次从 IC_2 输出，IC_3 的输出状态变化。当 IC_3 的 D_7 端出现 "终止" 指令或按下 S_1 时，计数停止。

如果需要的话，可在 C_1 两端并联一个开关，开关闭合，电路就被锁定（hold），停止计数。

对 IC_3 编程时注意，"0" 地址表示不输出信号，并使程序终止。

IC_5 为达林顿阵列，2004 完全可以由 2003 或 1413 代替，其引脚性能完全相同，见图中右侧。

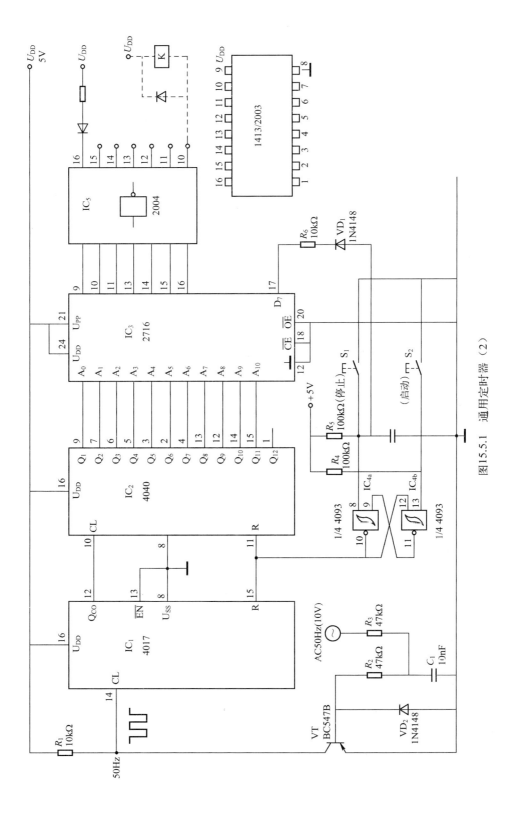

图 15.5.1 通用定时器（2）

第六节 由 CD4060 和 CD4013 组成的长周期定时器

由 14 位二进制串行计数器/分频器 4060 和双主－从 D 触发器 4013 组成的长周期定时器电路如图 15.6.1 所示。定时范围为 20s～60h。

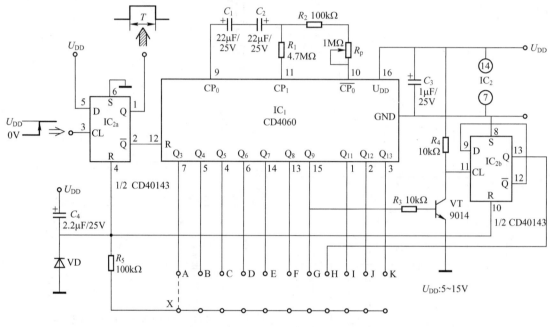

图 15.6.1 长周期定时器

电路需要一个"慢"振荡器，它由 4060 内部一组双稳态触发器外接两个电容 C_1、C_2，两个电阻 R_1、R_2 和电位器 R_p 组成。C_1 和 C_2 "背靠背"相连，形成一个无极性电器，其电容值减半（变为 11μF）。IC_1 计数器的输出信号经各个 Q 端（Q_3、Q_4、…、Q_{13}）输出。

IC_1 没有 Q_{10} 输出，为了得到"步进"输出定时，需要外电路提供一个"Q_{10}"，用晶体管 VT 和 IC_{2b}（FF 触发器）构成一个补"Q_{10}"电路，当 Q_9 输出高电平时，VT 导通，IC_{2b} 的 Q 端（13 脚）便输出一个高电平（此时 Q_9 不再是高电平），形成"Q_{10}"。

启动信号由阶跃信号提供，送入 IC_{2a} 的 3 脚，其上升沿启动定时器，所有的 Q 端输出变为"0"，IC_1 振荡器开始工作，IC_1 的各个 Q 端将随振荡器计时脉冲的变化依次升为高电平。计时脉冲的周期范围由 R_p 控制。

定时周期取决于与 X 点相连的 A、B、C、…、K 各点。当 X 点为逻辑"1"时，经 R_5 复位 IC_{2a}（FF 触发器），这样 IC_{2a} 清零，$\overline{Q}$ 端输出为"1"，振荡器停振，定时器只有当一个新的启动脉冲到达 IC_{2a} 的 3 脚时才能再次工作。

由于有大量的选择余地，可选择的周期很多。A 与 X 相连时，由 R_p 决定的周期为 20s～3.5min；B 与 X 相连时，周期范围为 40s～7min；等等。

周期可用下式计算：
$$T = (M - 0.5) \times 25 \times 10^{-6} \times (R_2 + R_p)$$

其中，M 为分频因数，A—X：$M=2^3$，B—X：$M=2^4$，C—X：$M=2^5$，…，K—X：$M=2^{13}$。

将 $M=2^{13}$ 代入上式，可得到定时周期约为60h。

取得阶跃信号的方法如下。

（1）用一个只有动合触点且自动复位的按钮开关，一端接电源 U_{DD}，另一端接 IC_{2a} 的3脚，快速按一下开关（点动）即可产生一个阶跃信号，作为 IC_{2a} 的3脚启动信号。

（2）用单脉冲方波信号发生器提供，其脉冲上升沿陡直，效果好。

第七节　电容倍增器式长时定时器

电容倍增器式长时定时器电路如图15.7.1所示，电容倍增器如图中点画线框所示。定时器由常开按钮S启动，电源接通时，继电器K不工作，当按一下S时，电源经 C_2 和 R_6 经复合管（$VT_1 \sim VT_3$）提供一个启动偏流，使继电器K工作，其常闭触点 K_1 断开，常开触点 K_2 闭合，于是定时电容 C_1 经继电器线圈和复合管的基-射结充电。随着 C_1 的充电，继电器两端的电压降低，当降到释放电压时，继电器释放，触点 K_2 断开，触点 K_1 接通，使 C_1 经 R_4 放电。

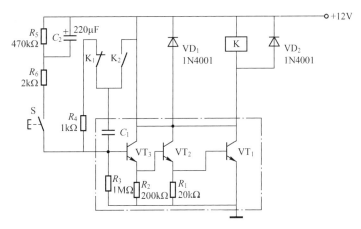

图15.7.1　电容倍增器式长时定时器

当 VT_1 选用3DG12C，VT_2 选用3DG4A，VT_3 选用3DG6B。$C_1=220\mu F$ 时，实测定时时间 $t\approx30min$；当 $C_1=1000\mu F$ 时，$t=2.5h$。

该电路具有重复启动特性，在定时中，若要重新开始定时起点，按一下S就可使 C_1 在放电后重新开始充电，即重新开始另一次定时。

1. 调试方法

调节 R_3 的值，可对定时时间进行调整，当 R_3 减小时，由于它对倍增复合管偏流的分流作用加强，使继电器释放，因而缩短定时。R_3 可在430kΩ~2MΩ范围内选择。可用电位器 R_p 代替 R_3，方便调节定时时间。

用继电器的其他触点来控制用电设备，使设备按定时时间定时停电或开启。

2. 元器件选择

（1）继电器：要选择小型的，其额定电压为12V，线圈的直流电阻为600Ω左右。

（2）$VT_1 \sim VT_3$ 也可选用其他型号，如 VT_1、VT_2 可选用 9014，VT_3 可选用 2N2222A，其性能更为优良。晶体管的 β 值对定时时间也有较大影响。

第八节 长间隔定时器

由 CD4060、CD4017、CD4050 和晶体管 VT 组成的长间隔定时器电路如图 15.8.1 所示。4060 和外接电阻 R_p、C_1 和 R_8 组成振荡电路，为后续电路提供方脉冲信号。其振荡频率由 R_p 调节，调节电位器 R_p，可使其输出端 Q_{14} 每小时输出一个脉冲。它产生的脉冲宽度非常窄，约为 10ns。通过 VD_8 可给自身提供复位信号，即当 $Q_{14}=1$ 时（此时间隔时间已达 1h），VD_8 导通，R=1，4060 复位。

4060 的 3 脚输出信号送至 4017 的 14 脚（CL 端），此端为上升沿触发。每来一个脉冲，4017 的输出端依次变为高电平。

开关 S_1 用于在 $1\sim 6h$ 内选择时间间隔。当选择输出高电平时，晶体管 VT 截止，继电器 K 释放，其常开触点切断控制电路的电源。S_1 还与 4017 的使能端 $\overline{EN}$ 相连，所以 4017 的复位按钮 S_2 没按下时，其状态保持不变，晶体管 VT 继续保持关断的工作状态。

上面的一排指示灯（$LED_1 \sim LED_7$）用于指示开关状态。4050 为同相缓冲器，用于提高对 LED 的驱动能力。

电源电压要求不高，在 $5\sim 15V$ 的范围内皆可。消耗电流约为 15mA。

1. 调试原理

本电路要求 $1\sim 6h$ 的时间间隔，开关 S_1 掷①时，时间间隔为 1h，掷于②时为 2h，以此类推，掷于⑥时，时间间隔为 6h。因此，4060 的 3 脚输出周期必定为 3600s，也就是间隔的一个单位（3600s=1h），因为脉冲宽很小（10ns），因此可认为 3 脚的脉宽约为 1h。

当 4017 的 Q_1（2 脚）输出一个 3600s 周期信号后，再经过 3600s，Q_2 才有输出，因此可认为 S_1 就是一个延时开关。

2. 调试的操作

需要数字频率计，注意操作方法。

调节 R_p，使 4060 的 9 脚对地的频率为 455Hz。

测量低频要"测周不测频"。数字频率计测量低频的误差很大。若闸门时间为 1s，则用频率挡测量 4.55Hz 的误差为 $\dfrac{\Delta f_x}{f_x}=\dfrac{1}{1\times 1\times 4.55}\approx 22\%$。因此必须用周期挡测量周期。

调节 R_p，使 4060 的 9 脚的周期为 219780μs。经过 2^{14} 分频，从 4060 的 9 脚输出信号的周期为 3600s，即 1h。

VT 应选择 PNP 型达林顿管，选择中小功率管子均可，要根据继电器的容量而定。

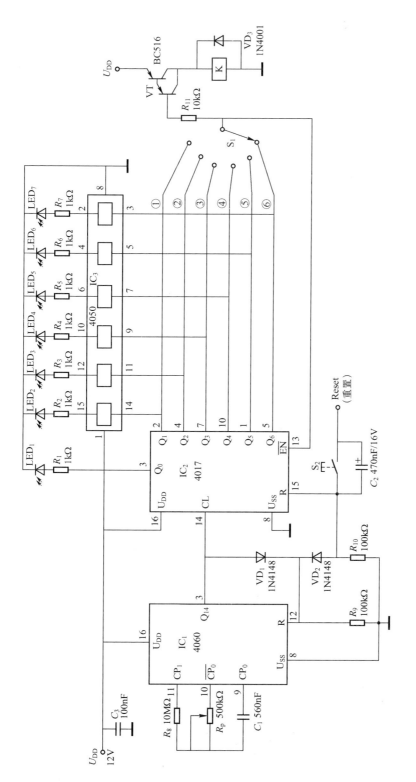

图15.8.1 长间隔定时器

第九节 宽量程定时器

本定时器的定时范围为 18s～37h55min。电路的定时范围分为 3 挡：转换开关 S_1 拨至 ①，定时范围为 18s～22min45s；S_1 拨至 ②，定时范围为 3min2s～3h47min30s；S_1 拨至 ③，定时范围为：30min20s～37h30s。

一、定时原理与计算

定时电路由 555、4017 和 4020 等组成，如图 15.9.1 所示。

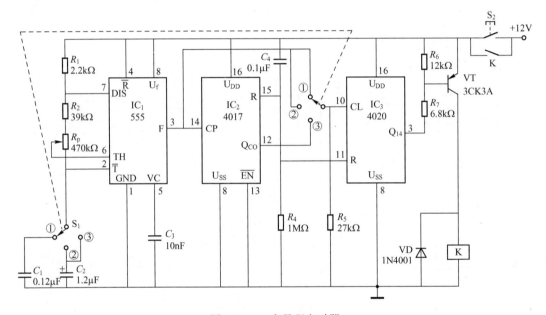

图 15.9.1　宽量程定时器

555 接成一个振荡器，当 S_1 拨至①时，振荡频率为

$$f_{max} = \frac{1.443}{[R_1 + 2(R_2 + R_{pmin})]C_1}, \quad R_{pmin} = 0, \quad f_{max} = 900\text{Hz}$$

$$f_{min} = \frac{1.443}{[R_1 + 2(R_2 + R_{pmax})]C_1}, \quad R_{pmax} = 470\text{k}\Omega, \quad f_{min} = 12\text{Hz}$$

经 IC_3 分频，其输出频率为 $f_{omax} = 900\text{Hz}/2^{14} = 0.055\text{Hz}$，其周期 $T_{omin} = 18.2\text{s}$；$f_{omin} = 12\text{Hz}/2^{14}$，$T_{omax} = 1365\text{s}$。

因此，①挡的定时范围为 18.2～1365s。

S_1 拨至②时，定时电容 $C_2 = 1.2\mu\text{F}$，因此定时时间增至 10 倍，定时范围为 182～13650s。

S_1 拨至③时，4017 接成 10 分频器，即由进位端 Q_{CO}（12 脚）将信号通入 IC_3 的时钟端 CL，其定时时间比②挡增至 10 倍，故③挡的定时范围为 1820～136500s。

以上定时时间为理论计算，各挡的实际定时时间与理论计算有差别。误差主要由 IC_1 振荡器产生（电源电压大小，电压波动，接触电阻，电容漏电，温度、湿度等环境因素等的影响）。IC_2 和 IC_3 的分频基本没有误差。

二、4017 和 4020 的分频原理

4017 是十进制计数/分配器，每输入 10 个脉冲，其输出端 Q_{CO}（12 脚）便产生 1 个脉冲，即进位脉冲。这里的 4017 接成 10 分频器，因此其周期增至 10 倍。4020 是 CMOS 14 级二进制串行计数器，内部没有振荡电路，其分频原理和 4060 相同。

三、执行电路

执行电路由晶体管 VT 和继电器 K 组成。启动定时器，只要按一下按钮 S_2，VT 得电导通，继电器 K 吸合，其常开触点 K 闭合，开关 S_2 自保。此时定时器开始计时，当定时结束时，IC_3 的 Q_{14} 端（3 脚）输出高电平，晶体管 VT 截止，继电器 K 释放，定时结束。

定时器的继电器 K 的常开触点用来控制其他电器或电路，进行自动定时控制。

第十节 烹饪定时器

烹饪定时器用于家庭做饭、炖菜（肉）和煲汤的定时/计时，防止煳（糊）锅、干锅。

烹饪定时器由 555 时基电路和两片十进制计数器/分配器 4017 和晶闸管等组成，如图 15.10.1 所示。通过转换开关 S_3 可选择定时时间，定时时间可为 5min、10min 直至 50min，定时时间到，相应的 LED 指示灯亮，蜂鸣器响，使用方便、成本低。

555 接成无稳态多谐振荡器，调节电位器 R_{p1} 可以调节输出方波的周期为 30s，这是一个基准时间，后续电路将其变成定时时间。

图 15.10.2 是烹饪定时器时序图。理解 IC_2、IC_3 各输出端的时序波形，对电路的工作原理的理解甚为重要。IC_1 的振荡波形由其 3 脚输出到 IC_2 的 CP（14 脚）端，IC_2 的各个输出端（Q_0，Q_1，…，Q_9）依次输出高电平 "1"，IC_2 的 Q_1（2 脚）端悬空。

IC_2 的输出 "0" 接到 IC_3 的 CP 端。当接通电源时，IC_2 的输出 "0" 为高电平，30s 后，555 提供的下一个时钟脉冲到来时，IC_2 的输出 "1" 变成高电平，输出 "0" 变成低电平。再过 30s，又一个时钟脉冲到来，输出 "2" 变成高电平，使第一只双色发光二极管 VD_1 开始点亮，表示通电开始已过去 1min，VD_1 点亮 1min 后（其中绿色和红色发光二极管相继各点亮 0.5min），IC_2 的输出 "4" 变成高电平，使第二只双色发光二极管 VD_2 开始点亮，表示从开始已经过去了 2min。如此继续下去，直到输出 "8" 使第四只双色发光二极管 VD_4 开始点亮，表示已过去 4min。然后再经过两个时钟脉冲，IC_2 的输出 "0" 的正阶跃使计数器 IC_3 获得时钟脉冲，于是 IC_3 的输出 "1" 变成高电平，使标度为 5min 的红色发光二极管 VD_6 开始点亮，表示时间已过去 5min。

接着双色发光二极管 VD_1 ~ VD_4 相继点亮，分别表示已过去 6min（5min + 1min）、7min（5min + 2min）、8min（5min + 3min）、9min（5min + 4min）。到第 10min，IC_2 "0" 输出端又输出一个正阶跃，使 IC_3 的输出 "1" 变成低电平，输出 "2" 变成高电平。于是表示 5min 的 VD_6 熄灭，红色发光二极管 VD_7 开始点亮，表示已过去 10min。其余的各标度发光二极管的工作以此类推。

转换开关 S_3 的①端表示第一个 5min，②端表示第二个 5min，以此类推。像时钟的分针一样，①与②、②与③……时间间隔约为 5min，S_3 拨至⑩端时为 50min。

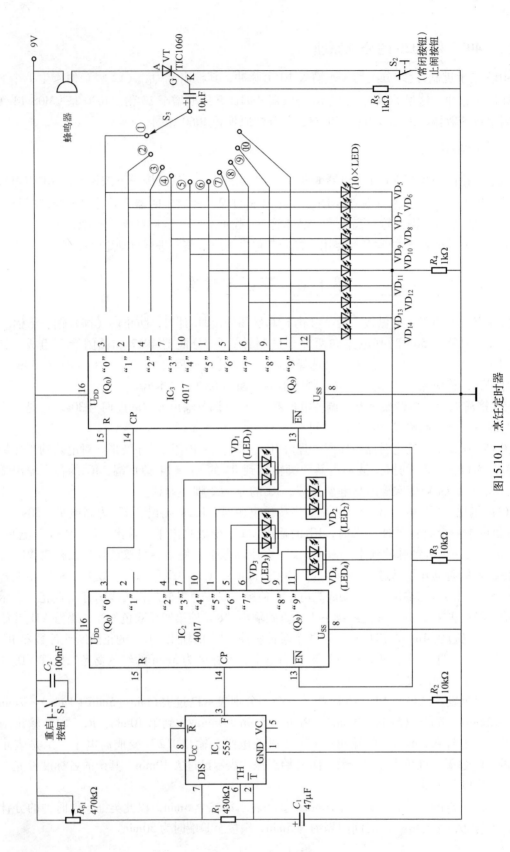

图15.10.1 烹饪定时器

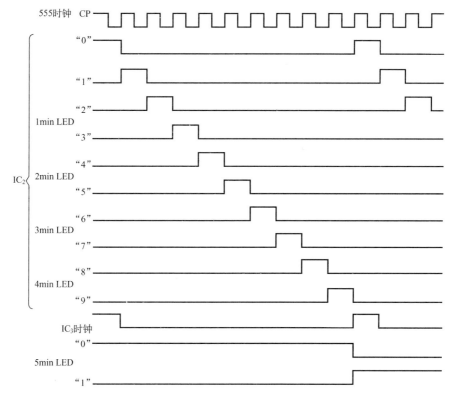

图 15.10.2 烹饪定时器时序图（555 的 1 个周期 = 30s）

开关 S_3 与晶闸管的门极相连接，当 IC_3 的 "0" ~ "9" 端有高电平时，晶闸管 VT 导通，蜂鸣器响，提示所选定的定时时间已到。

S_2 为止响按钮，按下 S_2 时，VT 的电流被切断，蜂鸣器不响。

第十一节 LED 延时电路

LED 灯延时电路如图 15.11.1 所示。S 是一个具有动合触点且自动复位的按钮开关，平时 S 断开，VT_1 导通，电容 C_1 不蓄存电荷，VT_2 截止，LED 不亮；当 S 闭合时，VT_1 截止，电源通过 R_3、VD 对电容 C_1 充电，充电时间常数为 $\tau_充 = (R_3 + R_{VD})C_1 \approx R_3 C_1$，式中的 R_{VD} 为二极管 VD 导通时的电阻，当充电完成后 VT_2 导通，LED 亮。之后 C_1 开始放电，放电时间常数

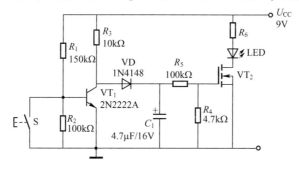

图 15.11.1 LED 延时电路

为 $\tau_{放} = (R_4 + R_5)C_1 \approx R_5C_1$，即延时时间由 R_4、R_5、C_1 确定，由电路参数可知，$\tau_{放} \gg \tau_{充}$。当按一下开关 S 后，LED 亮度逐渐减弱。

R_6 为 LED 的限流电阻，其大小由 LED 的额定电流确定。例如，LED 的额定电流为 20mA，则 $R_6 = 9\text{V}/20\text{mA} = 450\Omega$，因为是短时间工作，$R_6$ 可取标称值 430Ω 或 390Ω 电阻。

VT_1 可选择任一型号的 NPN 晶体管，但 β 值要在 100 以上；TV_2 选择 VMOSN 沟道场效应管，其功率可根据 LED 的额定电流来选择，如 LED 为大功率发光二极管，则 VT_2 应选择中功率 MOS 管，如 P6N50、IRF624 等。

延时时间的调节：本电路延时时间为 20s 左右，增加 R_5 可增加延时时间，减小 R_5 可减少延时时间。

第十六章　充电器电路

现在使用充电电池的场合很多，充电电池可多次充电，使用成本大大降低。充电电池有铅酸电池、镍氢电池和锂离子电池等。锂离子电池多用于移动设备，如手机、摄像机、照相机和汽车等，一般都随机配备充电器或设置充电桩，故本章不予介绍。

本章电路包括电压充电和恒流充电。有的电路可用普通元器件组装，价格低廉，适于个人组装或生产，有的用专用充电器件，虽然可购，但价格较高，因为是专业生产，其性能优良。

本章的许多电路介绍了调试方法，有利于组装和试验。

第一节　自动充电器（1）

本自动充电器由555组成，如图16.1.1所示。它是一个简单有效的自动充电器，适用于大多数充电电池。确定电池是否被充满，需要监视电池电压，这种方法只有在电池温度基本不变时才有效。为了补偿温度变化对电池电压的影响，在被充电电池旁边放置一个稳压二极管VS，并将这个稳压管接入电路中。当环境温度变化范围较大时，必须调整R_{p1}。555电路内有两个电压比较器，其中比较器A_1（电路图中未画出）有两个比较端子，即6脚和5脚。当6脚的电压超过5脚电压时，其输出端3脚为低电平；当另一个输入端2脚电压低于稳压二极管电压的1/2时，其3脚输出高电平。这样，电池电压降到多少需充电和充电到额定电压需停止充电可分别由R_{p2}和R_{p1}设定。发光二极管LED_1亮时，应停止充电；发光二极管LED_2刚亮时，表示电路开始充电。

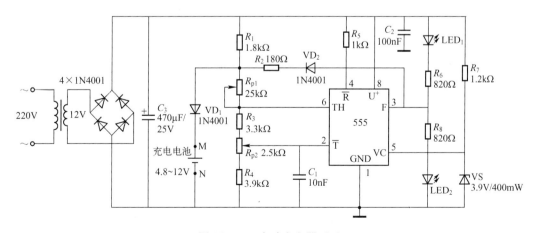

图16.1.1　自动充电器（1）

调试方法如下。

（1）调节 R_{p2} 使电路开始充电

需要可调稳压电源。将稳压电源的输出端接到充电位置，即 M、N 两点上，调节输出电压到电池需要充电的电压（即电压下降后的电压值），调节 R_{p2} 使发光二极管 LED_2 刚刚发光，此时接上被充电电池便开始充电。这种调试只需一次，以后改变电池类型时不必再调节 R_{p2}。

（2）调节 R_{p1} 设置停止充电电压

当电池充满电（达到额定电压）后电路应告知停止充电。方法是：将稳压电源的两输出端接到 M、N 两点，将稳压电源调到被充电电池的额定电压，调节 R_{p1}，使发光二极管 LED_1 发光，此时表示电池已充满电。然后就可接入被充电电池，当充电到 LED_1 亮时即停止充电。

（3）设置充电电流

充电电流由 R_2 设定。$R_2 \approx \dfrac{16V - U_{电池}}{I_{充电}}$，16V 略高于电源电压（式中没减去 VD_1 和 VD_2 的正向压降）。要确保 $I_{充电} < 200mA$，否则 555 不安全。充电电流小可延长电池寿命，图 16.1.1 中的 R_2 值使充电电流为几十毫安。

第二节 自动充电器（2）

自动充电器（2）由比较器和其他一些元器件组成，如图 16.2.1 所示。该电路能自动监视电池的状态，当电池充满电时自动切断电路，防止电池过充电。电路由一个运放 μA741 组成的比较器完成比较功能。如果电池电压超过最高充电电压，则继电器 K 吸合，自动切断充电电路；如果电池电压低于设定的门限值，则继电器释放，电路恢复到充电状态。

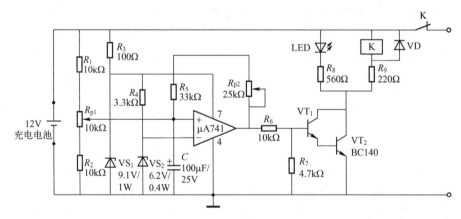

图 16.2.1 自动充电器（2）

比较器的电源端子不是直接接到电池的正极上，而是接到稳压二极管 VS_1 上，其电压比较稳定，不受电池电压变化的影响。运放反相端也接到稳压管（VS_2）上，稳压管上稳定的电压作为运放的参考电压。电池电压经 R_1、R_{p1} 和 R_2 分压后与参考电压比较，当电池电压升高到某一值时（由 R_{p1} 设定），比较器 741 的同相端电压将超过反相端电压，比较器输出高电平，VT_1 和 VT_2 导通，继电器吸合，其常开触点 K 断开，切断电池的充电电流，同时发光二极管 LED 发光，指示电池已充满电。

为了防止电池电压的微小下降使得充电电路立即接通，比较器 741 输出端的电压通过 R_{p2} 和 R_5 反馈到 741 的同相端，构成正反馈。这时，比较器类似一个施密特触发器，具有一定的迟滞效应。也就是电池电压下降到使得充电电路再次接通的电压值由 R_{p2} 决定。

调试方法：需要一台输出电压可调节的稳压电源。用稳压电源模拟电池，将稳压电源的输出电压调整为 14.5V，调节 R_{p1} 使继电器 K 吸合；再将稳压器输出电压降低到 12.4V，调节 R_{p2} 使继电器 K 释放。由于 R_{p1} 和 R_{p2} 的互相影响，需要反复几次调整电路才会稳定。

本充电器适于对小型 12V 铅酸电池充电。

第三节　电池自动充电器（1）

电池自动充电器电路（1）如图 16.3.1 所示，这是一个简单的电池自动充电器，当电池电压低于设定值时，充电器开始给电池充电；当电池达到额定电压时，充电器自动停止充电。

假定电池电压低于设定值，晶闸管 VT_2 截止，VD_3 和晶闸管 VT_1 导通，电源给电池充电，电流表 PA 显示充电电流，电池电压缓慢上升，电容 C 两端电压也慢慢上升，达到一定值时，稳压管 VS 击穿导通，触发 VT_2 导通，此时 VD_3 反偏，流过 VT_1 控制极电流为零，VT_1 截止，充电过程结束。

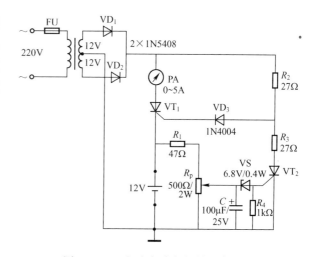

图 16.3.1　电池自动充电器电路（1）

同样，当电池电压又低于设定值时，VT_2 的门极电流减小，之后截止，接着 VT_1 导通，电池开始充电。

1. 调试方法

准备一充满电（即达到额定电压）的蓄电池，将其接到充电端子上，调节 R_p，使得电流表 PA 不偏转，这就说明充电器已校准了。

2. 元器件选择

VD_1 和 VD_2 应选择额定电流大于 8A 的管子，如 1N5408 等；VT_1 选择小功率晶闸管，如 TIC236A、MCR100-6 等；VT_2 必须选择开关电流达 10A 的管子，如 TIC106C。

本充电器适于对容量较大的蓄电池充电。当然，对小容量蓄电池充电亦可。

第四节　电池自动充电器（2）

本充电器可对充电电池进行充电，当被充电电池充电到其标称电压时能自动切断充电电源，防止过充；当电池电压下降到预定电压时，再次接通充电电源。

电池自动充电器电路（2）如图 16.4.1 所示。

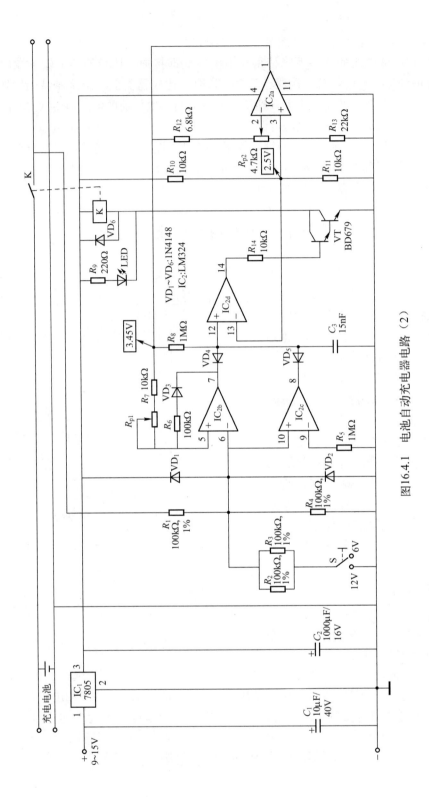

图16.4.1 电池自动充电器电路（2）

从分压器 R_1、R_2、R_3、R_4 取出电池的部分电压，与 IC_{2b} 的基准电压作比较，只要电池电压是 0V（即不接电池），运放 IC_{2c} 输入电流在 R_5 两端产生的压降就很小，于是 IC_{2c} 翻转到 0V，继电器 K 不工作。此时，IC_{2b} 输出高电平，但由于与门 VD_4、VD_5 的作用，此高电平不起任何作用。

当接上被充电电池时，电池的剩余电压使 IC_{2c} 翻转，二极管 VD_4、VD_5 被反向偏置，基准电压加到 IC_{2d} 的同相端，继电器 K 工作，于是电池被充电。当电池电压达到标称值时，由于分压器 $R_1 \sim R_4$ 的分压作用，IC_{2b} 反相端的电压大于 3.45V，IC_{2b} 翻转，其输出为 0V，继电器 K 停止工作，电池的充电电压被切断。

IC_{2a} 输出的基准电压为 3.45V。分压器 VD_3、R_6、R_7、R_{p1} 为比较器 IC_{2b} 提供一定的滞后作用。当电池电压下降到低于 R_{p1} 调定的电压时，IC_{2b} 再次翻转，充电电压又加到电池上。

调试方法：在 IC_{2a} 的输出端接一只电压表，调节 R_{p2} 使电压表指示 3.45V。然后把 R_{p1} 调到阻值最大位置，用一台输出电压可调的稳压电源代替电池。把稳压电源的电压调到 6.2～6.4V（将 S 拨到 6V，即空挡位置）或 12.4～12.8V（S 在 12V 位置），即调到电池应该开始充电的电压，再调节 R_{p1}，使继电器工作。

$R_1 \sim R_4$ 四个电阻要求精度等于或高于 1% 的电阻，R_2 并联 R_3 要求得到 50kΩ 的电阻。这些电阻值不准确将影响充电器的精度。

第五节　具有极性保护的恒流充电电路

具有极性保护的恒流充电电路如图 16.5.1 所示。该电路在被充电电池极性接反时电路不工作，只有极性接对时才能正常充电。极性保护电路由 VT_1、VD_1 和 R_1 组成，当电池接反时，VD_1 导通，VT_1 因基极—发射极反偏而截止，VT_2 无基极电流截止，电池不能充电。

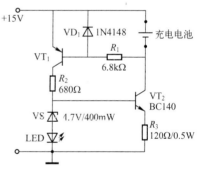

由 VT_2、VS、VD_3 和 R_3 组成恒流源。稳压管 VS 和 LED 使 VT_2 的基极电位稳定，同样，也使 R_3 两端电压稳定，从而使通过 R_3 的电流为定值，VT_2 和 VT_1 的基极电流很小，和通过 R_3 的电流相比可以忽略，

图 16.5.1　具有极性保护的恒流充电电路

因此通过电池的电流可认为是通过 R_3 的电流，即为一恒流。按图中的电路参数，充电电流始终为 50mA。

1. 恒流源的设计方法

发光二极管（LED）正常发光时其正向压降基本不变，不同的 LED 正常发光时的正向压降是不同的，功率越大，正向压降越大。本电路的 LED 为小功率管，其正向压降约为 2V。这样，VT_2 基极电位为 4.7V + 2V，VT_2 发射结压降为 0.7V，因为 R_3 上的压降为 6V。若要求充电电流为 50mA，则 $R_3 = 120Ω$。因此，R_3 决定充电电流的大小。欲要求能方便改变充电电流，可在 VT_2 发射极上接一个固定电阻和电位器串联支路。

2. 元器件选择

（1）VT_2 需选择中、大功率的 NPN 型晶体管，如 BC140、D1409、D1590、D880 等，并

加散热器。

（2）VT_1 选一般的小功率 PNP 型管子即可，其 $\beta > 100$。

第六节　恒流电池充电电路（1）

恒流电池充电电路（1）如图 16.6.1 所示，该充电电路的充电电流从几十到几百毫安，当充电电压达到要求值时，能自动切断充电电路，电路具有短路保护功能，可用交流 220V 供电，也可用直流 12V 供电。

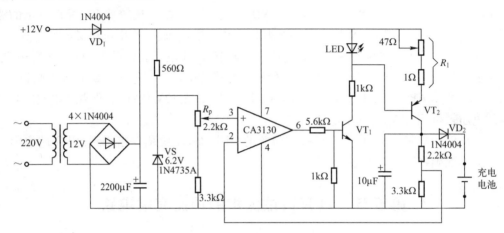

图 16.6.1　恒流电池充电电路（1）

运算放大器 CA3130 用来控制充电电压，其反相端的电压来自与电池电压成正比的分压，同相端的电压来自与稳压管并联的电位器 R_p，用手动方式可改变设定电压。

运算放大器接成电压比较器，调节 R_p，使电路在充电期间运放输出高电平，此时 VT_1 导通，VT_2 也导通，发光二极管（LED）点亮，利用发光二极管的稳压特性，VT_2 产生恒定电流给电池充电。LED 的正向压降 U_{LED} 等于 R_1 两端的电压 U_{R1} 与 VT_2 发射结压降之和，即 $U_{LED} = IR_1 + 0.2V$，则

$$I = (U_{LED} - 0.2V)/R_1$$

不同发光二极管，其正向压降 U_{LED} 是不同的，功率越大其 U_{LED} 越大。例如，大功率 LED 的正向压降约 3.6V，小功率 LED 的正向压降较小。本电路设 $U_{LED} = 1.8V$，则充电电流 $I \approx 1.6V/R_1$。R_1 可调，因此充电电流 I 可以调节。

当电池充足电后，运放反相端的电压超过了设定电压，运放输出低电平，VT_1 截止，VT_2 停止供给电流，充电结束。与此同时，LED 熄灭。充电结束时，电池电压为

$$U = (U^-/R_3) \cdot (R_2 + R_3) - U_{VD3}$$

U^- 为运放反相端的电压，有

$$U \approx \frac{U^-}{R_3}(R_2 + R_3) - 0.6$$

VD_2 的作用是电源切断时防止电池放电。

VD_1 的作用是隔离交流与直流的互相影响，也防止直流电接错极性而保护电路。

元器件选择：VT₂必须选用大功率PNP型管子，如B834、TIP42C、3AD6等。

第七节 恒流电池充电电路（2）

由电压比较器和恒流电源VT₂-VT₃组成的恒流电池充电电路（2）如图16.7.1所示。

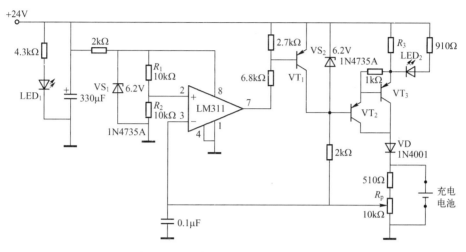

图16.7.1 恒流电池充电电路（2）

电压比较器LM311组成控制电路，LM311的同相端作为参考电压端，同相端的电压U_+取自稳压二极管VS₁的分压值，约为3.1V。比较器的反相端取自电池的分压值。同相端的电压与反相端的取样电压进行比较，一旦充电达到设定值，即取样电压大于参考电压，比较器输出低电平，使VT₁管饱和导通，将VT₂基极上的稳压管VS₂短路，致VT₂/VT₃截止，恒流源停止工作，充电停止。

VT₂、VT₃组成恒流源，其电流值约为$4.8V/R_3$。充电电路串联了一个二极管VD，防止电源出现故障时电池放电。

恒流充电能保证电池的使用寿命和性能，电路能严格控制充电终止电压和放电终止电压。对于单级蓄电池，其充电终止电压不应高于1.6V，放电终止电压不应低于1V。

此充电电路对于12V蓄电池充电效果较好，也可以对6V蓄电池充电。

对于小于或等于3V的电池充电，应改变VS₁的稳压值，如使用3.6V的稳压管（1N4729A）或减小R_2值。

发光二极管LED₁和LED₂分别作为电源指示和充电指示。

元器件选择：VT₃应选择PNP型低频大功率管，如TIP42、3AD6等。

第八节 PWM电池充电器

由方波发生器、单稳态电路、差动放大器/电压比较器和电子开关/驱动电路组成的PWM电池充电器电路如图16.8.1所示。它用来给普通的6V/3A·h电池充电。其特点是充电电流能根据电池的状态自动校正。

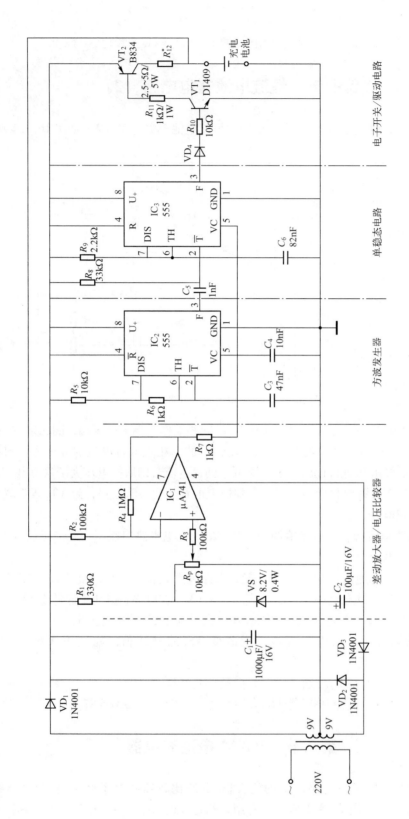

图16.8.1 PWM电池充电器

IC_2 为方波发生器,其频率约为 2kHz;IC_3 是一个单稳态电路;IC_1 是一个差动放大器,在本电路中也是一个电压比较器,输出方波。

IC_1 输出的方波送至 IC_3,IC_3 由方波的下降沿触发,也输出方波,其脉冲宽度取决于差动放大器/比较器提供的控制电压。IC_1 一直监控着电池电压,其反相端直接接到充电电池的正极,其输出随着电池电压与设定的参考电压的不同而变化。当二者相等时,单稳 IC_3 输出脉冲的占空比约为 10%,这用于维持电池的"涓流"充电已经足够了。IC_3 的输出控制着电子开关 VT_1/VT_2,当电子开关闭合时,电源通过 R_{12} 给电池充电,电子开关也是驱动电路。输出信号的占空比根据电池的状态在 10%~90% 变化。

方波发生器由 555 和一些元器件组成,其频率预设为 $f = 1.443/[(R_5 + 2R_6)C_3] \approx 2.5\text{kHz}$;单稳态电路由 555($IC_3$)和一些外围元器件组成,其触发脉冲由 IC_2 的 3 脚经 C_5 输入;差动放大器(IC_1)在电路中起电压比较器作用,IC_1 的输出经 R_7 接到 IC_3 的 5 脚作为调制输入,控制充电脉冲的占空比,也就控制电池的充电速度。

第九节 纽扣电池充电器

纽扣电池是否可以充电?答案是肯定的,只要充电电流小、充电时间长即可。

纽扣电池充电器电路如图 16.9.1 所示。该电路用于给纽扣电池充电。常用的充电器不能用来给纽扣电池充电,因为充电器最小的充电电流对于纽扣电池都太高了。这个充电器可以同时给 1~5 个纽扣电池充电。

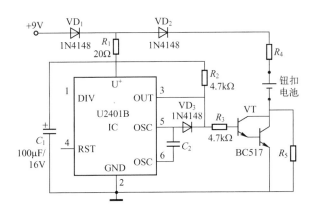

图 16.9.1 纽扣电池充电器电路

纽扣电池充电器的核心是充电管理器 U2401B。R_1、C_1 为 U2401B 电源滤波;VD_2 用来隔离纽扣电池;R_4 用来限制充电电流,应低于 5mA。在慢充电时,通过 R_4 和 R_5 的电流为 0.5mA;C_2 的电容值决定充电时间。

电源适配器接通电源后,电池以全电流充电,此时 VT 导通,充电时间见表 16.9.1。在全电流充电之后,变成慢充电(VT 截止),慢充电电流通常为全电流充电电流的 1/10。

表 16.9.1 C_2 和充电时间的关系

C_2/nF	充电时间/h:min	C_2/nF	充电时间/h:min
15	0:58	68	4:27
18	1:10	82	5:22
22	1:26	100	5:33
27	1:46	120	7:51
33	2:09	150	9:49
39	2:33	180	11:47
47	3:04	220	14:25
56	3:40	270	17:41

R_4 和电池容量、充电电流的关系见表 16.9.2。选定了充电时间，即可确定 C_2 的电容值；选定了纽扣电池的容量，就确定了充电电流和 R_4。

表 16.9.2 R_4 和电池容量、充电电流的关系

电池容量/mA·h	充电电流/mA	电池个数，R_4/kΩ			
		1 个	2 个	3 个	4 个
8	0.5	15	12	8.2	4.7
15	1.0	6.8	5.6	3.9	2.7
18	1.5	4.7	3.9	2.7	1.8
36	2.0	3.6	2.7	2.2	1.2
75	2.5	2.7	2.2	1.8	1.0
120	5.0	1.5	1.2	0.82	0.47
190	10	0.68	0.56	0.39	0.27
230	15	0.47	0.39	0.27	0.18
310	25	0.36	0.27	0.22	0.12

R_5 应满足 $R_5 = 10R_4$。

VT 为 NPN 型达林顿管，选择小功率的管子即可，如 BC517。

第十节 太阳能充电器

太阳电池，即光伏电池，是近 10 年普遍生产、广泛应用的自发电器件。卫星上的动力来自太阳能电池板发电，国内外都兴起太阳能发电站，太阳电池可用来驱动汽车，甚至驱动飞机，太阳电池还可用于家庭照明。太阳电池获得如此的广泛应用，原因何在？因为太阳能是一种清洁能源。

太阳电池的重要参数有峰值功率、最大功率电流、最大功率电压、短路电流和开路电压等。普通电池输出端不能短路，一旦短路，电池的电源耗尽，电池也将损坏。太阳电池不怕短路，用电流表可直接测量短路电流。

太阳电池虽能光致发电，但它不能储存能量，需用蓄电池将其能量存储起来。

简单的太阳能充电电路如图 16.10.1 所示，电路只有 3 个器件：太阳能电池板、可重复充电的蓄电池和二极管。当无阳光或弱光照射电池板时，二极管能阻止蓄电池向太阳电池放电。这样简单的充电电路主要用于廉价商品（如手持照明灯、太阳能台灯）上，国内外都有生产，它的一个致命缺点是充电电池寿命太短。某国外大公司生产的太阳能 LED 台灯，若经常使用，其充电电池只能用 1 年。

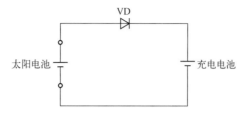

图 16.10.1　最简单的太阳能充电电路

本节的太阳能充电器电路如图 16.10.2 所示。电路中的运算放大器 IC 用作电压比较器，同相端可用电位器 R_p 调节参考电压，反相端通过电阻 R_2 接到 MOSFET 管 VT 的漏极上。当有阳光照射到太阳能电池板时，运放同相端的电位 U^+ 大于反相端的电位 U^-，运放输出高电平，VT 导通，太阳能电池板对蓄电池充电；当光线较弱时，太阳能电池板的电压很低，此时 $U^->U^+$，运放输出低电平，VT 截止，切断蓄电池的放电电路。

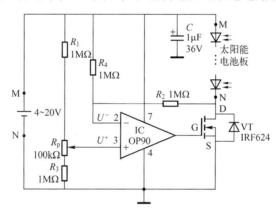

图 16.10.2　太阳能充电器电路

1. 调试方法

（1）用可调输出稳压电源接到 M、N 两点，代替太阳能电池板，调节稳压电源的输出电压高于充电电池电压 0.1V，然后调节电位器 R_p，使运放输出高电平。

（2）用电流表检查蓄电池是否放电。将电流表串联到电池支路上（电流表的正极接电池的正极），如有正向电流，则说明电池电压高于稳压器（太阳电池）输出电压，电池放电，需要重新调节稳压器的输出电压，直到无放电现象为止。

上述调试说明，当太阳能电池板电压高于蓄电池电压 0.1V 以上时，就向蓄电池充电；当太阳能电池板电压低于蓄电池电压 0.1V 以上时，VT 截止，切断充电电路，防止蓄电池向太阳能电池板放电。

2. 元器件选择

(1) IC：运算放大器 OP90 性能优良，在低电压（1.6V）时即可工作。可用其他型号的运放代替，如 MAX473/474/475 等。

(2) VT：太阳能电池板的电流不太大，故 VT 选择中、小功率的 MOSFET 管即可（视太阳能电池板的输出功率而定）。

图 16.10.2 中连接漏极 D 与源极 S 的二极管为内部结构。

注意：运放 OP90 可在 1.6V 电压下工作，场效应管的栅极至少需 3V 电压才能触发，故该充电器仅适用于给 4V 以上的电池充电。

第十一节　镍氢电池充电器（1）

该镍氢电池充电器可以给一节镍氢电池进行快速/慢速充电，快速充电结束后，电路自动转入涓流充电。涓流充电对电池不仅没有损坏，而且有利于镍氢电池延长使用寿命。

电路用四运放 LM324、可调基准电压二极管 TL431 和晶体管等组成，元器件易购，价格低廉。

镍氢电池充电器（1）如图 16.11.1 所示。

一、基准电压 U_{REF} 产生电路

基准电压产生电路，由 TL431 和电阻 R_4、R_5 等组成，产生的基准电压为 $U_{REF} = 2.5V \times \left(1 + \dfrac{R_4}{R_5}\right) = 2.80V$，这个电压作为 4 个电压比较器（LM324 内部的 4 个运放均接成电压比较器）的参考电压（见图 16.11.1）。

二、大电流充电

接通电源后，电源指示灯 LED_1（红色）点亮。装上充电电池，当电池电压低于 U_{REF} 时，IC_{1a} 输出低电平，VT 导通，电源输出大电流给电池快速充电。此时，VT 处于放大状态，充电电流可达 300mA，使 VT 发热较重，使用功率 $P = 625mW$ 的 S8550 管子较合适。

三、小电流充电

电池充电一段时间后，其电压缓慢上升接近于 U_{REF} 时，IC_{1b} 输出电压缓慢上升，于是流过 R_7 的电流慢慢减小，即 VT 的基极电流慢慢减小，因此 VT 的输出电流也缓慢减小，但此时的充电电池电压还会持续缓慢上升，当电池电压等于或大于 U_{REF} 时，IC_{1b} 会输出高电平，这时 IC_{1a} 的同相端 3 脚的电位高于 U_{REF}，比较器 IC_{1a} 翻转为高电平。IC_{1a} 的输出电压有两个作用：一是使 LED_3 正偏点亮（此时 IC_{1d} 输出还是低电平），指示电池充电到饱和（达到额定电压）；二是 VD_3 也正偏导通，因为 R_{17} 电阻很小（62Ω），对 C_2 充电电流较大，使 C_2 上端为高电平，所以 IC_{1c} 的反相端 9 脚电位高于同相端 10 脚电位，使 IC_{1c} 输出低电平，LED_2 因无正偏压而熄灭，表示充电基本结束（此前 LED_2 亮，表示充电状态）。

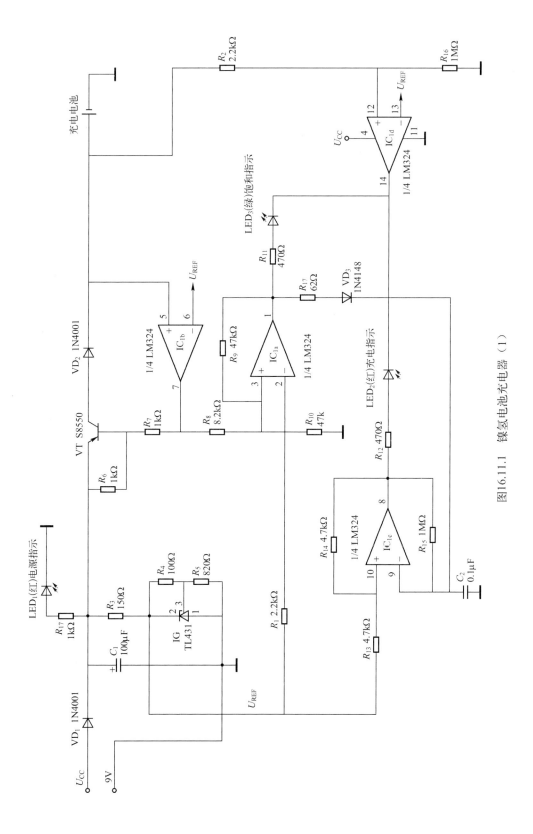

图16.11.1 镍氢电池充电器（1）

表面看来，充电灯熄灭、饱和灯点亮是在一瞬间转换完成的，但实际上充电过程是逐渐过渡的，当电池电压远低于 U_{REF} 时，持续大电流充电；当电池电压接近于 U_{REF} 时，充电电流缓慢减小，直至充电电流趋于零，即使饱和灯点亮，小电流充电仍在进行，即涓流充电。

在小电流充电情况下，3 只 LED 指示灯的状态分别为：LED_1 亮，指示电源正常；LED_2 熄灭，指示充电结束；LED_3 亮，指示电池饱和，进入涓流充电。

上面的叙述中，IC_{1a}、IC_{1b}、IC_{1c} 均有其输出电压的转换作用，唯独没有涉及 IC_{1d}。如果电路不接 IC_{1d}，将 VD_3 和 VD_5 的阴极直接接地，情况会怎样？不装充电电池时，饱和灯 LED_3 亮，显然是不合适的。未装电池时，VT 处于微导通状态，IC_{1b} 的同相端 5 脚电位高于 U_{REF}，IC_{1b} 输出高电平，IC_{1a} 也输出高电平，LED_3 点亮。

当电路接入 IC_{1d} 时，没装充电电池时 VT 处于微导通状态，IC_{1d} 的同相端 12 脚电位高于 U_{REF}，因此 IC_{1d} 输出高电平，这样，LED_3 就不能点亮。

第十二节　镍氢电池充电器（2）

镍氢电池充电器（2）如图 16.12.1 所示。电路的核心器件是 MAXIM（美信）公司生产的专供镍氢电池充电的 MAX712。MAX712 的结构框图如图 16.12.2 所示。该芯片可对镍氢电池快速充电，充电方式采用恒流充电，充电时，电池的电压将随时间的推移而增加，当电池充满电时，电池的电压将不再增加而保持不变。此时，充入电池的电能将不再转化为化学能，而变为热量，电池的温度比未充电时高了许多。据此可判断电池是否充满，判断方式有以下 3 种。

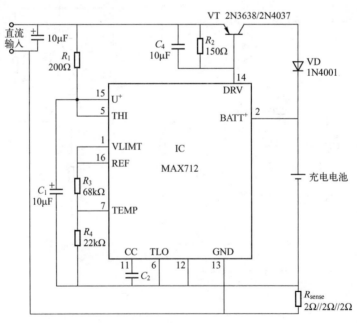

图 16.12.1　镍氢电池充电器（2）

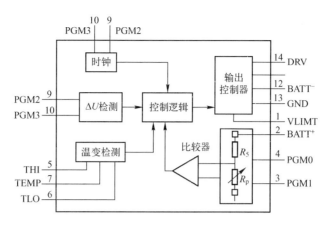

图 16.12.2 MAX712 结构框图

(1) ΔU 检测：ΔU 为 PGM2 脚和 PGM3 脚的输出差值。隔一定时间对电池的电压进行采样，如果 $\Delta U/\Delta t > 0$，则表示电池还未充满，需要继续充电；若 $\Delta U \leqslant 0$，则表示电池已经充满。

(2) 温度检测：当电池的温度比未充电时升高许多时，可认为电池已经充满电。

(3) 充电时间限定：在给定电流下，如果充电时间达到预定值，则认定电池已经充满电，见表 16.12.1。

表 16.12.1 PGM3、PGM2 的连接方式设置最长充电时间

充电时间/min	PGM3（10 脚）接至	PGM2（9 脚）接至	电压检测
45	Open	Open	不允许
66	Open	BATT⁻（12 脚）	允许
180	BATT⁻（12 脚）	Open	不允许
264	BATT⁻（12 脚）	BATT⁻（12 脚）	允许

1. MAX712 的工作原理

MAX712 的引脚功能见表 16.12.2。只有掌握了各引脚的功能，才能设计和使用电路。

表 16.12.2 MAX712 的引脚功能

引脚	名称	功能
1	VLIMT	单节电池的最高电压设定，一般与 REF 脚相接
2	BATT⁺	用于检测电池电压
3	PGM1	与 PGM0 配合设置充电电池的数目
4	PGM0	与 PGM1 配合设置充电电池的数目
5	THI	温度上限控制
6	THO	温度下限控制
7	TEPM	温度信息输入
8	FASTCHG	显示充电状态。低电平为快充，高电平为涓流
9	PGM2	最长充电时间限制
10	PGM3	最长充电时间限制，兼有涓流

续表

引脚	名称	功能
11	CC	外接滤波电容（开关模式另有他用）
12	BATT⁻	电流信息输入
13	GND	接地
14	DRV	连接电流调整管 VT 的基极
15	U⁺	MAX712 的电源
16	REF	基准电压，2.0V

前面介绍的判断电池是否充满电的 3 种方式，在实际使用中可使用其中的任一种或综合使用。

2. MAX712 的特点

（1）可以充 1~16 节电池。

（2）在充电过程中还可以对负载进行不间断供电。

（3）检测到电池充满时（芯片自动完成），电路自动关闭快充模式而转入涓流充电模式。

当 MAX712 加电时，内部复位，时钟开始倒计时，如果温度条件满足，且每节电池的电压都大于 0.4V，则系统对电池进行快速充电。控制逻辑有 4 路信号输入：时钟的倒计时终止信号、温度检测电路输出的温度满足信号、ΔU 检测电路的输出信号和比较器的电流反馈信号。以上信号送入控制逻辑后由它做出选择，经控制输出电路，经 DRV 驱动电流调整管。倒计时结束、电池电压不再升高或电池温度有明显上升，这 3 个条件中有 1 个满足时，控制逻辑实现结束快充而进入涓流充电模式。

BATT 将 R_{sense} 上的电压信号经过内部放大后送到控制逻辑，经逻辑判断、输出电路、电流控制管等构成反馈，使充电过程保持恒流状态。

如图 16.12.1 所示是典型的电路图，电源经过 R_1 向 MAX712 提供工作电压；C_1 为滤波电容，使用时应尽量使之靠近 MAX712；VT 为电流调整管；R_2 提供偏流；VD 为防倒灌二极管；R_{sense} 为电流检测电阻；C_1 为滤波电容；当不使用温度检测时，接入 R_3、R_4。

3. 电路设计

（1）由 PGM0、PGM1 与其他引脚的连接来确定被充电电池的数目，见表 16.12.3。

表 16.12.3 PGM0、PGM1 的连接方式确定充电电池数目

电池数目	PGM1（3 脚）接至	PGM0（4 脚）接至
1	U⁺（15 脚）	U⁺（15 脚）
2	Open（悬空）	U⁺
3	REF（16 脚）	U⁺
4	BATT⁻（12 脚）	U⁺

（2）由 PGM3、PGM2 与其他引脚的连接来设置最长充电时间，见表 16.12.1。

（3）R_{sense} 的选择：MAX712 通过检测电阻 R_{sense} 上的电压来获取充电电流信息，送入

MAX712 的 12 脚进行电压放大。电阻的选择按 $R_{sense} = 0.25V/I_{fast}$ 确定，I_{fast} 为快充电流。

(4) R_1 的选择：MAX712 通过 R_1 获得工作电压，流入 U$^+$ 脚的电流保持在 5～20mA。$R_1 = (U_{DCin} - 5V)/5mA$，$U_{DCin}$ 为直流输入电压，即电源电压。

4. 元器件的计算与选择

$$R_1 = (U_{DCin} - 5V)/5mA = (6-1)V/5mA = 200\Omega$$

若选快充电流为 380mA，则

$$R_{sense} = 0.25V/380mA = 0.06\Omega$$

可用 3 个 2Ω 电阻并联代替 R_{sense}。

调整管 VT 选用 PNP 型高频 $I_C \geqslant 400mA$ 的管子，如 2N3638（$I_C = 500mA$）、2N4037（$I_C = 800mA$）等。

电路采用电压跟踪式，故将 $R_3 = 68k\Omega$ 接到 7 脚和 1 脚。

5. 充电时间的选择

充电时间可用表 16.12.1 推荐的方法，也可根据给定的快速充电电流 I_{fast} 的数值计算。假定对 1300mA·h 的镍氢电池充电，$I_{fast} = 380mA$，则充电时间为 1300mA·h/(380mA×0.8) = 250min。其中，0.8 为电池电能－化学能转换效率。

第十三节　可选充电时间小型恒流自动充电器

该充电器具有恒流充电、充电时间可选择、不会过充的特点。

电路由电源、定时器和两个相同的恒流源组成，如图 16.13.1（a）所示。电源电路如图 16.13.1（b）所示，这里选用稳压值为 10V 的稳压器。整个电路由输出电压为 15V 的交流电源适配供电，15V 电压直接送到两个恒流源。

IC_1 和 IC_2（4060）组成定时器。4060 内部含有一级振荡器和 14 个双稳电路链接而成的 14 级纹波计数器，每级分频比为 1/2。其引脚如图 16.13.1（c）所示。C_2 和 $R_1 \sim R_4$ 是振荡器外接元器件，振荡频率由 C_2 和接到 10 脚的电阻决定。开关 S_1 可转换 R_1、R_2 和 R_3。S_1 接到 A 点，定时时间为 24h；接 B 点，定时时间为 14h；接 C 点，定时时间为 5h。S_1 接 A、B、C 各点的振荡频率不同，经分频后得到上述所需充电时间。

为了取得 24h、14h、5h 三种充电时间，总共需要 23 级分频，即分频系数为 2^{23}。由于 4060 只有 14 级分频器，因此使用了两只 4060，将 IC_1 的 Q_{14}（3 脚）接到 IC_2 的 ϕ_1 端 11 脚（IC_2 的其余 4 级分频器 Q_{10}、Q_{12}、Q_{13} 和 Q_{14} 和振荡器空着不用）。

如果只用一只 CD4060，振荡器要取得很低频率 [$f = 1/(2.2R_T C_T)$]，就要用大容量的定时电容 C_T [图 16.13.1（a）中的 C_2]。大容量电容损耗大、误差大，使振荡器工作不稳定，价格也贵。因此，本电路采用两只 4060，解决了取得低频的问题。

当计数到 2^{23} 个振荡周期时，IC_2 的 Q_9 输出高电平，通过 R_6 使 VT_1 截止。此时，恒流源 VT_2、VT_3 因失去基极电流而截止，充电电池停止充电。与此同时，IC_2 输出的高电平还通过 VD_2 加到 IC_1 的时钟输入端 ϕ_1，使振荡器停止工作。于是所有的分频器被停止在当时状态，直到按下按钮 S_2 为止。

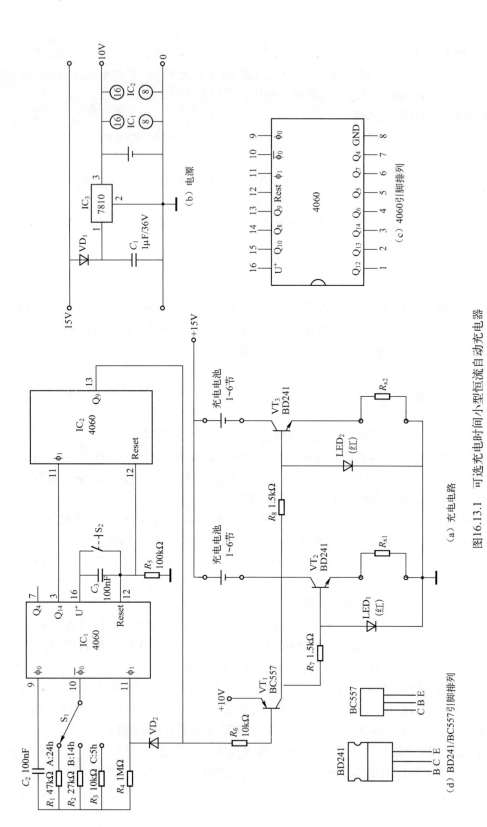

图16.13.1 可选充电时间小型恒流自动充电器

按下 S_2 时，IC_1 和 IC_2 的复位端 Reset 得到高电平，使所有的分频器全部复位，充电时间又从零开始。C_3 和 R_5 起上电复位作用。

恒流源 VT_2、VT_3 电路完全相同，下面分析 VT_2 的工作情况。

发光二极管 LED_1 在正常通电发光情况下，其正向压降固定不变。LED_1 的正向压降把 VT_2 的基极电位钳制在 1.6V（选定正向压降为 1.6V 的 LED），使 VT_2 的集电极电流（电池的充电电流）保持恒定。

忽略 VT_2 基极电流，流过 R_{x1} 的电流就是充电电流，则 $R_{x1} = 1V/I_{充电}$。

由于电源电压只有 15V，每个恒流源最多只能充 6 节小型电池，不能再增加充电电池节数，否则 VT_1、VT_2 的管压降太低，恒流源工作就不稳定。LED_1、LED_2 除了产生恒流源的基准电压外，还起充电指示灯的作用，它们在充电时点亮，如果充电电池未接上，VD_3、VD_4 则熄灭。

1. 充电电流和时间

充电电流由电池规定的电流而定，见表 16.13.1 和表 16.13.2，充电电流不同，其 R_{x1}、R_{x2} 值不同。不属于快充的电池不能用快充方式。新买的充电电池，应先充电 24h，使用一段时间后再充电，用 15h 充电。一般来说，采用常规充电即可。充电时间由转换开关 S_1 选定。

表 16.13.1 常规（4h）、长时间充电（24h）的充电电流值和 R_{x1}、R_{x2} 值

电池形式	充电电流/mA	R_{x1}、R_{x2}，Ω/W
笔形电池	45	22/0.25
小型电池	179	5.6/1
单块电池	370	2.2/1
9V PP3	10	100/0.25

表 16.13.2 快速充电的电流值和 R_{x1}、R_{x2} 值

充电电流	R_{x1}、R_{x2}，Ω/W
30mA	33/0.25
147mA	0.8/0.25
455mA	1.8/1
1A	1/3（由两个 2.2Ω/1W 电阻并联）

2. 调试方法

（1）测定充电电流

电路组装后，给充电电池串联一只电流表，再接通电源，相应的发光二极管 LED_1 或 LED_2 应点亮，电流表的示值应符合规定值。

（2）测定定时器工作情况

① 将开关 S_1 掷 A，IC_1 的 9 脚的频率约为 96.7Hz，经 23 分频，IC_2 的 Q_9 的频率约为 $f_{Q_9} = 1.15 \times 10^{-5}$Hz，其周期 $T_{Q_9} = 24$h。这种极低频难以用仪表直接测量，可用频率计测量，约为 97Hz。

② S_1 掷 B，IC_2 的 Q_9 的周期 $T_{Q_9} = 14$h。用频率计测量 IC_1 的 9 脚对地频率，约为 168Hz。

③ S_1 掷 C，IC_2 的 T_{Q_9} =5h。用频率计测量 IC_1 的 9 脚的频率，为 455Hz。

若无频率计，则当 U_{DD} =10V 时，用数字电压表或模拟电压表测量 IC_1 的 9 脚对地电压，为 2.6~2.7V，表明电路已正常工作。

第十四节　太阳电池恒流充电器

太阳电池产生的光伏电压随着阳光强度的变化而变化，将容量为 10V·A 的太阳能电池板用强阳光照射，其输出电动势为 18V，阳光稍弱时为 12V，光伏电压变化超过 30%。用这样变化的输出电压对电池充电，最好的方法是恒流充电。该太阳电池恒流充电器的核心器件是 7800 系列稳压器，其电路如图 16.14.1 所示。这是两个实用电路，对铅酸电池充电效果很好，对镍氢电池充电亦有效。图 16.14.1（a）中，7806 输出端 3 脚对调整端 2 的电压为 6.0V，这是一个很稳定的电压，通过负载（VD 串联充电电池）的电流为

$$I_{充} = I_o + I_Q = \frac{U_o}{R} + I_Q$$

I_Q 为 7806 调整端的静态电流，最大值为 8mA，一般为 2mA。因为 $U_o/R \gg I_Q$，因此，$I_{充} \approx U_o/R$，这就是充电电流，因为 U_o 不变，所以 $I_{充}$ 是一个恒流。

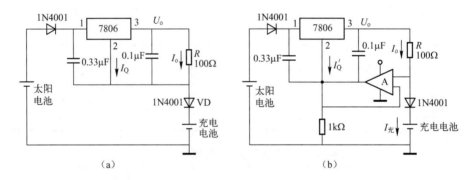

图 16.14.1　太阳电池恒流充电器

如果想去除 I_Q 的影响，可采用图 16.14.1（b）所示电路。其中，A 为运算放大器，接成一电压跟随器，其输入电阻很高，也就是说，运放同相端和反相端的输入电流极小，可忽略不计。因此，通过充电电池的电流为

$$I_{充} = \frac{U_o}{R}$$

这是一个恒等式，为真正的恒流，因此图 16.14.1（b）是一个较理想的恒流充电电路。A 最好选用单电源运放，这样可省掉负电源。

调试方法：在充电电池支路上串联一电流表，测出充电电流，当电池充满电时，充电电流很小，变成涓流充电。选择不同的 R 值可调节恒流的大小，但不能超过电池的充电电流。若不知电池的充电电流，则可将充电电流控制在 60mA（R=100Ω）以下或更小。

第十五节 场效应管恒流源充电电路

结型场效应管将栅极与源极短接可形成一个恒流二极管,场效应管恒流源充电电路如图 16.15.1 所示,其中,VT_1 与 VT_2、VT_3 与 VT_4 并联,每对管子可提供 25mA 的充电电流。开关 S 悬空(拨到①)时,充电电流即为 25mA;S 拨到②时,4 个管子并联,充电电流为 50mA。

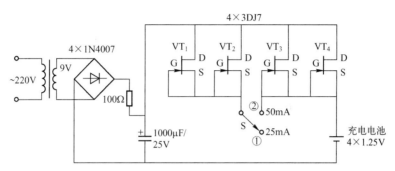

图 16.15.1 场效应管恒流源充电电路

本电路可对 4 节镍氢电池充电。

第十七章 驱 动 器

电感线圈、激光二极管、蜂鸣器和一些负载需要驱动电路才能正常、安全地运行。本章介绍几种相关电路。

第一节 继电器驱动器

继电器驱动器电路如图 17.1.1 所示。这是极普通的应用电路,当电源电压选定后,要按线圈的额定电压、电流选择继电器。VD 为续流二极管。由于电感上的电流不能突变,切断电源的瞬间,必然产生反电动势 $e = -L\dfrac{\mathrm{d}i}{\mathrm{d}t}$,产生的反向电流由二极管 VD 泄掉,从而保护了晶体管不被击穿。

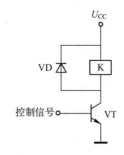

图 17.1.1 继电器驱动器电路

第二节 螺线管驱动器

螺线管驱动器电路如图 17.2.1 所示。它由 CMOS 缓冲器 CD40107 并联组成。在电源电压 $U_{DD} = 10\text{V}$ 的情况下,其输出电流达 $2 \times 37\text{mA}$;$U_{DD} = 15\text{V}$ 时,其输出电流达 $2 \times 50\text{mA}$。

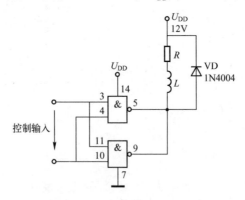

图 17.2.1 螺线管驱动器电路

若螺线管需求的电流很大,可在输出端 5/9 脚加线接功率晶体管或 MOSFET 管,由功率管为螺线管提供较大的电流。

第三节 MOSFET 电感驱动器

MOSFET 电感驱动器电路如图 17.3.1 所示。对于驱动电感而言，这是一个优良电路。外接时钟信号输入场效应管的栅极 G，高电平时，VT 导通，电感得到驱动电流；低电平时，VT 截止，电感断流，产生的反电动势由续流二极管 VD 保护场效应管。这样，电感 L 得到脉冲电流，在一些实用装置上得到应用。

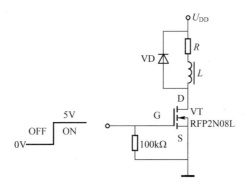

图 17.3.1　MOSFET 电感驱动器电路

R 为限流电阻，其阻值应根据电感的直流电阻、电源电压等确定。

第四节 双向晶闸管驱动器

双向晶闸管驱动器如图 17.4.1 所示。双向晶闸管在温度很低时需要的门极触发电流增大，一般的光耦合器驱动电路可能提供不了这么高的驱动电流，有可能造成控制失灵。本电路引入了 VT_1，将光耦合器输出的电流放大，以保证能够可靠地驱动晶闸管 VT_2 工作。

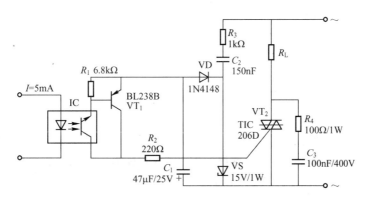

图 17.4.1　双向晶闸管驱动器

电容 C_2 作为降压电抗元件，同时也起隔直流的作用，电阻 R_3 起限流作用。

市电经过 VD 整流、C_1 滤波、VS 稳压后给电路提供 15V 的工作电源，晶体管 VT_1 导通后，电容 C_1 通过 VT_1 放电（放电时间小于 1ms）。电路可提供约 40mA 的门极触发电流，晶闸管工作。R_4、C_3对晶闸管起高压保护作用。

R_L为负载，可以是灯泡、LED，也可以是其他电阻性负载。

第五节 激光二极管驱动器

激光二极管驱动电路广泛用于通信、测控、仪器仪表、医疗装置、玩具等领域。激光二极管驱动器电路如图17.5.1所示。

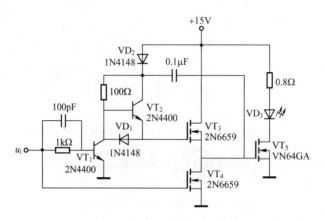

图17.5.1 激光二极管驱动器电路

VT_1为输入级，为一反相放大器，VT_2为射极输出器，它输入u_i的反相信号，VT_3与VT_4组成推挽大功率开关，它们的栅极输入高峰值栅极电流。VT_3、VT_4的推挽功率输出信号输入至VT_5组成的激光二极管驱动器，使激光二极管VD_3按输入控制信号u_i的频率辐射激光。

该电路主要用于高速激光二极管发射装置（也可用于中低速）。输入控制信号的最高频率为200kHz，除了满足200kHz以下频率外，还要求控制信号的占空比$D=0.1\%$。因此，激光二极管的辐射时间极短。

$VT_3 \sim VT_5$均为VMOS功率管，在符合输出电流（I_D）和耐压的条件下，可选用其他型号的VMOS管。

第六节 激光二极管脉冲驱动电路

激光二极管脉冲驱动电路如图17.6.1所示。VT_1和VT_2组成互补射极跟随器，由射极输出的控制信号u_i送至场效应管VT_3的栅极，至此，VT_3导通，驱动激光二极管辐射激光。控制信号的频率为50kHz，占空比为$D=0.1\%$。

信号的周期为$T=1/f=20000$ns，信号的脉宽$t_w=20$ns，因此这个电路能用10A、20ns的脉冲电流驱动激光二极管。

VT_1、VT_2选择快速晶体管，如2N4400等。激光二极管可用中功率管，如RCASG2002等。

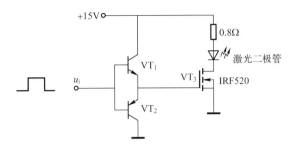

图 17.6.1 激光二极管脉冲驱动电路

第七节 蜂鸣器驱动器

蜂鸣器作为电子设备的音响提示器件,应用十分广泛。蜂鸣器有两种形式:无源型和有源型。无源型用音频信号驱动;有源型内置振荡器,采用直流驱动。

无源型蜂鸣器驱动器电路如图 17.7.1 所示。电路有两个音频振荡器 N_1 和 N_2,振荡频率都在 1~10kHz 之间。

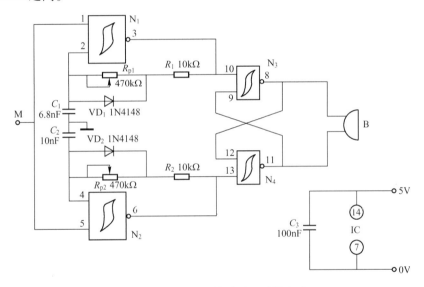

图 17.7.1 无源型蜂鸣器驱动器电路

与非门 N_3 和 N_4 接成一个 RS 双稳态电路,它们分别由 N_1 和 N_2 控制。双稳态电路直接驱动蜂鸣器。振荡频率分别由电位器 R_{p1} 和 R_{p2} 调节,电路的音质随振荡频率的比例变化而不同。二极管 VD_1、VD_2 使振荡输出信号的占空比降低到 25%。两个振荡频率的比例为 3:4 时,蜂鸣器的音响效果最佳。

M 端为振荡频率的控制端,M 为高电平时电路振荡,M 为低电平时电路停振。

集成电路使用 74HC 系列 HC-CMOS 电路 74HC132,它是施密特触发方式的与非门电路,连接成振荡电路很容易触发振荡,触发速度快,耗能低,电源电压为 5V,电路的静态电流可忽略,振荡时消耗电流 10mA。

调试方法:先组装 N_1 和 N_2 振荡器,用频率计接到 10 脚和地(7 脚)之间,调节 R_{p1} 使频率为1000Hz左右；再调节R_{p2}使N_2的振荡频率约为1300Hz。这样基本满足3∶4的频率比例。也可取用其他频率调试，以得到自己喜欢的音质为准。

无频率计时可反复调节R_{p1}和R_{p2}，直到得到满意的音质为止。

第八节　扬声器驱动电路

要想听到音频信号，必须用扬声器，但并非音频信号送到扬声器就能发声，还必须用扬声器驱动电路。扬声器驱动电路如图17.8.1所示。

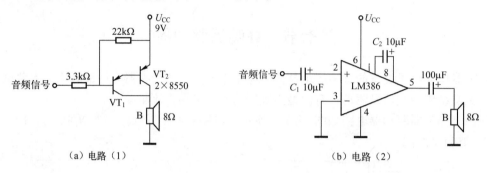

图17.8.1　扬声器驱动电路

图17.8.1（a）所示电路（1）是用达林顿管作为驱动器的，用PNP型、β为100左右的晶体管可组成达林顿复合管。

图17.8.1（b）所示电路（2）由放大器LM386加上几个电容组成，电路的输出功率可达700mW。

第十八章 触 摸 开 关

按键开关，使用次数多、时间长以后，其金属触点被氧化或机械部分损坏常造成无法接通电源。

触摸开关的优势是使用寿命长，即使电路使用继电器，因其触点被密封而不能氧化，所以安全可靠。有些触摸开关可无触点接通电源，使用寿命更长，可靠性更强。

第一节 简易触摸开关

简易触摸开关使用方便，寿命较长。一般家庭用的按键开关寿命短，经常发生故障，本开关可代替一般的按键开关。

简易触摸开关电路如图 18.1.1 所示，图中用时基电路和继电器 K 组成双稳开关，当用手触摸一下"开"金属片 M_1 时，人体的感应信号经 0.1μF 电容耦合到 555 的 2 脚，555 加上了输入信号电压后，其输出端 F 输出高电平，继电器吸合，被控家电的电源被接通；当用手触摸一下"关"金属片 M_2 时，人体的感应信号经 0.1μF 电容耦合到 555 的 6 脚，使输出端 F 变为低电平，继电器 K 释放，被控家电的电源被切断。

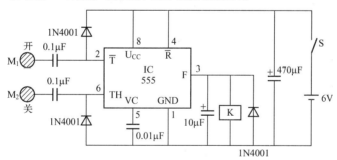

图 18.1.1 简易触摸开关电路

第二节 触摸式随机亮灯电路

触摸式随机亮灯电路的功能是，触摸一下金属片 M，10 个 LED 灯中随机亮一个，电路可用于游戏、随机抽奖等。

电路由振荡器（IC_1、IC_2、R_t 和 C_t）、键控电路 IC_3、十进计数器 IC_4 和触摸电路（触摸片 M、1MΩ 电阻、10kΩ 电阻和 100pF 电容）等组成，如图 18.2.1 所示。

振荡器的振荡频率为 $f \approx 1/(2.2R_tC_t)$，其输出至键控电路 IC_3 的 8 脚。当没有触摸 M 时，IC_3 的 9 脚为低电平，IC_3 的输出始终是高电平，4017 的 $\overline{EN}$ 端为低电平，触发计数，故上述的高电平将4017封锁；当用手触摸M时，人体感应信号将9脚改变为高电平。所谓键控电路就是，当与非门的9脚为低电平时，8脚的CP脉冲不能输入IC_3；当9脚为高电平时，IC_3像"闸门"一样打开，允许输入8脚的CP脉冲进入IC_3内。在"闸门"时间内，IC_3输出振荡器的CP时钟脉冲下降沿使4017的$\overline{EN}$端打开，进入计数，CP脉冲的高电平使$Q_0 \sim Q_9$端依次为高电平，也就是使$LED_0 \sim LED_9$依次闪光。这时将手移开M片，则计数门关闭，计数器停计数，使$LED_0 \sim LED_9$中的某一发光二极管保持点亮状态，这个点亮的LED是随机的。

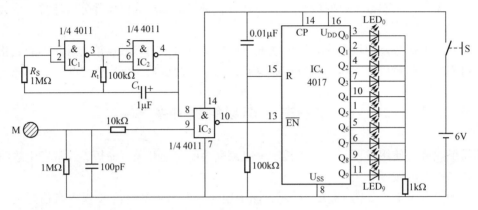

图18.2.1 触摸式随机亮灯电路

接在触摸片和地之间的$1M\Omega$电阻和100pF电容的作用是防止干扰。

第三节 由同相缓冲器组成的触摸开关

由CMOS六同相缓冲器组成的触摸开关电路如图18.3.1所示。这个电路仅由1个同相缓冲器、1个电容和1个电阻组成。当触摸M_2触摸片时，使IC_1输出低电平，经R_1反馈后，IC_1输出保持低电平状态；当触摸M_1时，使IC_1输入高电平、输出高电平，经R_1反馈后，IC_1保持高电平状态。

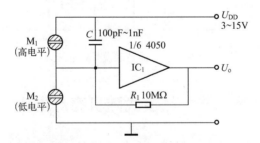

图18.3.1 由CMOS六同相缓冲器组成的触摸开关电路

第四节 由反相缓冲器组成的触摸开关

由CMOS反相缓冲器组成的触摸开关电路如图18.4.1所示。

假设电路的 Q 端输出低电平，则 C_2 处于放电状态，IC_2 输出高电平，C_1 处于充电状态。

触摸 M 时，电容 C_1 放电，IC_1 输入低电平，Q 端输出高电平，IC_2 输出低电平，使得 IC_1 输入继续保持低电平，电路自保。同时，电容 C_2 充电，C_1 处于放电状态。

当再次触摸 M 时，C_2 端电压输入 IC_1，使得电路输出状态改变，变化到假设状态。

每触摸一下 M，电路的状态就变化一次，当触摸时间大于时间常数 R_2C_2 时，电路的输出又会发生变化。

如果开关的触片一直连在一起，那么电路就会产生一定频率的振荡信号。

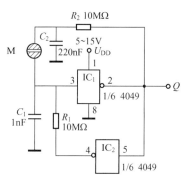

图 18.4.1 由 COMS 反相缓冲器组成的触摸开关电路

第五节 由 CMOS 与非门 4011 组成的触摸开关

由 CMOS 与非门 4011 组成的触摸开关电路如图 18.5.1 所示。与非门 IC_3 和 IC_4 组成 RS 触发器，RS 触发器的翻转由 9 脚和 13 脚控制。M 为触摸片，当触摸 M 时，1 脚和 6 脚为高电平，将 IC_1 或 IC_2 打开（随机），使 RS 触发器翻转，每触摸一次，RS 触发器就翻转一次，其输出可以控制 CMOS 模拟开关或固态继电器，也可以做成 LED 指挥棒等。

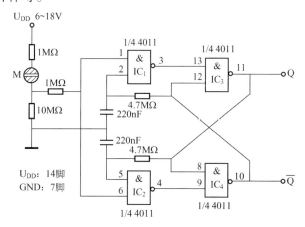

图 18.5.1 由 CMOS 与非门 4011 组成的触摸开关电路

触摸时间应小于 1s，否则可能引起状态的变化。此电路即使戴着手套触摸也有效。

电路连接正确即可正常工作。

触摸片 M 用敷铜板制作，只要将 10mm×10mm 的敷铜板用锯锯开一条小缝隙，使两小片敷铜绝缘即可。

第六节 双稳态触摸开关

由 CMOS 与非门组成的双稳态触摸开关电路如图 18.6.1 所示。该电路只需触摸一下触摸片 M 就可以实现开关电路的功能，每触摸一下输出状态就改变一次。IC_1 和 IC_2 组成了一个双稳态触发器。假定 IC_2 的初始输出状态为低电平，通过 R_2、IC_1 的输入也被下拉为低电平，这样，IC_1 的输出就是高电平，即 IC_2 的输入为高电平，正好满足输出为低电平的条件，这刚好与原先的假定状态相符合，电路处于稳定状态。

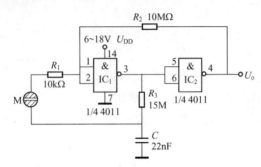

图 18.6.1 双稳态触摸开关电路

因为 IC_1 的输出为高电平，所以电容 C 被充电到高电平，如果此时用手指去触摸 M，则 C 的高电平会通过 R_1 和人体电阻加到 IC_1 的输入端，于是 IC_1 为低电平，IC_2 输出高电平。同时，由于 R_2 的反馈作用，电路就保持这种状态。这时，由于 IC_1 输出低电平，C 通过 R_3 逐渐放电。如果电容放电后又触摸 M，IC_1 的输入就会被电容下拉为低电平，IC_1 输出高电平，IC_2 输出低电平，输出状态再次改变。

电路的缺点是操作时两次触摸 M 的时间间隔要大于电容 C 的充放电时间，否则电路不能正常工作。

第七节 双稳触摸开关

双稳触摸开关由单稳态电路、双稳态电路和驱动电路组成，如图 18.7.1 (a) 所示。

双 D 触发器 4013 的一部分组成单稳态电路，另一部分组成双稳态电路。

单稳态电路对触摸信号进行脉冲整形展宽，以保证每次触摸动作都可靠。当人手触摸金属片 M 时，人体感应杂波信号经 VD_1 整流后，在 IC_1 的第 3 脚输入正脉冲信号，使单稳态电路触发翻转，其 1 脚输出高电平，同时使双稳态电路触发翻转，其 13 脚由原来的低电平（或高电平）跳变到高电平（或低电平）。VT_1 和 VT_2 先后导通（或截止），电灯 HL 通电发光。总之，每用手触摸一下 M，其双稳态电路就翻转一次，从而实现对电灯亮灭的无触点控制。

电路中，C_2、R_4 构成了双稳态电路的通电清零电路，保证电路通电或电网停电又供电时电灯均处于断电状态。

本电路的负载为电灯泡或市售 LED 成品 AC 220V 灯泡。若要驱动日光灯负载，则电路如图 18.7.1 (b) 所示。

将晶闸管 VT_2 换成 3A/600V 的管子，可带动用电量较大的电器，电器的电源端子分别接 P 点和 L 点。

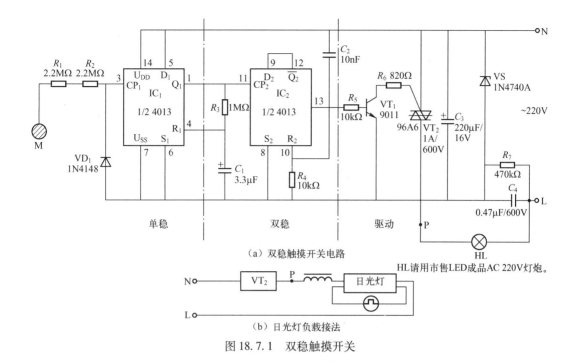

图18.7.1 双稳触摸开关

第八节 由 J-K 触发器组成的触摸开关

由 J-K 触发器 4027 组成的触摸开关电路如图 18.8.1 所示。4027 为双 J-K 触发器，本电路将其中一个接成施密特触发器（IC_1），另一个接成双稳态电路（IC_2）。

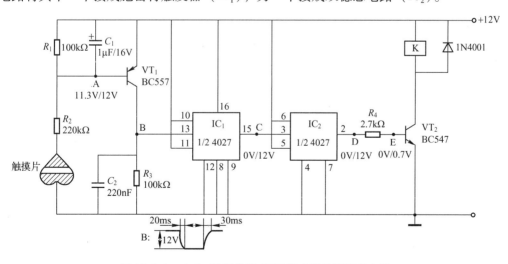

图 18.8.1 由 J-K 触发器 4027 组成的触摸开关电路

当用手指触摸金属制成的触摸片时，VT_1 导通，IC_1 的时钟端 13 脚便得到一个边沿不是很陡峭的脉冲（见图中 B 点波形），因为 IC_1 为施密特触发器，故它将输入信号转化为标准的数字信号，并输入到 IC_2 的时钟输入端 3 脚。IC_2 的输出送到 VT_2 的基极，VT_2 导通，继电器 K 吸合，利用其触点可控制其他电路或设备。

因为 IC_2 接成双稳态电路，每用手指触摸一下触摸片，电路便翻转一次，所以本电路就是一个双稳开关。

电路中各点的电压如图 18.8.1 中 A~E 各点所示。

第九节 四路触摸开关

由 CMOS 集成电路 CD4022 和 CD4066 组成的四路触摸开关电路如图 18.9.1 所示。

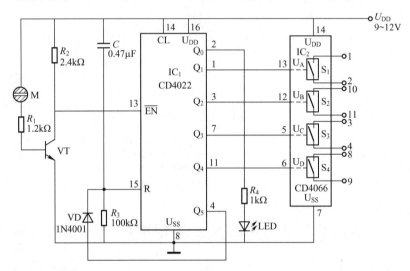

图 18.9.1 四路触摸开关电路

4022 是八进制计数/分配器，它和 4017 是姊妹产品，功能相同，逻辑结构大体相同，主要区别是 4022 是八进制的。4022 有两个计数输入端：CL（CP）和 $\overline{EN}$。当用 CL（CP）端计数时，$\overline{EN}$ 端要接地或低电平；当用 $\overline{EN}$ 端计数时，CL（CP）端要接高电平或电源 U_{DD}。本电路采用后者方式。

4066 为四路模拟开关，每个开关均有一个控制端（U_A、U_B、U_C 和 U_D），当控制端为高电平时，模拟开关接通。例如，当 $U_A=1$ 时，输出端 1 和 2 便接通。各对输出端可控制其他电路的通断。

4022 的 $\overline{EN}$ 端为低电平触发，该计数器可用按键式脉冲输入，但按键触点在闭合时往往产生抖动现象，不能保证按一下电键电路就触发计数一次，用触摸方式可避免误触发。

M 是触摸片，未触摸 M 时，IC_1 的 $\overline{EN}$ 端为高电平；当触摸 M 时，人体电阻串联接入 VT 的基极电路，电源通过此电阻向 VT 提供偏流，使 VT 饱和和导通，VT 集电极输出低电平，即 IC_1 的 $\overline{EN}$ 端得到低电平而触发；手指离开 M 后，VT 失去偏流转为截止，集电极恢复高电平。该电路触发可靠，不易产生误触发，非常实用。

1. 电路的工作过程

电路接通电源瞬间，电源经电容 C 和电阻 R_3 微分产生一尖峰正脉冲，作用于计数器 IC_1 的复位端 R，IC_1 复位，Q_0 为高电平，LED 指示灯亮，表明电路接通电源，其余输出端

（$Q_1 \sim Q_5$）均为低电平。

当触摸 M 时，IC_1 触发翻转一次，Q_1 端为高电平，IC_2 的控制端 U_A（13 脚）为高电平，将 4066 内部的开关 S_1 接通。同时，由于 Q_0 端转为低电平，故 LED 灭。再触摸 M 片，IC_1 再次触发翻转，Q_2 为高电平，S_2 接通，S_1 关断。按此操作，每触摸一次 M，IC_1 就翻转一次，$Q_1 \sim Q_4$ 依次出现高电平，$S_1 \sim S_4$ 依次接通。

连续触摸 M 五次，IC_1 的 Q_6 端变为高电平，经二极管 VD 反馈至复位端 R，Q_0 变成高电平，电路恢复到原始状态。

2. 元器件选择

VT 要选用达林顿管，小功率的 NPN 型管子均可，如 U850 等。VT 可用穿透电流小、放大倍数高（$\beta \geqslant 150$）的 2 只 9013 连接而成。

第十节　电子触摸开关

本电路设计的开关，工作稳定可靠、操作方便（用手一触即可），成本低、效率高，适用于工业现场中代替钮子开关、转换开关等频繁操作容易损坏的器件，具有较高的实用价值。

电子触摸开关电路如图 18.10.1 所示，时基集成电路 IC_1 接成单稳态电路，在未触发，即稳态时，DIS 端和 F 端同时为低电平，定时电容 C_3 通过 DIS 端接地。

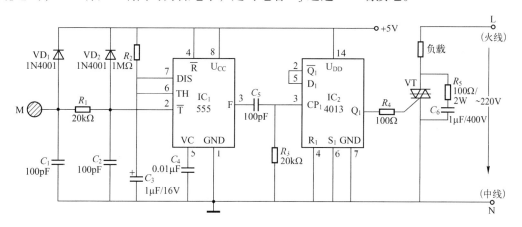

图 18.10.1　电子触摸开关电路

当触摸触摸片 M 时，人体的感应信号电压加到 $\overline{T}$ 端，使 IC_1 内部触发比较器翻转，进而使内部触发器置位。此时输出端 F 为高电平，DIS 端内部开路，电源电压 U_{CC} 通过定时电阻 R_2 向 C_3 充电。当 C_3 上的电压上升至 $2/3 U_{CC}$ 时，IC_1 内部阈值比较器翻转，进而使内部触发器复位，准稳态结束，IC_1 又回到稳态，这时，DIS 端内部管子导通，使 C_3 迅速放电到地电位，输出端 F 回到低电平。

工业现场常有各种电气设备运行，电磁干扰相当严重。本电路用于工业现场，所以设计了抗输入感应信号干扰电路，由 C_1、C_2、R_1、VD_1 和 VD_2 组成。C_1 和 C_2 滤除杂波干扰信号，VD_1 和 VD_2 给 C_1、C_2 提供放电回路，R_1 限制过大的放电电流。该电路有效地清除了"抖动"现象，抗干扰有效，用手触摸 M 一次，IC_1 仅翻转一次。

IC_1 的 F 端输出的高电平经 C_5、R_3 组成的微分电路形成窄脉冲，送入双 D 触发器 4013

· 241 ·

（IC_2）的脉冲输入端 CP_1。IC_2 接成 T 触发器形式，每接收一个触发脉冲，输出端 Q_1 便改变一次状态。

IC_2 具有足够的输出电流去触发双向晶闸管 VT，使 VT 导通，将负载接入交流 220V 电源，使负载得电工作。

R_4 为限流电阻，使 VT 得到适量的触发电流；R_5、C_6 为阻容吸收电路，用以保护晶闸管。

电路正常工作时，如需停电只要触摸 M 即可。

第十一节 施密特触摸开关

由施密特集成电路 4093 和达林顿管组成的施密特触摸开关电路如图 18.11.1 所示，电路以施密特集成与非门 4093 为核心，触发可靠。电路的输出信号通过 R_3 反馈到输入端，使 IC_1 和 IC_2 两非门保持稳定状态。当电路处于静态时，VD_1 阳极为低电平，输出端 A 也是低电平，VD_2 阴极是高电平，只要不触摸输入触点 M，电路就保持这个状态。

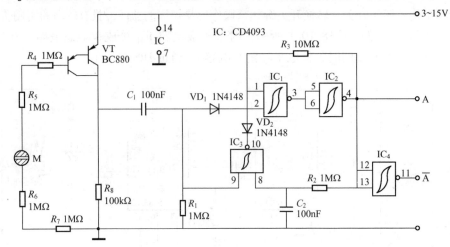

图 18.11.1 施密特触摸开关电路

当用手指触摸 M 时，人体电阻将 VT 的基极电路接通，VT 导通，R_8 两端电压上升，此电压通过 C_1、R_1 转换成窄脉冲，再通过 VD_1 使 IC_1 输入端变成高电平，于是 IC_2 输出端和 A 端输出高电平。除非再次触摸 M，电路一直将此状态将保持下去。

在 A 端翻转到高电平的同时，C_2 通过 R_2 充电，其两端电压逐渐升高。当 C_2 充满或接近充满时，电路即做好下次翻转的准备。当再次触摸 M 时，R_1 两端获得正脉冲，它与 C_2 两端的正电压使与非门 IC_3 输出低电平。此低电平通过 VD_2 加到 IC_1 输入端，使 IC_2 和 A 端也输出低电平，C_2 通过 R_7 缓慢放电。当 C_2 放电完毕时，电路又回到起始状态。

IC_2 的输出经 IC_4 反相后，产生 $\overline{A}$ 输出。因此，在 C_2 充电或放电结束后，每触摸一次 M 都会使 A 端和 $\overline{A}$ 端的输出电平翻转一次。这两个电平可以用来控制其他电路。

元器件选择方法：VT 选择小功率 PNP 型达林顿管即可，β 值应在 1000 以上。

第十九章 万能 CMOS 集成电路 4007 的工作原理与应用

4007 为双互补对加反相器 CMOS 电路,它是一块常用的 CMOS 器件。内部电路将 PMOS 管和 NMOS 管的两栅极连在一起,它们的漏极 D 各自开路,形成一个互补的 CMOS 电路,这样的电路有两个,称为双互补对;另外两个 PMOS 管和 NMOS 管的栅极连在一起,漏极连在一起作为输出,形成一个非门,故整个电路称为双互补对加反相器电路。

电路有 14 个引脚,可方便地组成 NMOS 反相器、PMOS 反相器、CMOS 反相器、2 输入端与非门、2 输入端或非门、线性放大器/恒流源/可变电阻器、线性反相放大器、大电流驱动器、双向传输门、模拟开关、晶体振荡器、无稳态振荡器、脉冲发生器、超低频发生器、LED 闪光灯、电压比较器等各种电路。因此,可称之为万能 CMOS 电路。

仔细阅读 4007 的内部电路和本章的相关电路,举一反三,可开发设计出许多应用电路。

第一节 万能 CMOS 集成电路 4007 的工作原理

CMOS 集成电路 4007 内含 2 个互补对和 1 个反相器(俗称双互补对和反相器),如图 19.1.1 所示。它是 CMOS 集成电路家族中最简单的电路。VT_1 和 VT_2、VT_3 和 VT_4 组成了两个互补对,VT_5 和 VT_6 组成了一个反相器。综观图 19.1.1 所示电路,可以开发出许多基本

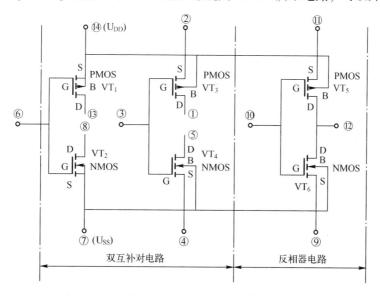

图 19.1.1 4007 内部电路

电路和应用电路。4007是比较理想的器件，它常单独用于设计CMOS电路，可容易地把它构成数字电路，如反相器、与非门、或非门、传输门等，此外，还可以连成微功耗线性放大器、振荡器等，因此可称万能CMOS电路。

在4007中，所有的MOS场效应管都是增强型器件。VT_1、VT_3、VT_5为PMOS管，VT_2、VT_4、VT_6为NMOS管。在各个MOS管中，B为衬底。

下面介绍各种4007基本电路和一些应用电路。

第二节 各种门电路

1. NMOS反相器

NMOS反相器的具体连接电路如图19.2.1所示。NMOS场效应管的最大特点是输入阻抗高（$>10^8\Omega$），外部电压加到栅极可控制漏极电流的大小。当栅极电位与源极电位相同时，N沟道增强型MOS管（NMOS）的基本特性是源极（S）到漏极（D）开路。但是，当栅极加一较高的正偏压时，源极与漏极之间近似短路。因此，当图19.2.1所示电路输入为0时，NMOS管截止，输出为"1"；当输入为"1"时，NMOS导通，D电位为0V。电路导通电流的大小取决于R_D。

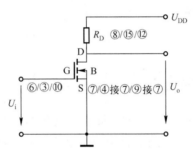

注：1. G为栅极，D为漏极，S为源极，B为衬底。
2. ⑥、⑧、⑦为第1个MOS管的3个脚；③、⑤、④接⑦（4脚接7脚）为第2个MOS管的3个脚；⑩、⑫、⑨接⑦（9脚接7脚）为第3个MOS管的3个脚。

图19.2.1 NMOS反相器的具体连接电路

在使用中，严禁NMOS管的输入电压高于U_{DD}（直流电源）或低于U_{SS}（0V），源极必须接U_{SS}或通过外接电阻接U_{SS}。

2. PMOS反相器

PMOS反相器连接电路如图19.2.2所示。P沟道增强型MOS场效应管的基本特性是，当栅极电位与源极电位相同时，源极与漏极之间是开路的，当栅极加上一个数值较高的负电压时，源极与漏极之间是近似短路的，因此PMOS场效应管也可以做反相器。电路导通电流的大小取决于R_D。使用PMOS管必须把源极接到U_{DD}或通过外接电阻接U_{DD}。

3. CMOS反相器

将NMOS与PMOS按图19.2.3所示电路连接组合，便组成一个所谓标准的CMOS反相器。当逻辑"0"加到输入端时，VT_1被短路，VT_2截止，输出端电位接近于U_{DD}，因此输出为"1"状态；当输入端加逻辑"1"时，VT_2被短路，VT_1开路，D极电位接近于

"地",即输出为"0"状态,这时 VT$_1$ 只有静态电流。互补 MOS(即 CMOS)场效应管具有的这种"静态电流"特性是 MOS 系列集成电路最重要的特性之一。

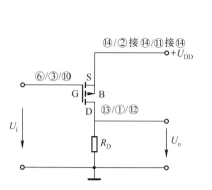
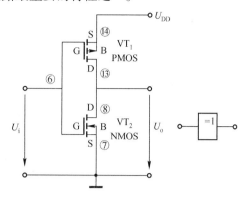

图 19.2.2　PMOS 反相器连接电路　　　　图 19.2.3　CMOS 反相器连接电路

4. CMOS 反相器漏极电流传输特性

如图 19.2.4 所示是简单的 CMOS 反相器的漏极电流传输特性,可以看出,当输入电压为 0V 或等于直流电源时,漏极电流为 0;但是当输入电压大约小于直流电源电压的一半时,漏极电流上升至最大值。输入约为 5V 时,I_D 为 0.5mA;输入约为 15V 时,I_D 为 10.5mA。在这种条件下,反相器内的两只 MOS 管都被加上了偏置电压。

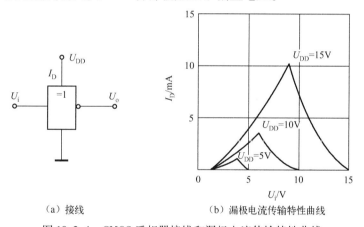

（a）接线　　　　　　（b）漏极电流传输特性曲线

图 19.2.4　CMOS 反相器接线和漏极电流传输特性曲线

4007 的导通电流可以减小,办法是在 CMOS 反相器的每只 MOS 管的源极上串联一个外电阻,这种方法可用于功率放大电路,见本节后面的相关电路。

5. 将 4007 接成 3 个独立的标准 CMOS 反相器

可以将 4007 中的两个互补对连接成两个独立的标准 CMOS 反相器,再加上由 VT$_5$ 和 VT$_6$ 构成的 CMOS 反相器,即可构成 3 个标准的 CMOS 反相器,如图 19.2.5 所示。

6. 将 4007 接成 3 串联反相器

可以将 4007 中的两个互补对连接成两个反相器,再将它们和内部的独立 CMOS 反相器串联,即可接成 3 个串联的反相器,如图 19.2.6（a）所示。它具有图 19.2.6（b）所示的全部电压传输特性,具有 70dB 的线性增益,可作为振荡器来用,但是若作为线性放大器来用,则不稳定。

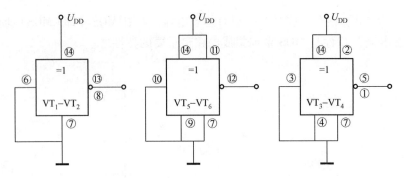

图 19.2.5 4007 中的 MOS 管可接成 3 个 CMOS 反相器

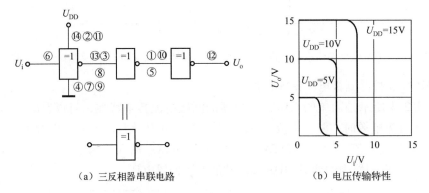

（a）三反相器串联电路　　　　（b）电压传输特性

图 19.2.6 三反相器串联非门电路及其电压传输特性

7. CMOS 反相器与同相缓冲器的级联电路

将 4007 接成 CMOS 反相器与同相缓冲器的级联电路如图 19.2.7 所示。

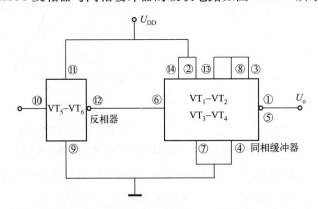

图 19.2.7 将 4007 接成 CMOS 反相器与同相缓冲器的级联电路

8. 将 4007 连接成 2 输入端与非门电路

将 4007 连接成 2 输入端与非门电路，如图 19.2.8 所示。

9. 2 输入端或非门接法的电路

可以将 4007 内部的两互补对和非门连接成 2 输入端或非门电路，如图 19.2.9 所示。

10. 3 输入端或非门电路

可将 4007 内的 MOS 管 $VT_1 \sim VT_6$ 连接成一个 3 输入端或非门电路，如图 19.2.10 所示。

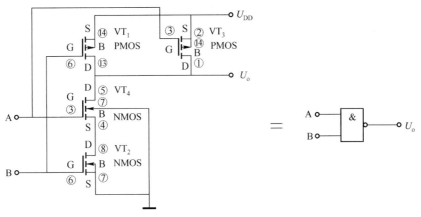

图 19.2.8　2 输入端与非门电路

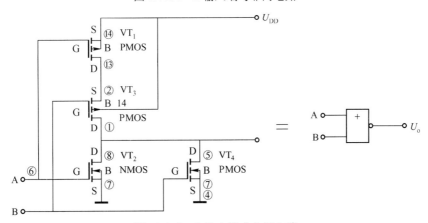

图 19.2.9　2 输入端或非门电路

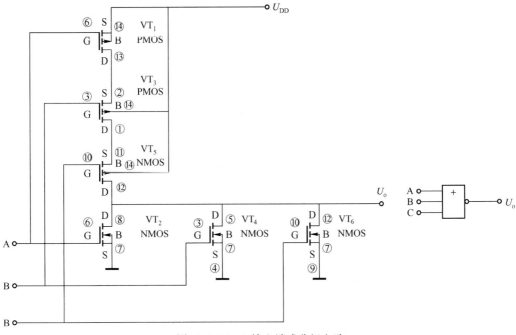

图 19.2.10　3 输入端或非门电路

· 247 ·

第三节 线性放大器/恒流源/可变电阻电路

1. NMOS 管 $I_D - U_{GS}$ 关系曲线

为了正确理解 CMOS 电路的工作过程并澄清一些易混淆的概念，应了解 4007 内部 MOS 管的特性。如图 19.3.1 所示为 N 沟道增强型 MOS 管（NMOS）的漏极电流 I_D 与栅极电压 U_{GS} 的典型关系曲线。可以看出，当栅极电压为 1.5~2.5V 时，漏极电流 I_D 是可以忽略的；继续增加栅极电压 U_{GS}，漏极电流 I_D 几乎是随着 U_{GS} 的增大而线性增大的。也就是说，要想得到线性电路，栅极电压 U_{GS} 必须大于 2.5V。

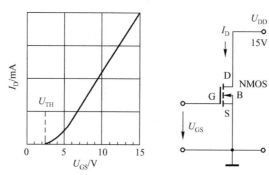

图 19.3.1 NMOS 管的 $I_D - U_{GS}$ 典型关系曲线

2. 线性反相放大器

可以将 4007 中的 NMOS 管 VT_2（或 VT_4）连接成一个线性反相放大器，如图 19.3.2 所示。图 19.3.2（a）所示为一般线性反相放大器，R_1 为 VT_2 的漏极负载电阻，R_2、R_x 给栅极提供偏压，以便使电压工作在线性放大区。为了提供所需要的栅极电压，应适当选择 R_x 的值，一般为 18~100kΩ。图 19.3.2（a）所示电路输入阻抗为 $R_i = R_2 // R_x$，可见电路的输入电阻不够大。为了增大输入阻抗，可在 R_2 与 R_x 的接点上和 G 极之间接一个电阻 R_3（10MΩ），如图 19.3.2（b）所示，该电路的输入电阻为 $R_i = R_3 + R_2 // R_x$，因 $R_3 \gg R_2$、$R_3 \gg R_x$，所以 $R_i \approx R_3$。

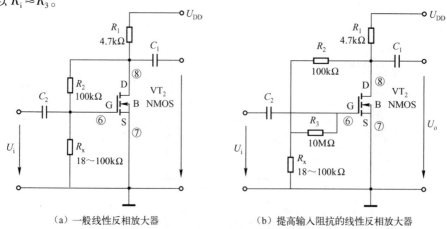

(a) 一般线性反相放大器　　　　(b) 提高输入阻抗的线性反相放大器

图 19.3.2 把 4007 中 NMOS 管接成线性反相放大器

3. 将 4007 内的 CMOS 管接成反相线性放大器

将 4007 内的 CMOS 管接成反相线性放大器，电路如图 19.3.3 所示。该电路电源电压为 5V 时具有 710kHz 的带宽，电源电压为 15V 时具有 2.5MHz 的带宽。

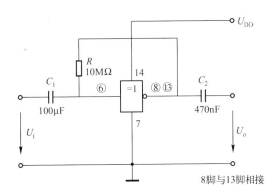

图 19.3.3　将 4007 内的 CMOS 管接成反相线性放大器

4. CMOS 反相线性放大器 A_v-f 曲线

CMOS 反相线性放大器 A_v-f 曲线如图 19.3.4 所示，图中显示出在 3 种电源电压情况下，CMOS 反相器的典型电压增益 A_v 与频率 f 的特性，这些曲线是采用 10MΩ/15pF 高阻抗示波器测量的结果。放大器的开路输出电阻通常在 U_{DD} 为 15V 时是 3kΩ，U_{DD} 为 10V 时是 5kΩ，U_{DD} 为 5V 时是 22kΩ。输出电阻与负载电容的乘积决定了电路的带宽，增加负载电容或输出电阻将减小带宽。CMOS 线性放大器特性曲线的失真是客观存在的，信号较小时，线性相当好，电源电压为 15V 时输出的峰–峰值为 3V，但是随着输出峰–峰值的增加它的失真逐渐增加。与双极型晶体管电路不同，CMOS 放大器不切割过大正弦信号的顶峰，但是逐渐使顶端变圆。

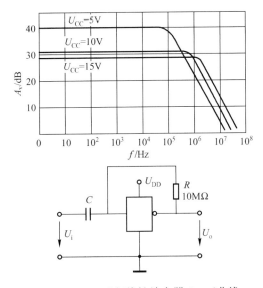

图 19.3.4　CMOS 反相线性放大器 A_v-f 曲线

5. CMOS 反相器的电压传输特性

CMOS 反相器的电压传输特性如图 19.3.5 所示，图中画出了标准 CMOS 反相器在不同电源电压下的电压传输特性，可以看出，当输入电压在 U_{DD} 或 0V 附近浮动时，输出电压变化很小；当输入电压约为电源电压 U_{DD} 的一半时，输入电压变化很小时输出电压就会有较大的变化。在一般情况下，当直流电源为 15V 时，反相器有 30dB 的增益；当直流电源为 5V 时，反相器有 40dB 的增益。

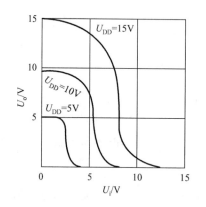
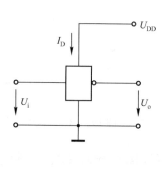

图 19.3.5　CMOS 反相器的电压传输特性

6. CMOS 线性放大器 $I_D - U_{DD}$ 曲线

CMOS 线性放大器 $I_D - U_{DD}$ 曲线如图 19.3.6 所示，可以看出，输出电流可以从 5V 时的 0.5mA 变化到 15V 时的 12.5mA。在许多实际应用中，可在牺牲带宽的基础上，通过在 CMOS 反相器的两只 MOS 管的源极上串联外接电阻来减小 4007 的直流电流。

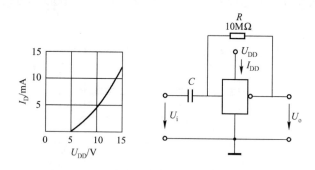

图 19.3.6　CMOS 线性放大器 $I_D - U_{DD}$ 曲线

7. NMOS 管组成的恒流/可变电阻电路

如图 19.3.7（a）所示为 NMOS 管组成的恒流/可变电阻电路。

如图 19.3.7（b）所示为 NMOS 管栅极、源极在不同电压下绘出的典型 $I_D - U_{DD}$ 特性曲线，共有 3 条曲线，分别对应于 U_{GS} 固定在 U_{DD} 不同值，即 15V、10V、5V 三个不同电源电压下的曲线。输出电压 U_o 可以通过漏极负载电阻 R_L 来调整，曲线可分为两个特性区域，点画线的左侧区域叫可变电阻区，右侧区域叫饱和区。

当输出电压 U_o 为 50% U_{GS} ~ 100% U_{GS} 的某值时，NMOS 工作在饱和区，此时漏极相当于一个电流源,即使输出电压 U_o 变化,I_D 也基本保持不变。但它的电流值 I_D 由 U_{GS} 决定,U_{GS} 低则恒流小,U_{GS} 高则恒流大。饱和恒流特性使得 CMOS 管具有短路保护特性,它还决定了不同电源电压时的最高工作速度。

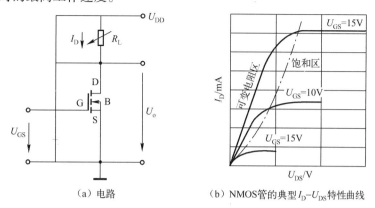

(a)电路　　　　　(b) NMOS 管的典型 I_D-U_{DS} 特性曲线

图 19.3.7　NMOS 管组成的恒流/可变电阻电路

当 U_o 为 1% U_{GS}~50% U_{GS} 的某值时,NMOS 管工作在可变电阻区,此时漏极相当于一个电压控制的可变电阻,电阻值与 U_{GS} 值的平方成正比。

第四节　电流驱动器

1. 大吸收电流驱动器

大吸收电流驱动器如图 19.4.1 所示,它所提供的吸收电流是一般反相器的 3 倍。

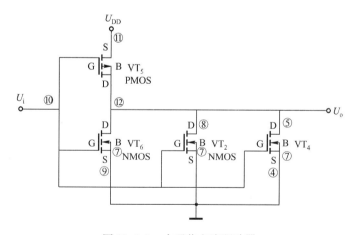

图 19.4.1　大吸收电流驱动器

2. 大驱动电流驱动器

可将 4007 内的 3 个 PMOS 管和 1 个 NMOS 管连接成大驱动电流电路,如图 19.4.2 所示,该电路能够提供较大的供电电流。

3. 三对管并联电流驱动器

将 4007 内的 6 只 MOS 管按图 19.4.3 所示的连接方法可组成三对管并联电流驱动器,这是大吸收电流和供电电流驱动器的连接方法。

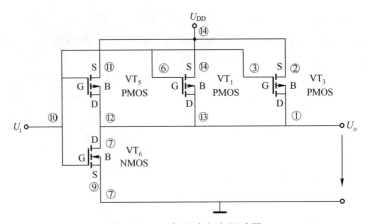

图 19.4.2 大驱动电流驱动器

注：⑪接⑭，⑨接⑦，②接⑭，⑪、③均与⑭相连。

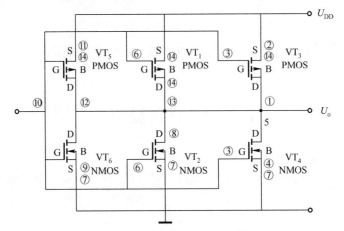

图 19.4.3 三对管并联电流驱动器

第五节 传输门与模拟开关

1. 双向传输门电路

可以将 4007 连接成双向传输门电路，如图 19.5.1 所示，电路相当于一个理想开关，它能向两个方向中的任一方向传输信号。控制端加逻辑 1 时开关闭合，控制端加逻辑 0 时开关断开。传输门导通时，其导通电阻约为 600Ω，传输门截止时，截止电阻趋于无穷大，可以处理 0V 到电源电压之间的任意信号。因为传输门是双向的，所以任意一个极都可以作为输入端或输出端。

2. 单刀双掷模拟开关

将 4007 中的 3 个 PMOS 管和 3 个 NMOS 管按图 19.5.2 连接可组成一个单刀双掷模拟开关，它具有两个传输门和一个反相控制门。由 VT_6（NMOS）和 VT_3（PMOS）组成一个传输门，另一个传输门由 VT_4（NMOS）和 VT_5（PMOS）组成，控制门由 VT_1 - VT_2 组成，它是一个反相器。当控制门加逻辑 0 时，X 与 B 接通；当控制门加逻辑 1 时，X 与 A 接通，因此它是一个典型的单刀双掷模拟开关。

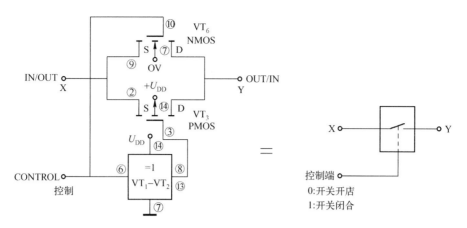

图 19.5.1 双向传输门电路

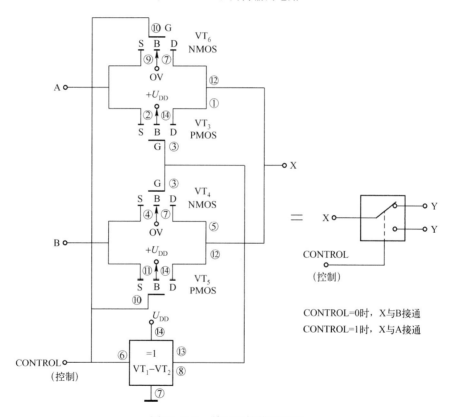

图 19.5.2 单刀双掷模拟开关

第六节 振荡器与波形发生器

可以将4007内的门电路适当组合,形成各种振荡器或方脉冲发生器。

1. CMOS 晶体振荡器

如图 19.6.1（a）所示为一个晶体振荡器电路。由 4007 内的 VT_1（PMOS）和 VT_2（NMOS）组成一个线性放大器,它通过 R_1 被线性偏置产生 180° 的相移,同时 R_x、C_1、C_2

和晶体 B 组成的 π 形晶体网络在谐振频率点产生了附加的 180°相移，因此使电路产生振荡。电路的振荡频率范围大体由晶体振荡器 B 的额定频率决定。R_x 和 C_2 给定的数值范围用于频率的粗调，C_1 是微调可变电容，用于频率的细调。

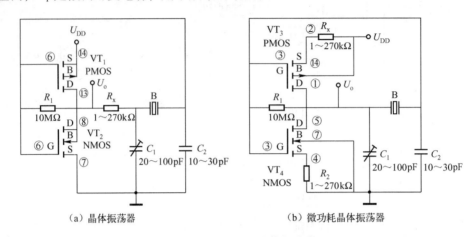

图 19.6.1　CMOS 晶体振荡器

在图 19.6.1（a）所示电路的基础上，通过 R_x 的调节和外加电阻 R_2 便可组成一个微功率晶体振荡器，如图 19.6.1（b）所示。如果需要，可将振荡器的输出直接接到另一个附加的 CMOS 反相器来改善振荡波形和提高振幅。

2. 无稳态电路

将 4007 内的各个 MOS 管接成 3 个 CMOS 非门，再将 3 个非门串联加上适当值的 R、C，便组成了无稳态振荡器，即多谐振荡器，如图 19.6.2（a）所示，电路的振荡频率由 R、C 决定。多谐振荡器非门的个数一般取奇数，否则不易振荡。如图 19.6.2（b）所示为电路的振荡波形。

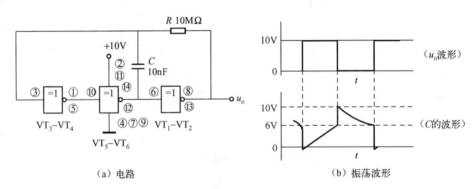

图 19.6.2　无稳态电路及其振荡波形

3. 微功率无稳态振荡器及输出波形

由 4007 组成的微功率振荡电路所需要的电流远比其他 CMOS 电路用相同的连接方法接成的 B 系列振荡器电流小。例如，$U_{DD}=6V$ 时，4007 的电流为 1.5μA，10V 时为 8μA，而 4013 在 $U_{DD}=6V$ 时为 12μA，$U_{DD}=10V$ 时为 75μA。微功率无稳态振荡器如图 19.6.3（a）所示，图 19.6.3（b）所示为其输出波形。该电路的频率稳定性较差，即当电源电压变化时，输出周期有较大的变化。例如，当 $U_{DD}=6V$ 时，其周期为 200ms；当 $U_{DD}=10V$ 时，其周期为 80ms。

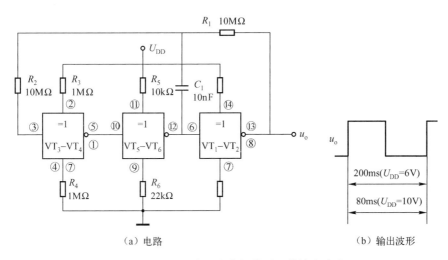

图 19.6.3 微功率无稳态振荡器及其输出波形

4. 三级不对称无稳态振荡器

如图 19.6.4 所示为将 4007 接成三级不对称无稳态电路的方法。VT_2 作为第一级，VT_3-VT_4、VT_5-VT_6 分别为第二级和第三级。这样便组成了与 3 个非门组成的对称电路不相同的振荡器，电路的振荡频率由 R_1、C_1 值决定。VT_3-VT_4 非门的输入端接到 NMOS（VT_2）管的 D 端。电路消耗电流在 $U_{DD}=6V$ 时为 $2\mu A$，在 $U_{DD}=10V$ 时为 $5\mu A$。

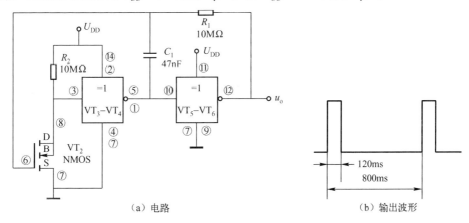

图 19.6.4 三级不对称无稳态振荡器

5. 微功耗脉冲发生器（1）

在图 19.6.4 所示电路的基础上，在 R_1 上并联 R_2-VD 支路，便组成了微功耗脉冲发生器（1），如图 19.6.5 所示，这样连接之后便可达到单独控制 C_1 充放电时间的目的。根据电路的参数，电路的振荡周期为 900ms，脉冲宽度为 $300\mu s$。$U_{DD}=6V$ 时电路消耗大约 $2\mu A$ 的电流，$U_{DD}=10V$ 时为 $4.5\mu A$。可以看出，这些性能与理想"标准脉冲发生器"的电路性能非常相似。

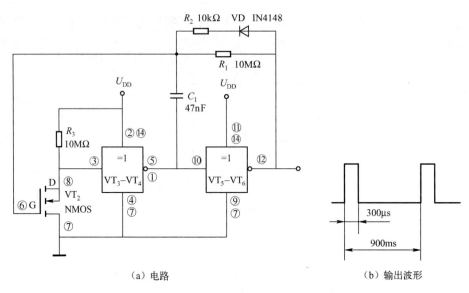

图 19.6.5 微功耗脉冲发生器（1）

6. 微功耗脉冲发生器（2）

在图 19.6.5 所示电路的基础上，在 $VT_3 - VT_4$ 非门的电源端②上接一个 R_4 电阻，再接电源 U_{DD} 便组成了另一种微功耗脉冲发生器，如图 19.6.6（a）所示，图 19.6.6（b）所示为输出波形。如图 19.6.6（c）所示，若 C_1、R_3 的数值不同，则其最大电流 I_{max}、脉宽 t_w、周期 T 也不同。

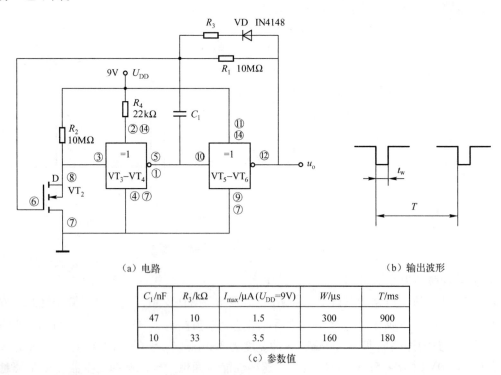

(a) 电路　　　　　　　　　　　　　　(b) 输出波形

C_1/nF	R_3/kΩ	I_{max}/μA(U_{DD}=9V)	W/μs	T/ms
47	10	1.5	300	900
10	33	3.5	160	180

(c) 参数值

图 19.6.6 微功耗脉冲发生器（2）

第七节 CMOS 反相器的各种电路

1. 源极外接电阻 R 的 CMOS 反相功率放大器

在 4007 中，CMOS 反相器 $VT_5 - VT_6$ 的两源极上各外接一个电阻 R，便组成了一个 CMOS 反相功率放大器，如图 19.7.1（a）所示。改变电阻 R 值对电路的性能会产生一些影响。随着 R 值的增大，漏极电流减小，电路逐渐趋向微功率，这是优点，但 R 的增大牺牲了带宽，如图 19.7.1（b）所示。

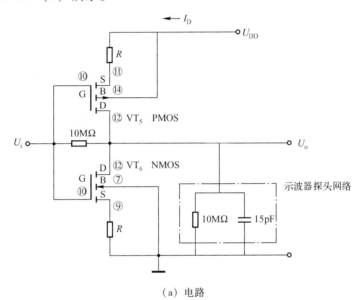

（a）电路

R	I_D	A_V (U_o/U_i)	最高频带宽度
0	12.5mA	20	2.7MHz
100Ω	8.2mA	20	1.5MHz
500Ω	3.9mA	25	300kHz
1kΩ	2.5mA	30	150kHz
5.6kΩ	500μA	40	25kHz
10kΩ	370μA	40	16kHz
100kΩ	40μA	30	2kHz
1MΩ	4μA	10	1kHz

（b）参数值

图 19.7.1 源极外接电阻 R 的 CMOS 反相功率放大器

2. CMOS 反相器接成的 3 种模拟电路

CMOS 反相器可以接成各种电路，图 19.7.2 所示为 3 种模拟电路。图 19.7.2（a）所示电路是将 CMOS 反相器接成增益放大器，$A_v = -R_2/R_1 = -10$；图 19.7.2（b）所示电路是单位增益 4 输入混频器，本质上它是一个加法器电路；图 19.7.2（c）所示电路是将 CMOS 反相器接成一个积分器，即 $u_o = -\dfrac{1}{RC}\int u_i dt$。

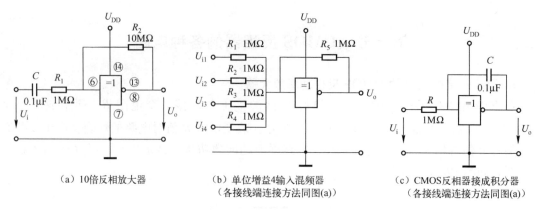

(a) 10倍反相放大器　　　(b) 单位增益4输入混频器　　　(c) CMOS反相器接成积分器
　　　　　　　　　　　　（各接线端连接方法同图(a)）　　（各接线端连接方法同图(a)）

图 19.7.2　CMOS 反相器接成的 3 种模拟电路

第八节　4007 的应用电路

1. 超低频振荡器

4007 内包含 3 对 NMOS 和 PMOS 场效应管，由电路结构原理图（见图 19.1.1）可以看出，适当选择电路参数，它即可组成一个超低频振荡器，如图 19.8.1 所示。当输出频率为 0.87Hz 时，振荡器的工作电流为 0.24μA；当输出频率为 32Hz 时，其工作电流为 9.1μA。两个 NMOS 管组成了一个施密特触发器。施密特触发器在 5 脚上的输出驱动在 10 脚的反向输入。

电容 C_1 通过电阻 R_1 充电，当它的电压达到施密特触发器较低的切换门限值时，5 脚变为低电平，12 脚变为高电平，封锁了集成电路内部的二极管（4007 结构原理图中未画出）。继续进行这样的循环，便形成了振荡，振荡器输出的脉冲宽度为 0.35~0.6ms，电压为 2~5V。

2. 节能 LED 频闪器

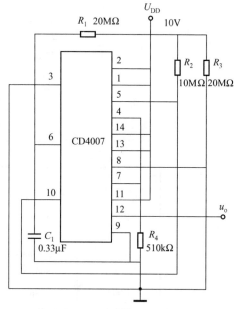

图 19.8.1　超低频振荡器

由 4007 内部的两个 CMOS 开关管和反相器可组成一个三反相器振荡电路，其接线如图 19.8.2 所示。电阻 R_4 和 R_5 与一对 CMOS 管的漏极串联，使得这对场效应管的电流极小。振荡器输出高电平时间由 R_3-C_1 网络决定，低电平时间由 R_2-C_1 网络决定。

在振荡器输出高电平期间，外接 VMOS 管的 VT 导通，LED 亮；输出低电平期间 VT 截止，LED 灭，输出波形如图 19.8.2（b）所示。

调节 R_3C_1 值可调节 LED 闪亮的时间，R_3C_1 值大，LED 闪亮时间长，减小 R_3C_1 值可使 LED 闪亮时间缩短。用一个标准 9V 电池，电路可持续工作时间约为 3 年之久。R_6 为限流电阻，其值由 LED 的额定电流确定，由于 LED 闪亮时间短，故可使 R_6 值比 LED 额定电流确定的值小很多。C_1 值不能太小，否则 LED 将不闪光。C_1 的极性不能接错，若 C_1 的正极接 10 脚，则 LED 将长亮，可由两个电容并联组成 C_1。

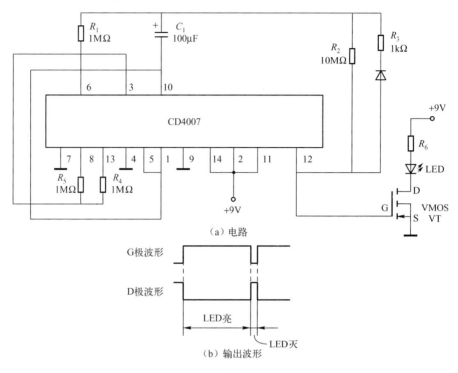

图 19.8.2　节能 LED 频闪器

3. 4007 与 LM3080（跨导集成运算放大器）的组合电路

LM3080 为跨导集成运算放大器（简称 OTA），它的功能是将输入电压转换为电流输出，并通过外加偏压控制运放的工作电流，从而使它的输出电流可在较大范围内变化。偏置电流的调节方法是：在偏置端 B_{IA}（5 脚）和电源端 U_+（7 脚）之间接一个偏置电阻，电阻越小，偏流越大，反之亦然。

利用它的功能特点可组成多种实用电路（见后文介绍）。LM3080 的输入级为差动晶体管电路，其跨导为 $g_m = qI_o/(2kT)$。其中，q 为电子电量，$q = 1.60 \times 10^{-19}$ C；I_o 为差动对管的总电流，$I_o = I_{E1} + I_{E2} \approx 2I_{E1} \approx 2I_{E2}$（$I_{E1}$、$I_{E2}$ 分别为差动管 VT_1、VT_2 的射极电流）；k 为玻耳兹曼常数，$k = 1.38 \times 10^{-23}$ J/K；T 为绝对温度。

运放的电压增益 $A_v = g_m R_L$，R_L 为负载电阻。

（1）增大输出电流的电路（1）

LM3080 加上 4007 反相器可组成增大 OTA 输出电流的电路，如图 19.8.3 所示。该电路可提高整个电路的跨导（增益）和输出

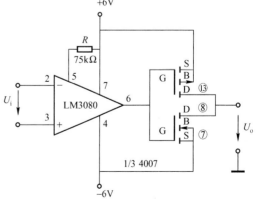

图 19.8.3　用 4007 反相器增大 OTA 输出电流的电路（1）

电流。LM3080 的增益为 100dB，4007 反相器的增益为 30dB，整个电路的开环增益为 130dB，输出电流达 6mA。

（2）增大输出电流的电路（2）

图 19.8.4 电路是采取两级并联反相器增大输出电流的电路，电路的开环增益为 160dB，输出电流为 12mA。

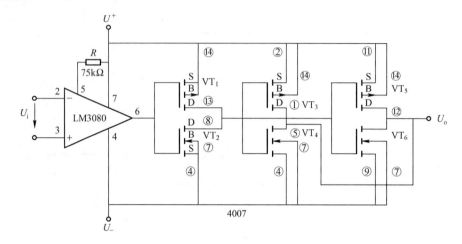

图 19.8.4　用 4007 反相器增大 OTA 输出电流的电路（2）

（3）精密无稳态多谐振荡器

精密无稳态多谐振荡器电路如图 19.8.5 所示，电路的振荡频率为

$$f=\frac{1}{2RC\ln(2R_1/R_2+1)}$$

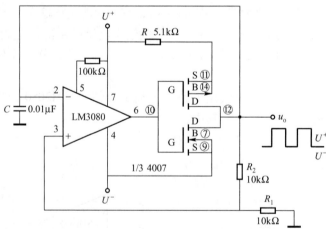

图 19.8.5　精密无稳态多谐振荡器电路

（4）精密单稳态多谐振荡器

精密单稳态多谐振荡器电路如图 19.8.6 所示，电路的稳态时间为

$$T=RC\ln\left[\frac{R_1}{R_1+R_2}(U^+-U^-)+U^+-U_D/U^+\right]$$

式中，U_D 为二极管 VD 的正向压降。

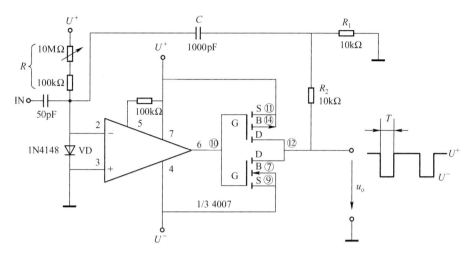

图 19.8.6 精密单稳态多谐振荡器电路

（5）门限检测器

门限检测器电路如图 19.8.7 所示，电路的门限电压为 $\pm U_s (R_1/R_1+R_2)$，U_s 为电源电压。

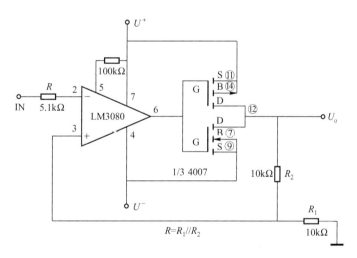

图 19.8.7 门限检测器电路

（6）微功耗电压比较器

微功耗电压比较器电路如图 19.8.8 所示，图中的 VT_1、VT_2 组成反相器，是作为选通控制用的，它不仅控制偏置电流，而且可控制输出电流，仅当选通脉冲输入时运放才将比较后的电平输出。VT_4、VT_5 组成的反相器作为输出反相放大器，其作用是提高整个比较器的灵敏度和负载能力。

该电路的静态功耗典型值是 $10\mu W$；电路选通时的功耗是 $420\mu W$，响应时间为 $8\mu s$，提高运放的偏流使电路的功耗达到 $21mW$ 时，响应时间可缩短至 $150ns$。

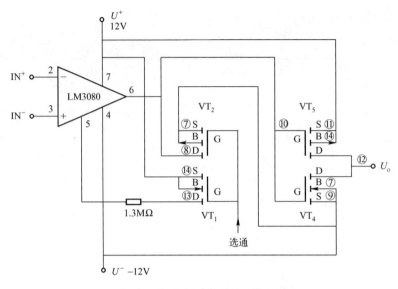

图 19.8.8 微功耗电压比较器电路

比较器的共模电压范围为 -1 ~ +10.5V，电压增益为 130dB。

若不考虑输入失调的影响，则可对差值为 5μV 的输入信号进行比较。

（7）高增益放大器

用 LM3080 和 4007 的 CMOS 反相器可组成高增益放大器，电路如图 19.8.9 所示。CMOS 反相器的输入阻抗极高。LM3080 的电压增益和负载阻抗有关，阻抗越高，电压增益越高。CMOS 反相器的输入阻抗作为 LM3080 的负载阻抗，因此 LM3080 的增益很高，反相器和运放的总放大倍数可达 3×10^6，即具有 130dB 的增益。

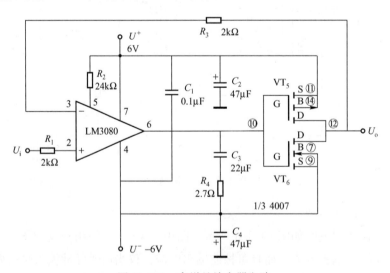

图 19.8.9 高增益放大器电路

图 19.8.9 中，LM3080 为反相放大器，1/3 4007 为反相器，故整个电路是一个放大倍数极高的电压跟随器，提供了优良的跟随特性。需要注意的是，LM3080 本身的 2 脚为反相端，信号从此端输入，虽然它本身是一个反相放大器，但整个电路是一个同相放大器，所以就整

个电路而言，2 脚为同相端，由此端输入的电压信号在输出端的相位不变。

+6V 电源通过 24kΩ 的电阻向 OAT 提供约 220μA 的偏置电流。运放输出端 $C_3 - R_4$ 支路的作用是相位补偿，电源端的 C_1、C_4 起去耦作用。

将 4007 内的 VT_1 和 VT_2、VT_3 和 VT_4 均接成反相器，再把这二级反相器并联后串联在反相器之后，可将整个电路的增益提高至 $20\lg(3 \times 10^6) + 30 \approx 160dB$，同时也提高了驱动能力。

第二十章 MOSFET 应用电路

场效应管（MOSFET）具有下列特点。

(1) 用于放大时，因场效应管的栅-源极间有绝缘层隔离，其输入电阻极高，可达 $10^{10}\Omega$ 以上，因此，MOSFET 放大器对前级的放大能力影响很小。

(2) 晶体管的发射区和集电区结构不对称，所以发射极和集电极不可互换使用，而 MOSFET 在结构上是对称的，因此，源极和漏极可以互换使用。但要注意，对于分离元器件的 MOSFET，有时厂家已将衬底和源极在管内短接，这种情况下，漏极和源极就不能互换使用了。

(3) 耗尽型 MOFET 的栅压可以是正压，也可以是负压，灵活性较大，而增强型 MOFET 的栅压只能是一种极性（N 沟道 MOSFET 的栅压用正压，P 沟道 MOSFET 的栅压用负压）。

(4) MOSFET 在小电流、低电压工作时，漏极和源极可以等效为受栅压控制的等效电阻，这一特点广泛应用于自动控制（AGC）和衰减器中。

(5) MOSFET 导通时，其漏-源电阻 $R_{DS(ON)}$ 很小，可小至几十毫欧，这一特性广泛用于开关电路。

(6) MOSFET 的温变稳定性好，因此在环境温变变化较大的场合应选用 MOSFET。

场效应管具有以上优点，现代电路广泛采用 MOSFET，设计了很多具有优良性能的电路。

本章介绍常用 MOSFET 电路，供应用参考。

第一节 增强型功率 MOSFET 的应用

由美国 Siliconix 公司生产的增强型功率 MOSFET 具有优良的性能，用途广泛。

增强型功率 MOSFET 的性能如下。

(1) 栅极可用 TTL 逻辑电平驱动，即微处理器的 I/O 口直接驱动。

(2) 无触点，最大电流可达 10A。

(3) 开关速度快，小于 150ns。

(4) 导通电阻小，最小为 0.03Ω。

(5) 输入阻抗高，漏电流小（小于 $10\mu A$）。

(6) 控制电压低（3V）。

Siliconix 公司生产的一些增强型 MOSFET 的主要参数见表 20.1.1。

表 20.1.1 一些增强型 MOSFET 的主要参数

型号	结构	U_{DS}/V	$R_{DS(ON)}$/Ω		I_D/A
			$U_{GS}=10V$	$U_{GS}=4.5V$	
Si9400DY	单 P	−20	0.25	0.4	−2.5
Si9410DY	单 N	30	0.03	0.05	7.0

续表

型　号	结　构	U_{DS}/V	$R_{DS(ON)}/\Omega$		I_D/A
			$U_{GS}=10V$	$U_{GS}=4.5V$	
Si9420DY	单 N	200	1.0	—	1.0
Si9433DY	单 P	-12	0.075*	0.110**	-5.1
Si9435DY	单 P	-30	0.07	0.13	-4.6
Si9933DY	双 P	-12	0.13*	0.21**	-3.2
Si9936DY	双 N	30	0.05	0.08	5
Si9942DY	复合 N	20	0.125	0.25	3
	P	-20	0.20	0.35	-2.5
Si9943DY	复合 N	20	0.125	0.25	3
	P	-20	0.25	0.3	2.8
Si9945DY	双 N	60	0.10	0.20	3.3
Si9947DY	双 P	-20	0.10	0.19	-3.5
Si9952DY	复合 N	25	0.10	0.15	3.5
	P	-25	0.25	0.40	-2.3
Si9953DY	双 P	-20	0.25	0.40	-2.3
Si9955DY	双 N	50	0.13	0.20	3.0

注：1. *—$U_{GS}=4.5V$，**—$U_{GS}=2.7V$。
2. I_D 为 U_{GS} 取最高值时的漏极电流。

这些 MOSFET 也可由其他型号管子代换，见表 20.1.2。

表 20.1.2　一些 MOSFET 的代换型号

型　号	代　换　型　号			
	4 脚 DIP		DPAK（贴片式）	
Si9400DY	IRFD9010 IRFD9020 IRFD9120 IRFD9123		IRFR9010 IRFR9020 MTD4905 MTD2955	
	4 脚 DIP	DPAK		T0-220
Si9947DY	IRFD9010 IRFD9020 IRFD9114 IRFD9124	IRFR9010 IRFR9020 IRFR9014 IRFR9024		IRF9Z34 IRF9Z30
	4 脚 DIP		DPAK	
Si9953DY*	IRFD9010 IRFD9020 IRFD9120 IRFD9123		IRFR9010 IRFR9020 MTD4905 MTD2955	
	4 脚 DIP		DPAK	
Si9942DY* Si9943DY* Si9952DY*	N 沟道	P 沟道	N 沟道	P 沟道
	IRFD010 IRFD020 IRFD110 IRFD123	IRFD9010 IRFD9020 IRFD9022 IRFD9023	IRFR010 IRFR020 MTD5N05 MTD10N05E MTTD3055E RFD10N05SM	IRFR9010 IRFR9020 MTD4905 MTD2955

续表

型 号	代 换 型 号		
	DPAK	T0-220	
Si9410DY	MTP90N05 MTP50N05EL	BUZ11 BUZ11A IRFZ40 IRFZ40	
	DPAK	T0-220	
Si9420DY	IRFR210 IRFR220 MTD2N20	IRF620 MTPSN20	
	4 脚 DIP	DPAK	T0-220
Si9955DY *	IRF010 IRF022	IRFR010 IRFR012 IRFR020 IRFR022 MTD5N05 MTD10N05E	BUZ71 BUZ71A
	4 脚 DIP	DPAK	
Si9955DY *	IRFD020	IRFR020 MTD3055E	

注：* 表示该器件可代替两个被代换器件。

一些 MOSFET 的引脚排列如图 20.1.1 所示，图（a）、（b）为单 P 型（P 沟道），型号

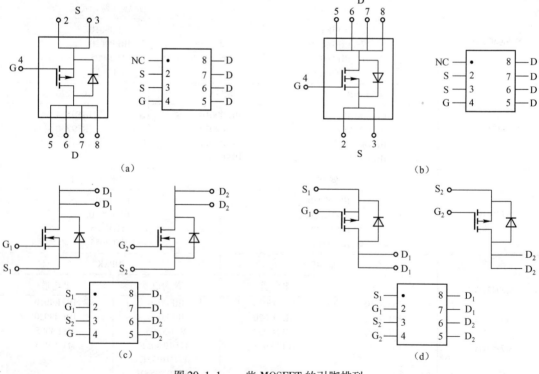

图 20.1.1 一些 MOSFET 的引脚排列

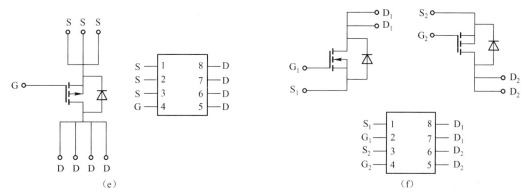

图 20.1.1 一些 MOSFET 的引脚排列（续）

有 Si9400DY、Si9433DY 等；图 (c) 为双 N 型，型号有 Si9936DY、Si9945DY 等；图 (d) 为双 P 型，型号有 Si9947DY、Si9953DY 等；图 (e) 为单 P 型，型号有 Si9435DY 等；图 (f) 为双 N 型，型号有 9955DY 等。

图 (e) 的单 P 型和图 (a) 的单 P 型的区别是，前者的深极有 3 个端子。

MOSFET 的漏极 D 或源极 S 有多个引脚是为了增大输出或输入电流。

由于 MOSFET 具有以上特点，它们广泛用于计算机、汽车电子、仪器仪表等领域，如 DC/DC 变换器、软硬盘驱动装置、小型直流电动机驱动、打印机、绘图仪、充电器、过电压保护电路、直流固态继电器、电子反接保护电路等。由于贴片式 MOSFFT 具有体积小、厚度薄等特点，更适用于便携式电子产品。

1. 降压式 DC/DC 变换器

降压式 DC/DC 变换器电路如图 20.1.2 所示，该电路由 MAX797、Si9936DY 及外围元器件组成。MAX797 作为调节器。MAX797 为同步整流降压控制器（Step Down Controller with Synchronous Rectifier），Si9936DY 为开关管。电路的输入电压为 4.75～18V，主输出为 3.3V/2A，次输出为 5V/5mA。

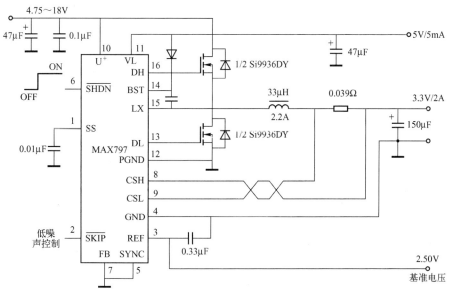

图 20.1.2 降压式 DC/DC 变换器电路

此电路个人组装有些困难,首先 39mΩ(0.039Ω)电阻的来源比较困难;另外 33μH 的电感要通过 2.2A 电流,这样的电感市场上也很难买到。

(1) 电感 L 自制方法:环形磁芯,外径 $\phi_{外}=14\text{mm}$,内径 $\phi_{内}=9\text{mm}$,高 $h=4\text{mm}$,用漆包线(铜直径 0.51mm,漆包线直径 0.56mm)双线在上述磁芯上穿孔绕 23 匝,其电感值为 33μH。

(2) 39mΩ 电阻自制方法:取适当直径(1~2mm)的康铜丝,用毫欧表量取适当长度(注意去掉毫欧表的接线电阻)作为 39mΩ 电阻。

2. 电压反转电路

电压反转电路如图 20.1.3 所示。输入电压为 4~25V,输出为 -5V/1.5A,调节器用 MAX797,开关管用 Si9945DY 或 Si9410DY。

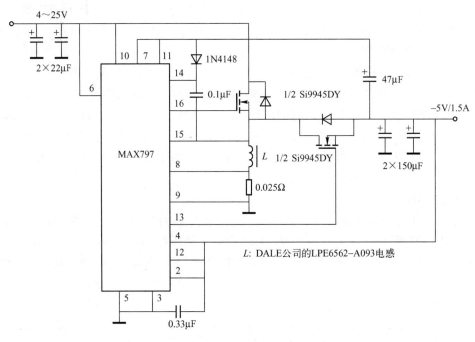

图 20.1.3　电压反转电路

3. 线性稳压电源

线性稳压电源如图 20.1.4 所示,由增强型低导通电阻 MOSFET 作为调整管,在 2A 输出时,其压差小于 0.2V,特别适用于电池供电的便携式电子产品。

TL431 为基准电压源,输出 2.5V 基准电压。运算放大器 A_2 接成振荡器,其电源电压为 6V。当 A_2 振荡时,由 VD_1、VD_2、C_1、C_2 组成倍压整流滤波电路,其输出(约为 6V + 3.5V)作为 A_1 的电源。A_1 为误差放大器,其输出控制调整管 N 沟道功率管 MOSFET。

元器件选择:

运放 A_1、A_2 应选择单电源运放,如 MAX406/407/418(电源电压 2.5~10V)、MAX409/417/419(电源电压 2.5~10V)、LM158/358(双运放,电源电压 5~30V)、LM324(四运放,电源电压 3~30V)、CA3140(电源电压为 5~30V)。

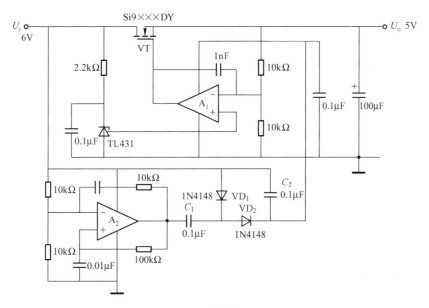

图 20.1.4 线性稳压电源

4. 电池装反的保护电路

在日常生活中,常有将电池装反损坏设备的情况发生。图 20.1.5 所示电路可以防止电池反接而保护电路。与一般的在电路中串联二极管的保护电路相比,它的压降小得多,所用电池电压在 2.5V 以上就可工作,在 6V 供电时,在 30mA 电流下,管压降仅 1.5mV。

5. 过电压保护电路

过电压保护电路如图 20.1.6 所示。保护电压由 U_z(稳压二极管)及 U_{be}(三极管发射结压降($U_z + U_{be}$))决定。当 U_{CC} 电压小于保护电压时,VT_1(9013)截止,VT_2 导通,电路待电工作;当 U_{CC} 电压大于保护电压时,VT_1 导通,VT_2 的栅极 G 被钳位,VT_1 饱和导通电压,VT_2 截止,电路被保护。当 U_{CC} 低于保护电压时,电路恢复正常。电路中的电流经 VT_2 时会产生压降,可根据要求选择 $R_{DS(ON)}$ 小的管子。

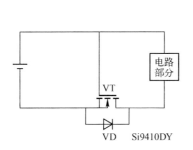

图 20.1.5 电池装反的保护电路

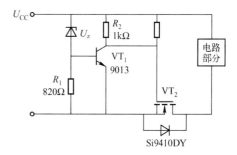

图 20.1.6 过电压保护电路

6. 断路保护电路

断路保护电路如图 20.1.7 所示,它是一种局部电路要求断电保护电路。在外电源断电后,由电池供电,使这部分电路不受断电影响。在外电源恢复时,电池还可通过 R 进行微电流充电。

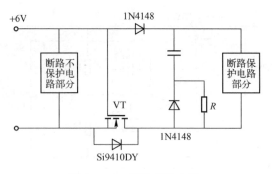

图 20.1.7 断路保护电路

第二节 快速大功率"稳压二极管"电路

有时需要快速大功率稳压二极管，市场上难以买到。如图 20.2.1 所示为快速大功率"稳压二极管"电路。它的核心器件是场效应管，电路相当于一只可提供大电流的快速稳压二极管。

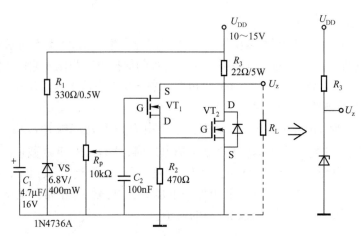

图 20.2.1 快速大功率"稳压二极管"电路

R_p、C_1 和 VS 从电源取得可调范围为 0~6.8V 的稳定电压。此电压使 VT_1、VT_2 相继导通。如果输出电压 U_z 稍有下降，则 VT_2 的栅极电压也随着下降。于是，VT_2 漏－源极之间的内阻增加，使输出电压升高，结果是使输出电压 U_z 保持稳定。控制的速度取决于 R_3。可用电位器 R_p 将输出电压调到 3.9~9.6V。

电路空载时将输出电压 U_z 调为 6V（此时 VT_2 消耗电流为 490mA）。按图 20.2.1 中虚线加上 15Ω 负载（最小值），输出电压下降到 5.9V，此时的漏极电流为 13mA。

本电路的动态特性非常好，在 15Ω 负载下，用频率为 10kHz 的方波输入信号做试验，恢复时间小于 1μs。

电源电压应比所需的稳定电压高出 2V。

元器件的选择：VT_1 选择小功率的 N 沟道场效应管即可，如 BS250 等；VT_2 必须选择大功率 N 沟道场效应管，如 BUZ10 等，而且必须加散热器。VT_1 和 VT_2 均为增强型。

第三节 VMOS 开关稳压电源

集成电路开关稳压器较贵,这里介绍的由 VMOS 管构成的开关稳压电源,电路简洁,功能良好,输出指标为 5V/1A,可作为微机或其他数字装置或 TTL 电源使用。电源效率达 80%,由于效率较高,VMOS 管加面积不大的散热片即可。若需要提高输出电流,则选择适当的 VMOS 管(加大 I_D),并调整电感器的参数。

VMOS 开关稳压电源电路如图 20.3.1 所示。VT_5,即 VMOS 管作为开关调整管,二极管 VD_2 为续流二极管,当 VT_5 截止时,使电感 L 中的电流不中断。C_5、C_6、C_7 为输出滤波电容。结型场效应管 VT_3 构成恒流源,它向晶体管 VT_1 和 VT_2 的发射极提供 1mA 的恒定电流。VT_1 和 VT_2 的导通与否取决于两管基极的相对电压。若 VT_1 基极电位低于 VT_2 基极电位,则 VT_1 导通,反之 VT_2 导通。从图中可以看出,VT_2 基极电位已由 R_1、R_3 和稳压管 VS 决定,是固定的。VT_1 基极电位则由输出电压经分压后得到。调整分压器中的电位器 R_p 可改变输出电压。设给定输出电压为 5V,当供电电压或负载改变引起输出电压上升时,VT_1 基极电位也随之上升,VT_2 导通,进而使 VT_4 导通,使 VT_5 的栅极电位下降,导致输出电压下降。一旦输出电压降至比 5V 低,VT_1 基极电位就下降,使 VT_2 截止,随之 VT_1 也截止,于是 VT_5 栅极电位提高,VT_5 导通,L 中的电流增大,输出电压又上升,整个循环再次开始,保持输出电压不变。

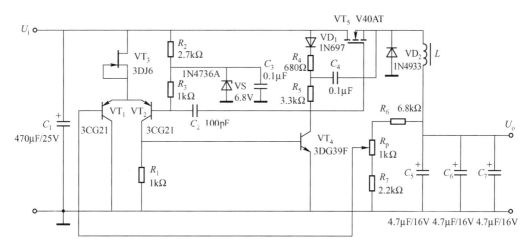

图 20.3.1 VMOS 开关稳压电源电路

事实上,整个电路一直处于振荡状态,振荡频率约为 100kHz。

电路中 C_2、C_3 的作用是加速 VT_1 和 VT_2 翻转,以提高开关效率。此外,为了减小开关管 VT_5 的功耗,采用了自举网络 $C_5 - C_4$,提高了 VT_5 的翻转速度。

1. 电路的工作过程

当 VT_5 截止时,源极电位为 0,C_4 通过二极管 VD_1 充电至等于输入电压;VT_5 导通后,源极电位上升,由于 C_4 上充有电压,使 VD_1 截止,这时 R_5 上的电压可达输入电压的两倍,使 VT_5 导通更迅速,同时当输入电压较低时,电路仍能可靠翻转。

2. 元器件选择与自制

（1）VD_1 和 VD_2：需有良好的开关特性，以提高稳压效率。本电路选用 1N697 和 1N4933 型开关管。

（2）VT_4：选用中功率 NPN 型管。

（3）开关管 VT_5：可选用任何型号的 $I_D>1A$ 的 N 沟道 VMOS 管。

（4）电感器 L：也是本电路的关键元器件，可自制。磁芯为导磁率不小于 1000H/m、截面积不小于 $1.5cm^2$ 的磁盒，用 $\phi 0.8mm$ 漆包线绕 18 匝。

只要元器件良好，接线正确，本电路不经调试即可正常工作。整调 R_p 可得到额定的 5V 电压。U_i 可选用 9V 左右的直流电压。

第四节 场效应管作为变阻器的电路

在小电流的情况下，可以把 VMOS 管设计成变阻器，电路如图 20.4.1 所示，这是一个调节音量电路的最简原理图。N 沟道 VMOS 管的漏极 D 接到电位器的中心抽头，形成电位器与 VMOS 管的 D、S 极并联的电路。

VMOS 管的特点之一是 D-S 极间电阻随 G-S 极间电压增减而线性变化；特点之二是 G-S 极间电阻极高。利用这两个特点，可以把 VMOS 管当作一个可变电阻。闭合开关 S_1，电源通过 R_1 向电容 C 充电，D-S 极间电阻变小，音量变小；按下 S_2 时，C 放电，D-S 极间电阻变大，音量变大。如果电容 C 足够大，当 S_1 和 S_2 都断开时，就能保证 G-S 极间电压长期不变。根据试验，C 取 $100\mu F$，给 C 充电，3h 之内，人耳分辨不同音量的变化，足以满足实际需要。

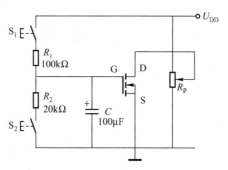

图 20.4.1 场效应管作为变阻器的电路

第二十一章 稳压电源电路

稳压电源是电子电路的工作动力,几乎所有的电子电路都需要直流电源,尤其是稳压电源。不同的电路需要适合自己的电源。

本章介绍十几种稳压电源电路,大体分为以下几种。

(1) 大电流(5A 以上)稳压电流,用于带动转大的负载。
(2) 精密小电流电源,用于轻载。
(3) 高压稳压电源,适于高电压小电流负载。
(4) 双向稳压电源,为运算放大器电路和其他电路提供正、负电源。

第一节 由 TL431 组成的小电流高精度稳压电源

TL431 为可调基准集成电路,在稳压领域应用甚广,它的主要参数见表 21.1.1,其引脚排列如图 21.1.1 所示,由它组成的小电流高精度稳压电源如图 21.1.2 所示。

表 21.1.1 TL431 主要参数

参 数 名 称	符 号	TL431		
		TO-92 封装	C-8 封装	TO-39 封装
最高阳极电压	U_{AKM}/V	32		
基准电压温漂	$S_T/(10^{-6}/℃)$	25		
动态输出电阻	$R_o/Ω$	0.3		
最大阳极电流	I_A/mA	−100 ~ +150		
最大耗散功率	P_o/W	0.6	1	1
环境温度	$T_A/℃$	0 ~ 70	−20 ~ +85	−40 ~ +85

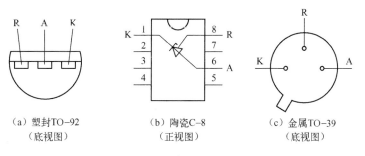

(a) 塑封TO-92　　　(b) 陶瓷C-8　　　(c) 金属TO-39
　(底视图)　　　　　(正视图)　　　　　(底视图)

图 21.1.1 TL431 各种封装的引脚排列

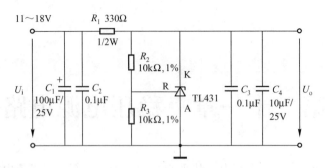

图 21.1.2 小电流高精度稳压电源

由表 21.1.1 可以看出，电路具有 $25 \times 10^{-6}/℃$ 的优良温度稳定性和很低的动态输出抗阻。作为电压源理想的动态内阻应为 0，本电路为 0.3Ω，还是比较理想的。借助于两个固定分压电阻可以把它的稳定电压设计在 2.5~32V 之间的任意值。本电路两端的电压为 $U_o = 2.5V(1 + R_2/R_3) = 5.0V$，因此，要求 R_2、R_3 值的精度应为 1%。可选用得州仪器公司生产的 TL431，其稳压电压可达 36V，动态内阻可达 0.2Ω。

试验证明，本电路的负载电流可达 20mA，超过 20mA 时，输出电压将急剧下降，因此适于轻载场合应用（如 TTL 电路电源）、LCD 显示（如数字万用表电源或其他轻载应用）。

第二节 无变压器直流电源

无变压器直流电源一般都采用电容降压的方法，本电路采用阻容降压方法，降压之后将交流电输入至由 VD_1、VD_2、VS_1、VS_2 组成的桥式整流器，如图 21.2.1 所示，其中 VS_1、VS_2 为齐纳二极管。输出电压的大小和稳压管 VS_1、VS_2 的击穿电压有关，输出电流的大小和电容 C_2 值有关。

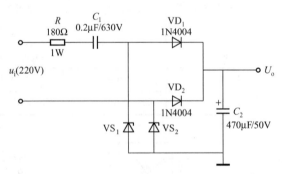

图 21.2.1 无变压器直流电源

1. 元器件的选择及相关数据

（1）R 可选择 100~180Ω 的 1W 电阻。

（2）C_1 选择两个 0.1μF/630V 的电容并联，也可选用单个的 0.22μF/630V 电容。

（3）稳压管 VS_1、VS_2：如选用稳压值均为 12V/1W 的齐纳二极管，则输出电压 U_o = 11.50V；如选用稳压值均为 16V 的齐纳二极管，则输出电压 U_o 为 15.40V。

简单的测试表明，直流电压绝大部分降至 C_1 上，R 上的压降很小。

2. 电路优缺点

（1）优点：电路元器件少，成本低，装配简单。

（2）缺点：带负载能力差，本电路适宜 15mA 以下的负载，如 LCD 显示的 3½位数数字电压表、CMOS 电路轻载设备。如果负载电流超过 15mA，则输出电压大幅度下降。

第三节 高压稳压电源

本高压稳压电源由时基电路 555、储能电感 L 和晶体管 VT 等组成，如图 21.3.1 所示，实质上是一种电感储能式开关稳压电源。若放电时间 T_{off} 保持常数，则其输出电压 U_o 与电容 C_1 的充电时间 T_{on} 成正比。T_{on} 由 R_p 控制，T_{off} 由 R_2 控制。

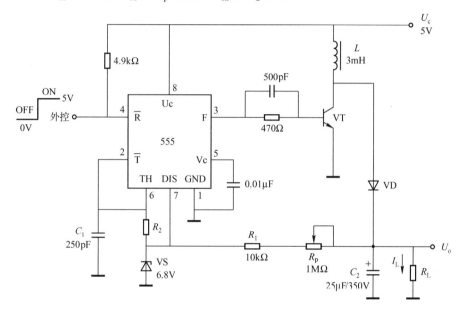

图 21.3.1 高压稳压电源

$$T_{on} \approx 2U_o L I_L / U_c^2 = 0.693(R_p + R_1 + R_2)C_J$$
$$T_{off} \approx U_c / U_o T_{on} = 0.693 R_2 C_1$$

C_1 充电时，VT 导通，电流近似线性增加，将能量储存在电感 L 中。电感的电流最大值为

$$I_{Lmax} \approx (U_c - U_{ce饱和})T_{on}/L$$

在 T_{off} 期间，VT 截止，电感产生的反电动势 $e_L = -L\dfrac{di}{dt}$ 通过 VD 向 C_2 充电。由于 U_o 减小，C_1 的充电速率下降，T_{on} 增加，使 U_o 又增大，这就形成了负反馈的稳压。本电路的负载调整率为 2%，负载电流为 2.5mA，输出电压为 250V。负载电流为 2.5mA 时的输出纹波电压为

$$U_{rip} = I_L T_{on}/C_2 = 12\text{mV}$$

500pF//470Ω 支路为加速电路。R_p 可调整输出电压 U_o 的大小，其调整输出特性如

图 21.3.2 所示。

电路由 555 的 4 脚的外控阶跃信号控制,当加 5V 阶跃信号时,电路导通工作,当外控信号为 0 时电路不工作。

元器件的选择方法如下。

(1) 电感 L:电感器不能用空心线圈,即使达到 3mH 的额定值,因体积太大,使用也不方便。可选用外径为 16mm、内径为 10mm、高为 6mm 的磁环,用外径为 0.57mm 的漆包线穿孔绕 42 圈即可,实测值为 3.00mH。市场购买 3.00mH 的电感有困难。

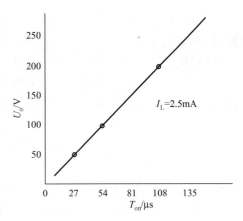

图 21.3.2 R_p 的调整输出特性

(2) 晶体管 VT:应用高反压管,如 2N6176 或 D207(国产)等。

(3) 二极管 VD:可选用 A1140GE 或 2CZ82(国产)。

(4) 电位器 R_p:应选用对数型的 1MΩ 电位器,其旋转度小于 360°。

(5) 电容 C_2:应选用 25μF 耐压为 350V 的电解电容,可采用符合耐压条件的若干个电容并联。

第四节 稳压电源短路保护电路

本电路是一个稳压电源短路保护十分有效的电路,如图 21.4.1 所示。

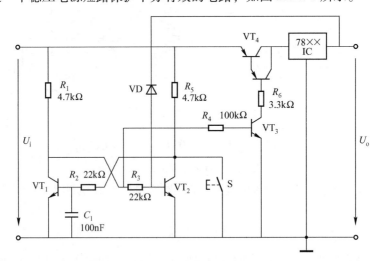

图 21.4.1 稳压电源短路保护电路

当负载短路时,电路中的 7800 系列或类似型号的电压调节器并不能立即切断电路,仍有少量电流流出,尽管有限,但也有可能造成稳压器件的损坏。本电路能有效解决这一问题,当电压调节器的输出电压很低时,通过电子开关立即切断电压调节器的输入电流。

接通电源时,由 VT_1 和 VT_2 组成的双稳态电路,由于电容上的电压不能突变,此时 C_1

上的初始电压为 0，使 VT$_1$ 截止、VT$_2$ 导通，从而使 VT$_3$、VT$_4$ 导通，接通稳压器的电流通路，IC 输出稳定电压。

当负载短路时，输出电压降低，二极管 VD（锗管）阴极接地，使 VT$_2$ 的基极电位降至 0.3V 以下，VT$_2$ 截止、VT$_1$ 导通，使 VT$_3$、VT$_4$ 截止，切断 IC 的输入电流，从而保护了稳压器。这一状态将持续，当短路故障排除后，按复位开关 S 后，电路才能恢复正常工作。

元器件选择方法：VT$_1$~VT$_3$ 选择一般的小功率管即可，如 S9014、C9013 等，要求 β 值在 100 以上，VT$_1$、VT$_2$ 的 β 值应相等或相近。VT$_4$ 可选中小功率的达林顿管，如 TIP147 等。VD 必须选择锗二极管，其正向导通电压在 0.3V 以下。

第五节　输出电流为 5A 的稳压器电路

一、LM138K 参数性能简介

本稳压器电路体积小、外围元器件少、稳压精度高、工作可靠、组装简便，可省去调试步骤。电路的核心器件是 LM138K，它和 LM338K 基本相同，只是工作温度范围优于 LM338K。LM138K 的极限参数见表 21.5.1，电特性参数见表 21.5.2。

表 21.5.1　LM138K 的极限参数

参数名称	符　号	参　数　值
直流输入电压	U_i	38V
输出电流	I_o	5A
功耗	P_{CM}	50W
储存温度	T_{stg}	-65~150℃
工作结温	T_j	-55~150℃

表 21.5.2　LM138K 的电特性参数

参数名称	符　号	测试条件	最小值	典型值	最大值	单　位
电流调整率	S_i	10mA≤I_o≤5A；U_o = U_{REF}~32V；室温~全温	—	0.16	0.4	%
电压调整率	S_v	3V≤U_i-U_o≤32V，I_o = 100mA，室温~全温	—	0.6	1.2	%/V
基准电压	U_{REF}	3V≤U_i-U_o≤32V；10mA≤I_o≤5A；P_o≤P_{max}；全温	1.20	1.25	1.30	V
调整端电流	I_{ADJ}	U_i-U_o = 5V；I_o≤2.5A；全温	—	50	100	μA
调整端电流变化	ΔI_{ADJ}	3V≤U_i-U_o≤32V；10mA≤I_o≤5A；P_o≤P_{max}；全温	—	0.2	5	μA
纹波抑制比	S_{vip}	U_o = 10V；f = 100Hz；C_{ADJ} = 33μF；I_o = 25A；全温	66	74	—	dB
最小负载电流		U_i-U_o≤32V；全温	—	3.5	5	mA
电流限制		U_i-U_o≤10V；全温	5	8	—	A
温度稳定性		T_{min}≤T_j≤T_{max}	—	1	—	%
结壳热阻	$R_{th(j-c)}$		—	1.2	1.5	℃/W
全温		-55℃≥T_j≥150℃				

LM138K 是一种三端可调输出集成稳压电路，其内部设置了过电流保护、短路保护、调整管安全区保护及稳压器芯片过热保护等电路，在实际应用中不易损坏。

LM138K 采用 F-2 型封装，引脚排列如图 21.5.1 所示。

LM138K 的性能如下：

(1) 可调输出电流达 5A（$T_j \leq 150℃$）；
(2) 可调输出电压最低为 1.25V；
(3) 有短路与过热保护；
(4) 有调整管安全工作范围保护。

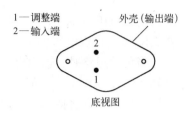

图 21.5.1　LM138K 的引脚排列

二、5A 稳压器电路

由 LM138K 组成的 5A 稳压电路如图 21.5.2 所示。市电交流 220V 经整流变压器变压至 32V，由 1N5401（$I_F = 3A$，反压 $U_R = 100V$）组成的桥式整流电路整流为脉动直流，再经电容 C_1 滤波为平滑的不稳定直流电压（约 38V），此电压输入至 LM138K 的输入端。稳压器的直流输出电压为 $U_o = 1.25V(1 + R_p/R_1) + I_{ADJ}R_2$，当 R_p 短路时，$U_o = 1.25V$；R_p 最大时，$U_o \approx 32V$，即用电位器 R_p 可在 1.25~32V 之间调整到所需要的电压，输出电流达 5A。

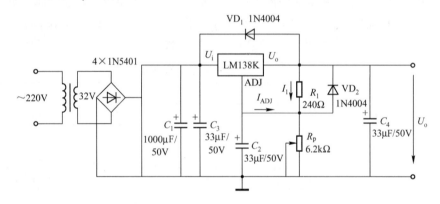

图 21.5.2　输出电流 5A 的稳压器电路

三、设计方法

LM138K 工作时在输出端与调整端之间产生一个基准电压 U_{REF}（1.25V），这个基准电压加在 R_1 上，由于 U_{REF} 恒定，就有一个恒定电流 I_1 流过 R_p，由于 I_1 是一个误差项，故在设计时应尽量较少 I_{ADJ}，使之为一个常数，不随输入电压和负载大小而变化。因此，使用时需要一个最小负载电流，如果负载电流过大，输出电压就会失控上升。因此，在设计制作电路时应考虑以下几点。

（1）在输入端和输出端都要接一个 33μF 的电容，可避免电路发生振荡。所接电容要靠近 LM138K。

（2）在调整端 ADJ 与地之间接一个 33μF 的电容可使纹波抑制比达到 74~80dB。

（3）负载调整率受接线方法的影响较大，LM138K 只能保证输出端与调整端之间为一恒定电压，因此，必须将 R_1 的上端直接接到 LM138K 的输出端，这样才能保证很好的负载调整率特性。若 R_1 的上端不是直接接到 LM138K 的输出端，而是接在似乎与输出端等电位的其他接点上，则 R_1 的上端与 LM138K 的输出端之间便形成一段接线电阻 R_w，此时流过 R_1

的电流不再是U_{REF}/R_1，而是$(U_{REF}-I_oR_w)/R_1$，I_o是负载电流，此时的输出电压$U_o=(U_{REF}-I_oR_w)\times(1+R_p/R_1)+I_{ADJ}R_2$，可以看出，输出电压不再仅与很稳定的基准电压$U_{REF}$有关，而是受负载电流的很大影响，这是由寄生接线电阻R_w引起的。将R_1的上端直接接到LM138K的输出端时，$R_w=0$。同理，R_p的下端也要靠近负载接地。

（4）保护二极管VD_1、VD_2的作用与选择。

LM138K有外接电容，电容的内阻很小，10μF的电容放电时可产生20A以上的尖峰电流，足以损坏集成稳压器。

使用时若输出端对地短路，则接在调整端的电容C_2的放电电流将经调整端进入稳压器，再从输出端流出。特别是当输出电压较高时，C_2上的电压也较高，放电电流较大，稳压器易损坏。因此，需要加一个保护二极管VD_2来防止稳压器损坏。当稳压器输出端短路时，C_2上的电荷通过VD_2放掉。

同理，当输出端对地短路时，接在输出端的电容C_4也将产生尖锋电流，保护二极管VD_1将C_4上的电荷放掉。

保护二极管的电流要足够大，不能选择1N4148小容量的开关管，而应选择1N4002、1N4004、1N4007等整流管。

第六节　12V/5A稳压电源的设计

大电流输出的稳压电源电路如图21.6.1所示，该电路简单实用，设计方法如下。

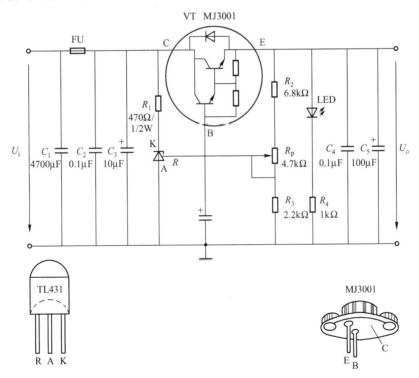

图21.6.1　12V/5A稳压电源电路

1. 输出电压 U_o 的调节范围

TL431 的基准端 R（也称调节端）和阳极 A 之间的电压为 2.5V，因此通过 R_3 的电流为 $I_{R_3} = 2.5\text{V}/R_3$，又因为流入基准端的电流很小（约为 2.5μA）可以忽略，故

$$U_o = (R_2 + R_p) \times 2.5/R_3 + 2.5 = 2.5[1 + (R_2 + R_p)/R_3]\text{V}$$

输出电压 U_o 的调节范围如下：

当 R_{p1} 短路时，$U_o = 2.5\text{V} \cdot (1 + R_2/R_3) \approx 10\text{V}$；

当 R_{p1} 最大时，$U_o = 2.5\text{V} \cdot [1 + (6.8 + 4.7)/2.2] = 15.6\text{V}$。

即 U_o 的调节范围为 10~15.6V。

2. R_3 值的选择

要保证电路的正常工作，通过 R_{p1}、R_2 和 R_3 的电流至少为 1mA，本电路通过它们的电流为 $I_{R_3} = 2.5\text{V}/R_3 = 1.14\text{mA}$，可以看出，$I_{R_3}$ 的大小完全由 R_3 值决定，若 R_3 值超过 2.5kΩ，I_{R_3} 就小于 1mA。因此，R_3 值不能大于 2.5kΩ，但 I_{R_3} 也不能过大。R_3 值在 1.3~2.4kΩ 时，电路可以正常工作。

3. R_1 值的选择

R_1 是确定输入电压 U_i 与输入电压 U_i 关系的电阻。VT 是达林顿复合管，在忽略 VT 导通或饱和时集-射电压 U_{ce} 的情况下，电路的输入电压 $U_i \approx R_1 I_{R_1} + U_{be} + U_o$，由此得 $R_1 \approx (U_i - U_{be} - U_o)/I_{R_1}$，在 VT 发射极电流为 5A 的情况下，其电流增益应不小于 1000。这意味着只需要 5A/1000 = 5mA 的基极电流，再考虑 VD 需要的最小工作电流为 0.5mA，因此通过 R_1 的电流大约是 5.5mA。另外，达林顿管工作时基-射极压降 $U_{be} \approx 2\text{V}$，令输入电压为 16V、输出电压为 12V，R_1 值约为 (16-2-12)V/5.5mA = 364Ω，这是理论计算值，考虑到 VT 在 5A 工作时的电流增益要大于 1000，即基极电流要小于 5.5mA，因此 R_1 的取值应比计算值大一些，故取 $R_1 = 470Ω$。这是 R_1 的大致数值，最终要以试验为准确定。

4. 散热措施

VT 在 2~5A 工作时要加散热器，并且要有足够的空间。在工作电流达到 5A 的情况下，宜将功率管从电路板移出，并将滤波电容 C_1 的容量增大至约 10000μF（可用两个 4700μF 电容并联），也要从电路板移出。将 VT 与 C_1 组装在离电路板较远的地方，以利散热。

5. 整流变压器的选择

变压器（图 21.6.1 中未画）的容量 $S \geq 24\text{V} \times 5\text{A}(1 + 20\%) = 144\text{V} \cdot \text{A}$，可选择额定容量为 150V·A 的变压器。

LED 为指示灯；R_4 为 LED 的限流电阻。由 $R_4 = (U_o - U_{LED})/I_F$ 选择限流电阻，其中的 U_{LED} 为 LED 正向压降，I_F 为 LED 额定电流。

第七节 跟踪式大电流可调稳压器电源

跟踪式大电流（5A）可调稳压器电源如图 21.7.1 所示。电路采用两只可调正输出电压集成电路 LM338 进行串联，第一级的调整端 R 与第二级的输出端 U_{o2} 跨接电阻 R_2。$U_{o1} = 1.25\text{V}(1 + R_2/R_1) + U_o = 5\text{V} + U_o$，可见第二级的输入端与输出端的压差被限定在 5V，它仅与 R_2/R_1 有关，与电路的输出电压 U_o 无关。U_{o1} 的表达式相当于 $y = x + k$ 函数，第一级的输

出量 $y(U_{o1})$ 跟踪第二级的输出量 $x(U_o)$，因此该电路称为跟踪式稳压电路。第一级的跟踪调整电路的输出稳定精度可达 10^{-6} 量级，纹波电压小于 $1\mu V$。

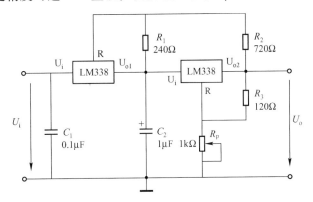

图 21.7.1 跟踪式大电流可调稳压电源

设计要点：由 $U_o = 1.25V(1 + R_p/R_3)$ 可得 $U_{omin} = 1.25V$、$U_{omax} = 12V$，由此又得 $U_{o1.max} = 17V$。因此，电路的输入电压 $U_i \geq 20V$，由此来选择整流变压器的二次电压值。

第八节　调整管并联增大输出电流的电路

调整管并联增大输出电流的电路如图 21.8.1 所示。两调整管并联扩流电路的输出电流是单管扩流的 2 倍。

调整管的选择方法如下。

（1）按输出电流 I_L 的要求，选择调整管的最大集电极电流 $I_{CM} = 0.5 I_L$。

（2）两调整管的 β 值应尽量相等，若 β 值相差很大就会加重 β 值高的管子的负担。

整流变压器的容量也要相应增大。

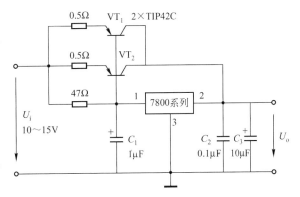

图 21.8.1 调整管并联增大输出电流的电路

图 21.8.1 中的 VT_1、VT_2 均为 TIP42C 型，其集电极最大允许电流 $I_{CM} = 6A$，两管并联可使输出电流达到 10A，两管均应加散热片。也可选用其他型号的低频 PNP 型的大功率管，只要 I_{CM} 值达到要求即可。

第九节　单片 5A 稳压电源

单片集成稳压器 LM338K 的底视图如图 21.9.1（a）所示，其额定电流为 5A，由它组成的 5A 稳压电源电路如图 21.9.1（b）所示。

若输入电压比所要求的最大输出电压大 3V，则输出电压的范围为 $1.25 \sim 30V$。通过改变 R_p 或 R_1 的数值能改变输出电压的范围，但为了得到最好的稳定性能，流过 R_1 的电流至少为 3.5mA，即 $R_1 \leq 1.25V/3.5mA = 357\Omega$。

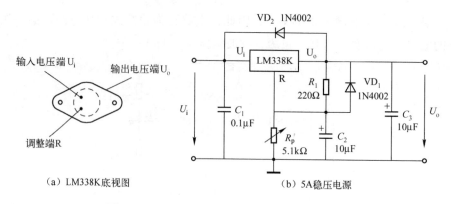

(a) LM338K底视图 (b) 5A稳压电源

图 21.9.1　LM338K 和由它组成的 5A 稳压电源

输出电压 $U_o = 1.25\text{V}(1 + R_p/R_1)$，可见，$R_p$ 是用于调节输出电压的电位器；并联于 R_p 两端的电容 C_2 起纹波抑制作用，能将抑制能力提高至 80dB；VD_1 是为了防止调节端旁路电容 C_2 放电时而损坏集成稳压器；VD_2 是防止输出端短路而损坏稳压器的。

输出电流的大小由负载确定，其电流范围为 0～5A，为了长期用于大负载电流，LM338K 要加散热器，它的输出端为外壳。

第十节　双向电源电路

一、电路组成与工作原理

如图 21.10.1 所示电路能够由单电源电路变换成不对称双电源电路。电路由与非门振荡器（IC_1、IC_2）、分频器（IC_5）、与门（IC_4）、与非门（IC_3）和电感储能整流电路（VT_1、VT_2、L、VD_1、VD_2、C_1、C_2）组成。

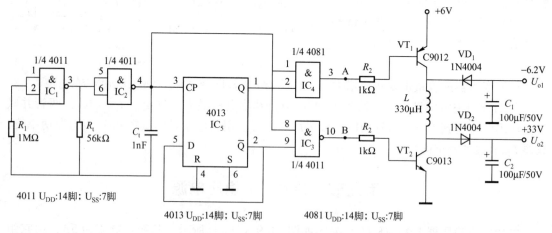

图 21.10.1　双向电源电路

与非门振荡器在电源电压为 10V 的情况下，振荡频率由 $f \approx 1/(2.2R_tC_t)$ 估算，此式的频率计算误差较大。本电路的电源电压为 6V，实测振荡频率 $f = 5.1456\text{kHz}$（IC_2 的 4 脚，即

CP 频率）。分频器由 D 触发器组成，其 1 脚（Q 端）和 2 脚（$\overline{Q}$ 端）的频率为 $1/2f$。电路的各端点波形如图 21.10.2 所示。

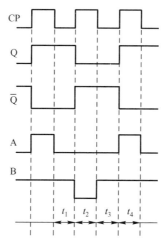

图 21.10.2　电路各端点波形

二、储能元件 L 的工作原理与过程

各时段工作原理如下。

（1）t_1 段：VT_1 和 VT_2 均导通，电感 L 上有一定的电流流过。

（2）t_2 段：VT_1 导通，VT_2 截止。因电感上的电流不能突变，t_1 段的电流依然维持并通过 VT_1 和 VD_2 流向 C_1，在 C_2 上产生正电压。

（3）t_3 段：VT_1 和 VT_2 均导通，给电感充电。

（4）t_4 段：VT_1 截止，VT_2 导通。

t_3 段产生的电流依然保持，并通过 VT_2 和 VD_1 向 C_1 充电，因充电电流是反向的，所以在 C_1 上产生负电压。

以上过程不断重复，于是在滤波电容 C_2 和 C_1 上分别得到正电压和负电压。驱动电流约为 10mA。

三、实测电压及对晶体管的要求

实际得到的两输出电压，C_2 正极对地电压约为 +33V，C_1 正极对地电压约为 6.3V，而且两电压不是十分稳定。由示波器观察两输出电压的波纹较小。

VT_1 选择 PNP 型管子，其 β 值约为 200；VT_2 选择 PNP 型管子，β 值约为 200。如两管的 β 值较小，则其输出电压也小。本电路适宜驱动较轻负载。如需驱动电流较大，则 VT_1 和 VT_2 应选择中功率晶体管，并且电感 L 要选择输出电流相适应的导线直径。

四、电感的选择

在驱动电流不大的情况下，可到电子商场直接买 330μH 的电感器，也可以自制；在大驱动电流的情况下，需要自制电感器。空心电感，特别是大数值、大电流的空心电感，其体积较大，不便用于电路，需用磁芯电感。

磁芯电感自制方法：用铜线直径为 0.67mm 的漆包线在环形磁芯（外径为 16mm，内孔直径为 10mm，高为 6mm）穿孔缠 13 匝即为自制电感器。经测量，其电感量为 330μH，可通过 1A 的电流。

第十一节　电压稳定性能良好的运放稳压器

一、电路原理

由运算放大器和稳压管组成的电压稳定性能良好的稳压器电路如图 21.11.1 所示，一般的稳压电源当输入电压变化较大时，其输出电压的稳定性能就变差了，本电路克服了这种缺点，它具有以下优良性能。

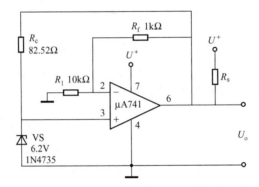

图 21.11.1　电压稳定性能良好的运放稳压器

（1）当输入电压变化较大时，其输出电压基本稳定不变。
（2）当环境温度变化很大时，其输出电压变化不大。

利用运算放大器的输出电流供给稳压二极管的工作电流，可以保证当输入电源波动时通过稳压管的电流维持不变，因此电路的输出电压就不变了。

二、设计方法

本稳压器电路本质上是一个同相运算放大器，运放同相端的电压 $U_z = 6.2V$，运放的输出电压为 $U_o = (1 + R_f/R_1)U_z = (1 + 1/10)U_z = 1.1U_z$。

稳压管被反向击穿后，其反向电流在 1~10mA 之间，其稳压值 U_z 均为稳定值，反向电流的大小决定了它的功耗。令本电路的反向工作电流 $I_R = 7.5mA$，R_c 上的电压 $U_{R_c} = U_o - U_z = 1.1U_z - U_z = 0.1U_z$，因此 $R_c = 0.62V/7.5mA = 82.6Ω$。实际中，$R_c$ 值由 82Ω 和 1Ω 的额定电阻串联而成，电路中的 $R_c = 82.5Ω$。

三、试验结果

1. 电源电压变化对输出电压的影响

试验结果见表 21.11.1。

表 21.11.1 电源电压与输出电压的对应关系

电源电压 U^+/V	输出电压 U_o/V
10.00	6.861
15.00	6.861
18.00	6.863
24.00	6.863
30.00	6.863

由表 21.11.1 可看出,输入电压的变化引起输出电压的变化率 $\gamma = 0.012\%$,这是比较理想的。

2. 环境温度变化对输出电压的影响

用热风机对电路吹热风,在 25~41℃ 时、热空气对电路的影响不大;当空气温度达 70℃ 时,输出电压 U_o 在 6.930V 上下变化,输出电压的变化率约为 1%。

四、电路的用途

该稳压电路适宜要求高稳定度的轻负载,因为 μA741 只能给出 5mA 的负载电流。

五、增大负载电流的方法

在运放的输出端加接一个限流电阻 R_S 再接电源。通过 R_S 的电流,亦即流入运放输出端的电流由 $I_S = (U - U_o)/R_S$ 决定。若希望 $I_S = 30\text{mA}$、$U = 12\text{V}$,则 $R_S = 171\Omega$,取称标值 180Ω。用 LED 作负载,控制负载电流 $I_L = 32.0\text{mA}$。显示输出电压基本不变,可见这是一种行之有效的方法。若要求负载电流很大,则必须考虑电源的容量要足够大。

第十二节 0~±15V 对称稳压器

0~±15V 对称稳压器电路如图 21.12.1 所示。电路由三端可调正稳压器 LM317 和三端可调负稳压器 LM337 等组成。该电路能提供最大 1.5A 的输出电流,稳压器本身具有短路和过热保护,集成件内部具有功耗限制器,无论散热条件如何,均可保证功耗不超过 20W。

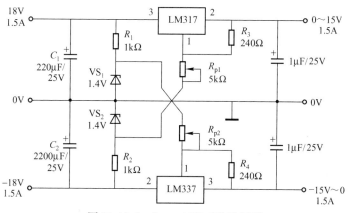

图 21.12.1 0~±15V 对称稳压器

为了使电路的输出电压能够从 0V 开始调节，用稳压二极管 VS_1、VS_2 提供 ±1.4V 的辅助电压，对简单的稳压电路可以取得很好的性价比。

在 ±18V 输入电压的情况下，只有功耗小于 20W，最大输出电流才能达到 1.5A（输出电压大于 5V）；若输出电压很小（接近于 0V），则最大输出电流下降到 1.1A。

两稳压二极管可分别用两个 1N4148 开关管串联代替。稳压器 LM317 和 LM337 应加散热器。

第十三节　由通用运放 μA741 和达林顿管组成的稳压电路

一、电路

μA741 是通用运算放大器，其价格低廉且易购。μA741 组成的电路一般用双电源，增加了电路的成本。本电路用单电源供电。由 μA741 和达林顿管组成的稳压电路如图 21.13.1 所示。虽然电路中的元器件都是通用型的，但电路本身却是新颖的。

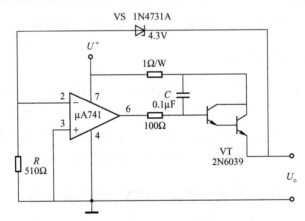

图 21.13.1　由通用运放 μA741 和达林顿管组成的稳压电路

二、元器件的选择

1. 偏流电阻 R 的选择

电路中的 R 为稳压管 VS 提供偏流，R 值大，通过 VS 的工作电流小，但应使其达到 1mA 以上，以便使其反向击穿而正常工作。R 值太小，会使 VS 超过额定电流而使管子发热，这是应该避免的。

2. 稳压管的选择

电路中的 VS 选择 4.3V 的稳压值，如若选择 4.7V、5.1V、5.6V、6.2V 的稳压管，电路的输出电压变化不大。

3. 输出管 VT 的选择

本电路输出管选用达林顿管 2N6039，也可选用 MJE800 型或其他型号的达林顿管，但不要用其他中大功率的管子，即使其 β 值达到几百也不可，用这样的管子将使输出电压过低。用分离元器件组成的达林顿管子，其效果也不佳。

三、电源电压 U^+ 与 U_o 的对应关系

电源电压 U^+ 与输出电压的对应关系见表 21.13.1。

表 21.13.1　电源电压与输出电压的对应关系

电源电压 U^+/V	输出电压 U_o/V
6.0	5.012
9.0	7.810
12.0	10.885
15.0	13.805
18.0	16.736

由表 12.13.1 中的数据可见，除了 $U_o=5.012\mathrm{V}$ 外，其他输出值都不是规范的电压值。输出电压 $U_o\approx5.0\mathrm{V}$ 可作为 TTL 电路的电源。

本电路的带负载能力较强。

第二十二章 其他电子电路

本章介绍了各种不同功能的电路，这些电路不宜归类，各个电路是独立的，把它们收集在一起作为一章的内容。

第一节 驱 鸟 器

由 14 位二进制串行计数器/分频器 4060、达林顿驱动器 VT_1、达林顿可调电流源 VT_2 和开关 S 等可组成驱鸟器电路，如图 22.1.1 所示。

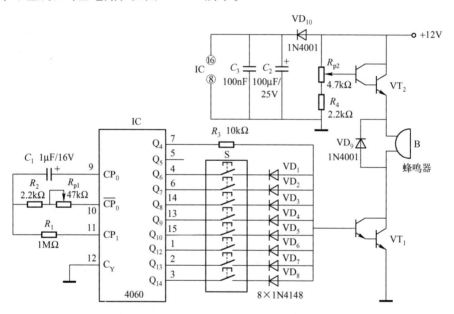

图 22.1.1 驱鸟器电路

IC（4060）可产生宽度、频率和模式可调的方脉冲信号，该脉冲由 IC 内部的两个非门和外接 RC 电路产生，脉冲信号的频率由输出端 Q_4、Q_5、…、Q_{14} 输出，它们的频率由下式确定：

$$f_{Q_n} = \frac{1}{2^n} f_{cp} \quad (n = 4, 5, \cdots, 14)$$

其中，$f_{cp} \approx 1/[2.2(R_2 + R_{p1})C_1]$。

开关 S 可选择多达 $2^8 = 256$ 种声音模式。

达林顿管 VT_1 用于驱动蜂鸣器 B，其驱动电流约为 150mA；达林顿管 VT_2 为可调电流源，通过电位器 R_{p2} 调节其基极电位可达到调节电流的目的。因为电流超过 100mA，故可采用交流稳压技术获得直流电源，也可采用铅酸可充电电池。

二极管 VD_{10} 用于保护集成电路 IC，防止极性接错损坏电路。

蜂鸣器（AS-300）可产生 108dB 的声响，是以驱散八哥、乌鸦、喜鹊、麻雀等鸟类，选择各种声音模式，可保证鸟类不会习惯于某种声音。该驱鸟器用于驱赶田野的鸟类，保护粮食，也可用于机场对鸟类的驱赶。

调试方法：电位器 R_{p1} 用于调节 IC 的振荡频率，调节 R_{p1} 使频率在 0.5～5Hz 范围内。

VT_1 可选择 BC517 或其他类似的管子，VT_2 可选择 BD679 或其他类似管子。蜂鸣器可由超高响度的扬声器代替，可产生 120dB 以上的声响，相应的驱动电路应适当改变。

第二节　带有音响的数字分频器

带有音响的数字分频器电路如图 22.2.1 所示，电路的核心是 14 位二进制串行计数器/分频器 4060，这种器件用途十分广泛，使用方便，廉价易购。它可构成振荡器，也可接成分频器。4060 有 10 个输出端子，它可将输入信号 f_{cp} 进行 2^n 次分频，即 $f_{Q_n} = \frac{1}{2^n} f_{cp}$。例如，对 f_{cp} 进行 4 分频，即 $f_{Q_2} = \frac{1}{2^2} f_{cp}$。

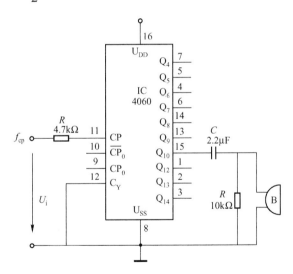

图 22.2.1　带有音响的数字分频器

分频器可对 1kHz～10MHz 的方波信号进行 1024 分频 $\left(f_{Q_{10}} = \frac{1}{2^{10}} f_{cp} = \frac{1}{1024} f_{cp}\right)$，进入蜂鸣器 B 的信号频率约为 1Hz～10kHz，这是人耳能听到的频率信号，根据声音的高低可分辨出输入信号频率的大致范围。

第三节　熔丝检测器

熔丝检测器电路如图 22.3.1 所示。这个电路仅由 3 个元器件组成，两个 LED 反向并联再与限流电阻 R 串联。它可用于检测汽车电路熔丝的通断，也可用于交流 220V 用电设备熔丝的通断接触是否良好。

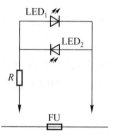

图 22.3.1　熔丝检测器

当用于直流熔丝的检测时，如果两个 LED 中有一个发光，说明熔丝已断或接触不良；若两个 LED 均不亮，则说明熔丝未断接触良好。

用于检测交流用电器的熔丝时，若两个 LED 均不亮，则说明熔丝良好；若两个 LED 均发光，则说明熔丝已断或接触不良。

限流电阻 R 的选择方法如下。

（1）直流用电器熔丝：$R = U/(0.9I)$，U 为用电设备的电压；I 为 LED 的额定电流；0.9 为保险因数。

（2）交流用电器熔丝：$R = 220V/(0.9I)$，I 为 LED 的额定电流。

第四节　简洁优良的音频放大器

由 LM386 组成的音频放大器如图 22.4.1（a）所示，它是由 LM386 为核心的音频放大器。LM386 俗称万能放大器，它可放大音频信号，同时还放大功率。由它组成的电路很多，其电路简洁，使用方便，增益可调，静态电流小（特别适于电池供电），电源电压的适应范围宽（4～12V），输出功率达 300mW，组装成功率很高。

LM386 为双列直插器件，其引脚排列如图 22.4.1（b）所示。

当 1 脚和 8 脚开路时，LM386 的增益由内部自动设定为 20，适当改变 1 脚和 8 脚之间的外接元器件，其增益可在 20～200 之间变化。确切地说，在 1 脚和 8 脚之间接一个 10μF 的旁路电容，则增益达 200。如果与该电容串联一个电阻，则增益适当降低，若电阻为 1kΩ，则整个电路的增益约为 50。7 脚上的旁路电容 C_2 用于提高电路的稳定性。输出脚 5 上的 $R_2 - C_4$ 构成 Zoebel（佐伊贝尔）滤波器，进一步提高了电路的稳定性，防止电路产生自激振荡。$R_3 - C_6$ 为源滤波电路，当电源采用整流滤波电路时，此滤波器不可缺少。

R_p 用于音量调节。S 和 R_p 为一个整体，是带开关的电位器，开关和电位器也可用独立的两个元器件。

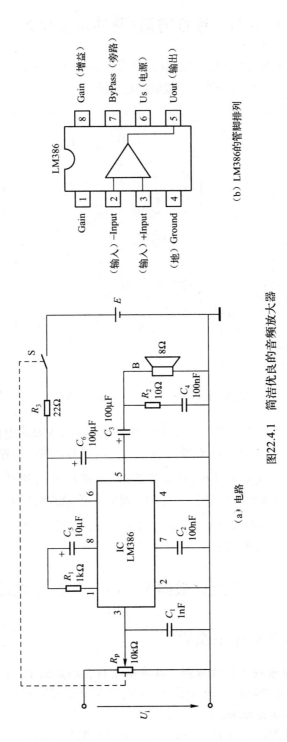

图22.4.1 简洁优良的音频放大器

第五节 连续方波/脉冲串发生器

由一片时基电路556组成的连续方波/脉冲串发生器电路如图22.5.1所示。556的一半IC_b连接成方波振荡器;556的另一半IC_a接成单稳电路。

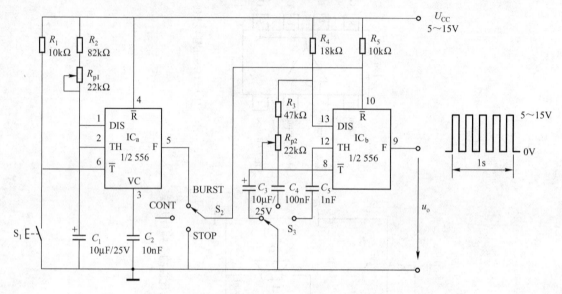

图22.5.1 连续方波/脉冲串发生器

IC_b振荡器的振荡频率由开关S_1分为3挡,每挡的频率细调都由电位器R_{p2}执行。

单稳态电路IC_a的单稳态时间由R_{p1}确定,最长可调到1s。按下按钮S_1,单稳时间开始,此单稳脉冲通过开关S_2加到振荡器IC_b的复位端$\overline{R}$。当开关S_2打到CONT挡时,IC_b振荡,输出连续方波;当S_2打到BURST挡时,IC_a的5脚输出单稳方波到IC_b的R端,单稳方波高电平($\overline{R}=1$)时,IC_b振荡,输出方波脉冲串;当S_2打到STOP挡时,IC_b的$\overline{R}$端置0,IC_b停振。S_3用于改变输出波的频率。

第六节 3位计数器CD4553的应用电路

一、巧用4553组成3½位计数器

CD4553是CMOS 10进制3位计数器,其价格便宜、组装简单,广泛用于各种计数场合。4553的最大显示值为"999",能否增加计数将3位计数器增加到3位半,即最大显示值为"1999"?这里介绍实施方法。

3½位计数电路如图22.6.1(a)所示。它由3位计数器CD4553、译码器CD4511、动态扫描驱动三极管$VT_1 \sim VT_3$、显示器、或非门4001和发光二极管LED_1、LED_2等组成。

4553为动态扫描计数器电路,其动态扫描输出端子$\overline{DS}_3 \sim \overline{DS}_1$输出低电平,即$\overline{DS}_i = 0$($i = 3, 2, 1$)有效。

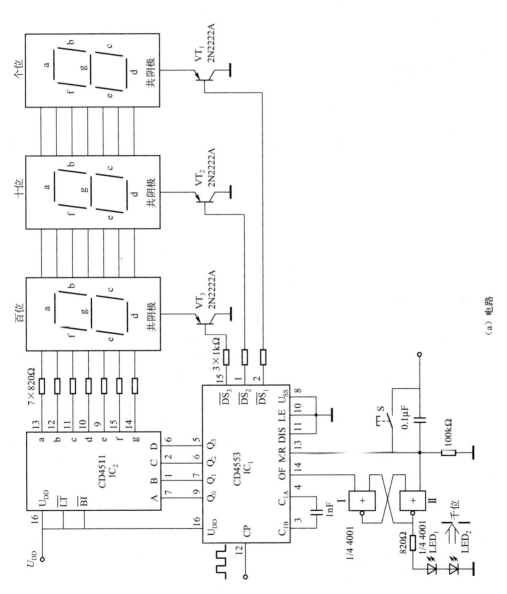

(a) 电路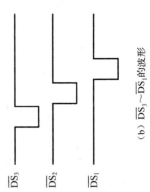

(b) $\overline{DS_3} \sim \overline{DS_1}$ 的波形

图22.6.1 由4553组成的3½位计数器

4553 的输出端子 $Q_3 \sim Q_0$ 分别接译码器 4511 的 D、C、B、A 四个输入端，分别对应 8、4、2、1。

数码管使用共阴极显示器，当 $\overline{DS_3}=0$ 时，VT_3 导通，将百位的数码管的共阴极接地，百位数码管的显示值由计数结果确定。例如，当百位的计数值为 7 时，百位数码管的 a、b、c 段的阳极均为高电平，因此 a、b、c 三段均亮，其显示为"7"。同理，当 $\overline{DS_2}=0$ 时，VT_2 导通，$\overline{DS_1}=0$ 时 VT_1 导通，其十位和个位的显示值由计数结果确定。

发光二极管 LED_1、LED_2 选择长方形的 LED，它们组成千位显示。

电路加电时，由于 0.1μF 电容的复位作用，使或非门Ⅱ输出低电平，两只 LED 均不亮，当电路的计数值由"999"变为"000"时，CD4553 的溢出端 14 脚输出一个正脉冲，此脉冲使或非门Ⅰ输出低电平，或非门Ⅱ变为高电平，故两个 LED 都亮，显示"1"，即整个电路显示"1000"，从而组成了 3½ 位计数器电路，使计数值增至 2 倍。

1. 电路的用处

计数电路加上适当的输入接口，如光电转换、磁电转换、声电转换等，可直接用于各种计数场合。例如，在时钟端 CP 加一单稳电路，便可用于人工手动计数。

2. 调试方法

（1）将 4553 接上电源（CMOS 电路电源范围 3～18V），用示波器观测 $\overline{DS_3} \sim \overline{DS_1}$ 的波形，应为如图 22.6.1（b）所示波形。当 $\overline{DS_3}=0$ 时，它使计数器进行百倍计数，$\overline{DS_2}=0$ 和 $\overline{DS_1}=0$ 分别对应于十位和个位计数，如若不出现图（b）的波形，说明计数器已损坏。

（2）将 3 个 LED 数码管的 3 个 a 段并联、3 个 b 段并联、…、3 个 g 段并联，这样才能进行动态扫描计数显示。

只要电路连接正确，接触（焊接）良好，电路便成功运行。

二、6 位计数器电路

6 位计数器电路由 3 位计数器 4553、译码器 4543、动态扫描驱动晶体管 $VT_3 \sim VT_1$ 和共阳极 LED 数码管等组成，如图 22.6.2（a）所示，电路显示的最高值为"999 999"，两片 4553 级联使用，利用一组分时动态扫描控制输出，形成 6 位动态显示。两片 4553 的动态扫描信号均取自一个芯片 IC_1，由此只用一组 3 只晶体管即可实现对 6 位数码管的驱动。

IC_1 和 IC_2 均组成一个 3 位计数器，IC_1 的溢出端 OF（14 脚）和 IC_2 的脉冲输入端 CP（12 脚）相连，当 IC_1 计数至"999"时，其溢出端 OF 输出一个正脉冲。本电路 4553 为脉冲下降沿触发，当 OF 端正脉冲的下降沿来临时，IC_2 进行计数，因为 IC_1 每来 999 个脉冲 OF 端就输出 1 个正脉冲，因此 IC_2 的 CP 端每来 1 个脉冲（下降沿），就相当于 999 个计数脉冲。

值得注意的是，IC_1 的 $\overline{DS_3}$ 端控制 IC_2 和 IC_2 两计数器的最低位；$\overline{DS_2}$ 控制 IC_1 和 IC_2 的中位；$\overline{DS_1}$ 控制 IC_1 和 IC_2 的最高位。

$\overline{DS_1}$ 的负脉冲①来临时，它控制最高位的计数；之后，当 $\overline{DS_2}$ 脉冲②来临时，控制两计数器 IC_1 和 IC_2 的中位；当 $\overline{DS_3}$ 的负脉冲③来临时，它控制 IC_1 和 IC_2 的最低位计数。

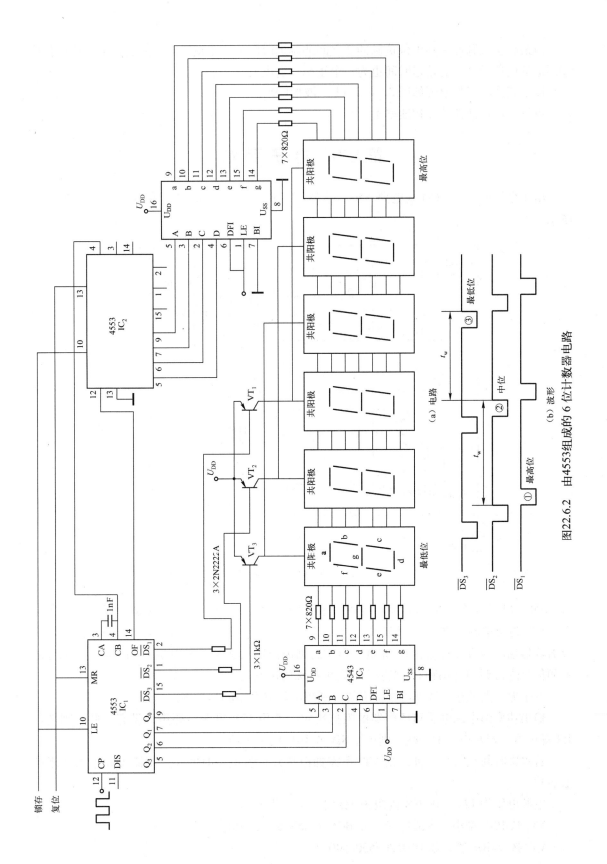

图 22.6.2 由 4553 组成的 6 位计数器电路

由最高位负脉冲①到中位负脉冲②之间的延迟时间为一个正脉冲宽度 t_w，由中位负脉冲②到最低位负脉冲③的延迟时间也为一个正脉冲宽度 t_w。

以上叙述的工作原理如图 22.6.2（b）波形所示。

可见，该计数器的计数速率不高。

第七节 电子警笛

电子警笛电路由双时基电路 556、晶体管 VT_1、场效应管 VT_2 等组成，如图 22.7.1 所示。

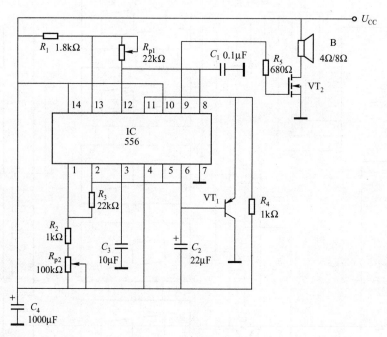

图 22.7.1 电子警笛电路

556 的上半部分（8～14 脚）接成一个音频振荡器，其输出送到场效应管 VT_2 的栅极上，VT_2 为功率放大驱动器。556 的下半部分也接成一个多谐振荡器，但频率很低。下半部分振荡器输出的方波对电容 C_2 充电，形成的锯齿波输入至 VT_1 的基极，VT_1 对上半部分的音频信号进行调制（调频），使扬声器发出特殊的声响。

两个振荡器的振荡频率可根据需要分别用电位器 R_{p1} 和 R_{p2} 调节。

输出功率由电源电压和扬声器的阻抗决定。若用 12V 电源，要声音洪亮一些，则选用 4Ω 扬声器，若要声音小一些，则可用 8Ω 或 16Ω 的扬声器。

若报警时间只需几分钟，则 VT_2 不需加散热片；若报警时间长，则需加几平方厘米的散热片。

电源电压为 12V、扬声器内阻为 4Ω 时，电流为 1.5A。

VT_1 选 PNP 型小功率晶体管，如 BC557/558/559 或其他管子。

VT_2 选 VMOS 管，如 IRD520/530/540 等。

第八节　表面安装元器件的小型焊接机电路

印制板批量焊接时一般采用先进的波分焊接技术，但对个人焊接或维修表面安装元器件（贴片元器件）就需要一个表面安装元器件的小型焊机。此小型焊机电路如图 22.8.1 所示。该焊机实际上是一个温度受控的焊棒。对于表面安装元器件，要求使用电压较低（12V）、功率较小（10～15W）的焊棒。电路不用传感器控制温度。电路设计了过电压监控方法，一旦电压过高，继电器就使焊棒与电源断开，以免损坏器件。

电路采用一块点/条显示驱动器 LM3941N，该集成电路在加入输入电压之后，能驱动 10 只条状的 LED，或驱动 10 只点状 LED 中的某一只。该集成片内含有 1 个电压驱动器和 10 个比较器。在输入电压达到一定值后，它们便依次点亮工作。将 LM3914 的 9 脚与 11 脚相连为点状显示；将 9 脚与电源相连为条状显示，本电路采用条状显示。条状显示 LED_3 上的电压最低，之后，随着电压的升高，LED_4、LED_5、…、LED_{12} 逐渐显示。

电路中采用了 10 只 LED（LED_3～LED_{12}）作为温变显示，尽管 LED 指示的是加在焊棒上的电压高低，但它近似的反映了焊棒的温度。

变压器 T 将 220V 的市电变成 12V 的低压，经整流和滤波后，加在由晶体管 VT_1 和 VT_2 构成的过电压切断电路上，在电压超过由 R_{p1} 预置的电压时，VS_1、VT_1 和 VT_2 都导通，从而激发了继电器 K 吸合切断电源，同时 LED_2 发光表示电压过高。

加在焊棒上的电压通过一系列的调整电路来控制和调整，晶体管 VT_3 和 VT_4 接成达林顿管对的形式，VT_3 的基板电压由 R_{p3} 控制，VS_2 使得 R_{p3} 上的电压稳定。该可变电压源能够提供 9～12V、1A 的输出。

通过 R_8、R_{p2} 和 R_9 分压对 LM3914N 提供电压输入（接 LM3914N 的 5 脚），在 IC 的不同输出端接 10 只 LED 形成条状显示。

1. 调试方法

（1）先断开电感 L 与继电器 K 的连接通路，闭合电源开关 S，LED_1 应发光。

（2）用自耦变压器将市电 220V 电压升高到 250V，调节 R_{p1} 使继电器 K 刚好受到激励，即继电器 K 吸合，此时 LED_1 熄灭，而 LED_2 发光，测量 C_1 两端的电压，它应高于 16V。

（3）将电压降回到 220V 的正常值，继电器此时去掉了激励——K 断电，常闭触点 K 闭合。

（4）再将电感 L 与继电器 K 接通，调节 R_{p3} 使直流电源为 9V，如果此电压低于 9V，则应调整 R_7 值（用电位器代替 R_7 调试，之后再用固定电阻代替 R_7），使电压为 9V。

（5）再调整 R_{p2}，使 LED_3 刚好发光，然后再调整 R_{p3} 至最大电压输出的位置，此时所有温度显示 LED 都应发光。

使用中将 R_{p3} 中间抽头旋至约 3/4 位置，在焊棒受热后再将 R_{p3} 中间抽头置于中间位置。

2. 元器件选择

（1）R_{p3}：应选择线性电位器。

（2）VT_4：应选用大功率 NPN 型晶体管，其集电极电流 $I_C \geqslant 4.0A$，如 2N3055、2N5425、3AD11～3AD17 等，而且 VT_4 应加散热器。

（3）焊棒：焊棒的功率设定为 12W，焊棒的加热电阻 $R = U^2/P = 12^2\Omega/12 = 12\Omega$，应选用高阻合金加热丝，如电炉丝。

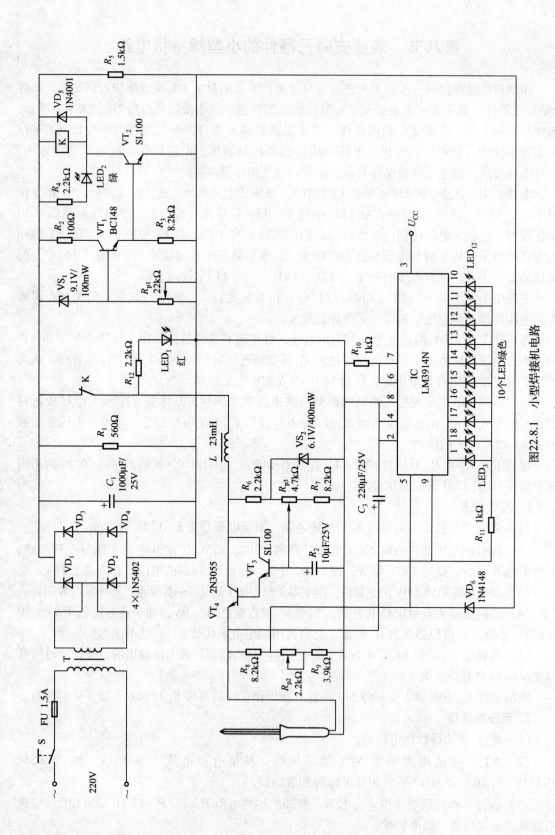

图22.8.1 小型焊接机电路

(4) 电感线圈：电感值要求为 $L=23\text{mH}$，这是一个较大值的电感线圈，要求通过的电流 $I=1\text{A}$，需自制。用环形磁芯，外径 $\phi_{外}=24\text{mm}$，内径 $\phi_{内}=16\text{mm}$，高 $h=12\text{mm}$，用外径为 0.78mm 的漆包线（铜线为 0.72mm）穿孔绕 60 匝，其电感量约为 23mH。

第九节　宽量程数字电容表

本节主要介绍了一款宽量程数字电容表的电路原理及量程转换拓宽的实现方法。该电路的特点是，采用高精度晶体振荡器的输出频率作为计量电容的标准，即用 $10\mu\text{s}$ 代表 1pF 的电容量。因此，其测量精度高、准确，其误差可达 0.462%。通过置换电阻的方法可以拓宽量程，可达 $999.9\mu\text{F}$。

一、电路原理

本电路由五部分组成。一是由 555 及外围电路组成的多谐振荡器；二是由 555 及外围电路组成的单稳态触发器；三是由 100kHz 晶振及外围电路组成的基准脉冲发生器；四是由与门构成的闸门控制器；五是由 4518、4511 及共阴极数码管组成的计数译码驱动显示电路。五部分共同完成被测电容的测量及显示功能。

被测电容作为由 555 集成电路组成的单稳态触发器的外接定时电容。多谐振荡器的输出作为单稳态触发器的触发信号。输出脉冲的宽度 t_w 就是电路处于暂稳态的持续时间，它由充电回路的时间常数 $\tau=RC_x$ 决定，且有 $t_w=1.1RC_x$，C_x 为被测电容。单稳态触发器的输出与其准脉冲发生器的输出共同作为闸门控制器的两个输入，其输出即为以基准脉冲周期作为标准的倍数值，亦即电容的容量。此数值由 4518 和 4511 及共阴极数码管组成的计数译码驱动显示电路显示出来。通过 S_1、S_2、S_3 开关的调节，即可改变单稳态触发器的外接定时电阻 R 的值，从而改变闸门时间。这样就可改变此系统的量程，实现 $1\sim 9999\text{pF}$、$0.001\sim 1\mu\text{F}$、$1\sim 999.9\mu\text{F}$ 三个量程的转换。由 S_1'、S_2'、S_3' 分别接千位、百位和十位数码的小数点 dp。有效地实现了量程的拓宽。

本电路比一般的数字电容表具有更广阔的量程和更高的精度，解决了精确测量电容和测量大电容的问题。

二、由 555 及外围电路组成的多谐振荡器

555 多谐振荡器如图 22.9.1 所示，其中，R_1、R_2 和 C 是外接的定时元件。

多谐振荡器有两个暂稳态：一个是电容 C 被充电，另一个是电容 C 放电，输出是矩形波。多谐振荡器的输出与 4518 的 R 端和 4511 的 LE 端相连，此输出为低电平时，4518 计数，4511 将计数值显示出来；而此输出为高电平时，4518 清零，4511 将前一个输出的数值锁存。

矩形波的周期取决于电容充放电的时间常数，充电时间常数 $t_1=(R_1+R_2)C$，放电时间常数为 $t_2=R_1C$。改变充/放电时间常数，便可改变矩形波振荡频率，输出矩形波的周期 $T=t_1+t_2=0.7(R_2+2R_1)C$。

三、由 555 及外围电路组成的单稳态触发器

555 单稳态触发器如图 22.9.2 所示，其中，R 和 C 为外接定时电阻和电容；u_1（$IC_1$555

的输出脉冲）作为其输入触发脉冲信号，其下降沿触发使输出状态翻转。输出脉冲的宽度 t_w 就是电路处于暂稳态的持续时间，它由充电回路的时间常数 $\tau=RC_x$ 来决定。根据 RC 电路暂稳态过程的分析，可得到 $t_w=1.1RC_x$。其中，R 为 R_4、R_5、R_6 及其组合；C_x 为被测电容。一般该电路产生的输出脉冲宽度可以从几微秒到几分钟，可以通过改变 R、C 值来进行调节，精度可达到 0.1%。

可通过改变 555 的定时电阻来改变输出脉冲的宽度，从而实现量程转换。

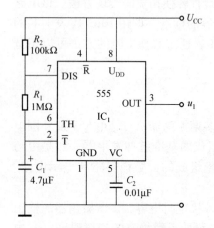

图 22.9.1 555 多谐振荡器

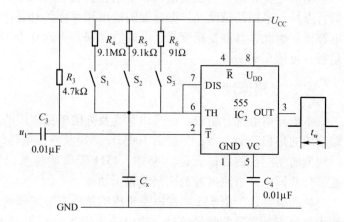

图 22.9.2 555 单稳态触发器

四、基准脉冲发生器

由石英晶体振荡器构成的基准脉冲发生器如图 22.9.3 所示。其中的晶体的振荡频率为 100kHz，其输出周期为 $10\mu s$ 的脉冲。

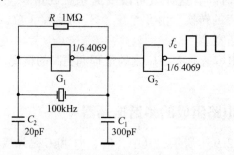

图 22.9.3 基准脉冲发生器

图 22.9.3 中的反相器 G_1 用于产生振荡，反相器 G_2 用于缓冲和整形。G_1、晶振、R、C_1、C_2 构成了电容三点式振荡电路。晶振和电容 C_1、C_2 谐振于晶振的并联谐振频率 f_∞ 附近，晶振在 f_∞ 附近呈电感性。所以，此电路实际上是一个电容反馈式 LC 振荡电路，其反馈系数取决于电容 C_1 和 C_2 的比值。改变 C_1 可以微调频率，C_3 是温度补偿电容。

并接在反相器 G_1 输入和输出端之间的电阻 R 为 G_2 提供适当的偏置，使 G_1 门的静态工作点偏置在反相器电压传输特性过渡区的中点，即使 G_1 门工作于线形放大区，以增强电路的稳定性和改善振荡器的输出波形。

五、闸门控制器

闸门控制器的原理如图 22.9.4 所示。

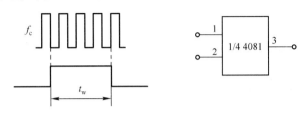

图 22.9.4 闸门控制器的原理图

基准脉冲发生器产生的频率为 f_c、周期为 $T_c(=10\mu s)$ 的脉冲作为闸门控制器的一个输入，单稳态触发器输出的宽度为 t_w 的脉冲作为闸门控制器的另一输入（见图 22.9.4），且有 $t_w = 1.1RC$。此闸门控制器的输出即为 t_w 时间内的 T_c 波形，$t_w = NT_c$，则 $N = t_w/T_c$。输出波形为高电平时，4518 计数，N 即为 4518 的计数值，由 4511 译码并由共阴极数码管显示出来。

六、计数译码驱动显示电路

计数译码驱动显示电路如图 22.9.5 上半部分所示。

CC4518 为双 BCD 计数器，由两个同步 4 级计数器构成。有两个时钟输入端 CP 和 $\overline{EN}$，分别用于在时钟上升沿或下降沿计数。如果要用时钟的上升沿触发，则信号由 CP 端输入，并使 $\overline{EN}$ 端为"1"电平；如果要用时钟的下降沿触发，则信号由 $\overline{EN}$ 端输入，并使 CP 端为"0"电平。另外还有一个清零端 R，当在 R 端上加"1"电平或正脉冲时，则计数器各输出端为"0"。计数器在脉冲模式可级联，通过将 Q_4 连接至下一级计数器的 $\overline{EN}$ 输入端可实现级联，同时后者的 CP 输入保持低电平。

本电路的第一个半片 4518 采用 CP 端输入，而其他的一片半则都采用 $\overline{EN}$ 端输入，采用这种方法的目的是使 4518 为十进制。若两片 4518 都采用 CP 端输入，则 4518 为八进制。

CC4511 的 $\overline{LT}$ 端为测试端。$\overline{LT}$ 为"1"电平时，显示器正常显示；当 $\overline{LT}$ 为"0"电平时，显示器一直显示数"8"，各笔段都被点亮，而对其他输入状态的变化不做反应。利用 $\overline{LT}$ 端功能，可供检查显示器是否有故障。BI 为消隐功能端。该端加高电平后，迫使笔段输出为低电平，字形消隐。此外，电路有拒绝伪码的特点，当输入数据越过十进制数 9（1001）时，显示字形也自行消隐。

七、量程转换计算及误差分析

1. 量程转换计算

因基准脉冲发生器产生的脉冲宽度为 $10\mu s$，即当闸门控制器的输出为"1"时，单稳态触发器产生的输出脉冲宽度 t_w 为 $10\mu s$。

（1）当 S_1 和 S_1' 接通时（pF 挡），令 $10\mu s$ 代表 $1pF$，则定时电阻 R 的值可通过以下计算得出：

$$t_w = 1.1RC_x$$

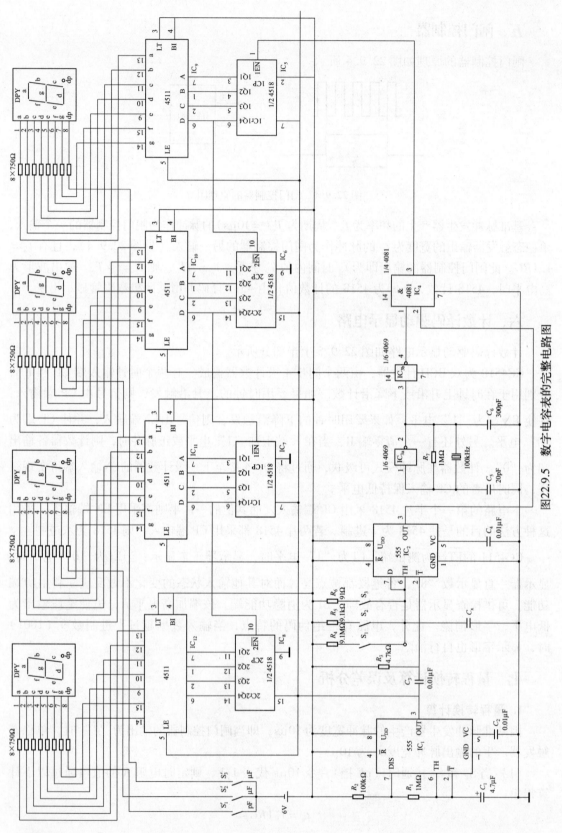

图22.9.5 数字电容表的完整电路图

$$R=\frac{t_w}{1.1C_x}=\frac{10\times10^{-6}}{1.1\times1\times10^{-12}}\Omega=9.1\times10^6\Omega=9.1\text{M}\Omega$$

即电路中的 R_4 值为 9.1MΩ。

（2）当 S_2 和 S_2' 接通时（μF 挡），令 10μs 代表 0.001μF，则定时电阻 R 的值可通过以下计算得出：

$$t_w=1.1RC_x$$

$$R=\frac{t_w}{1.1C_x}=\frac{10\times10^{-6}}{1.1\times1\times10^{-9}}\Omega=9.1\times10^3\Omega=9.1\text{k}\Omega$$

即电路中的 R_5 值为 9.1kΩ。

（3）当 S_3 和 S_3' 接通时（μF 挡），令 10μs 代表 0.1μF，则定时电阻 R 的值可通过以下计算得出：

$$t_w=1.1RC_x$$

$$R=\frac{t_w}{1.1C_x}=\frac{10\times10^{-6}}{11\times1\times10^{-7}}\Omega=91\Omega$$

即电路中的 R_6 值为 91Ω。

2. 误差分析

此电路的关键是基准脉冲发生器产生的 10μs 周期脉冲的准确度，而系统误差主要来自两方面：一方面是晶体振荡频率的准确度，由晶体本身决定；另一方面是定时电阻值的准确度，由电阻的温度系数决定，温度系数越小，电阻值越稳定。本电路所测的电容值与更高精度的精密仪器所测的数值有一定差别。例如，当测量精确值为 0.433μF 的电容时，本电路的显示值为 0.431μF，绝对误差为 0.002μF，相对误差为 0.462%。

八、整体电路

如图 22.9.5 所示整体电路的工作原理如下所述：IC_1 及外围电路组成多谐振荡器，其输出为矩形波。IC_2 及外围电路组成单稳态触发器，且 IC_1 的输出作为其触发脉冲，使 IC_2 的输出在其下降沿翻转。IC_2 的输出脉冲宽度即为闸门时间。IC_3 及 100kHz 晶体等组成基准脉冲发生器。IC_4 为与门组成的闸门控制器，IC_2 与 IC_3 的输出共同作为 IC_4 的两个输入，其输出以 10μs 周期作为标准，用其测量电容的容量，此数值由 4518 和 4511 及共阴极数码管组成的计数译码驱动显示电路显示出来。通过 S_1、S_2、S_3 开关的调节，即可改变单稳态触发器的外接定时电阻 R 的值，从而改变闸门时间。

参 考 文 献

[1] 李清泉，等. 集成运算放大器原理与应用 [M]. 北京：科学出版社，1986.
[2] 郭振芹. 非电量电测量 [M]. 北京：计量出版社，1986.
[3] 沙占友，等. 新型数字电压表原理与应用 [M]. 北京：国防工业出版社，1985.
[4] 强锡富. 传感器 [M]. 北京：机械工业出版社，1994.
[5] 方佩敏. 新编传感器原理·应用·电路详解 [M]. 北京：电子工业出版社，1994.
[6] R F Graf. Encyclopedia of Electronic·Circuits. Vol Ⅰ, TAB Books Ins., 1985.
[7] R F Graf. Encyclopedia of Electronic·Circuits. Vol Ⅱ, TAB Books Ins., 1988.
[8] R F Graf. Encyclopedia of Electronic·Circuits. Vol Ⅲ, TAB Books Ins., 1991.
[9] 梁发麦等. 电子电路 [M]. 北京：科学出版社，2007.
[10] 实用电子文摘，1983 年第 1、3、4 期，1983.
[11] 国际电子爱好者，1983 年第 2、3 期，北京：知识出版社，1983.
[12] 《中国集成电路大全》编写委员会. 中国集成电路大全 CMOS 集成电路 [M]. 北京：国防工业出版社，1985.
[13] 刘福太. 黄版电子电路 [M]. 北京：科学出版社，2007.
[14] 孙训方，等. 材料力学（上）[M]. 北京：高等教育出版社，1964.

反侵权盗版声明

电子工业出版社依法对本作品享有专有出版权。任何未经权利人书面许可，复制、销售或通过信息网络传播本作品的行为；歪曲、篡改、剽窃本作品的行为，均违反《中华人民共和国著作权法》，其行为人应承担相应的民事责任和行政责任，构成犯罪的，将被依法追究刑事责任。

为了维护市场秩序，保护权利人的合法权益，本社将依法查处和打击侵权盗版的单位和个人。欢迎社会各界人士积极举报侵权盗版行为，本社将奖励举报有功人员，并保证举报人的信息不被泄露。

举报电话：（010）88254396；（010）88258888
传　　真：（010）88254397
E-mail：dbqq@phei.com.cn
通信地址：北京市海淀区万寿路173信箱
　　　　　电子工业出版社总编办公室
邮　　编：100036